线性代数及其应用

赖　红　主编

科学出版社

北　京

内 容 简 介

本书是根据作者近五年在西南大学教授线性代数及相关课程和从事科研工作的经验，以及阅读科技读物的感悟写成的. 本书力求用兼具浅白和科技的语言介绍线性代数中的抽象概念，包括线性方程组、矩阵、向量、特征值与特征向量以及二次型，进而揭开这些概念自身的本质特征和概念之间关系的面纱. 本书在内容编排和处理方法上采用更直接、更简捷、更具有时代特征的方法阐述基本理论. 书中对一些术语、结论、数学家、证明思想和启示做了注释，不仅增加了趣味性，还加强了读者对一些概念和思想方法的理解. 此外，各章均有背景介绍和典型的应用案例分析，并精心配备了每节的例题和习题.

本书既可作为综合性大学、理工类大学和高等师范院校的线性代数课程的教材，也可作为数学教师和科研工作者的参考书.

图书在版编目(CIP)数据

线性代数及其应用/赖红主编. —北京：科学出版社，2020.11

ISBN 978-7-03-066620-8

Ⅰ. ①线…　Ⅱ. ①赖…　Ⅲ. ①线性代数-高等学校-教材　Ⅳ. ①O151.2

中国版本图书馆 CIP 数据核字(2020) 第 210853 号

责任编辑：王胡权　姚莉丽　李　萍／责任校对：杨聪敏
责任印制：赵　博／封面设计：陈　敬

科 学 出 版 社 出版
北京东黄城根北街 16 号
邮政编码：100717
http://www.sciencep.com
北京凌奇印刷有限责任公司印刷
科学出版社发行　各地新华书店经销
*
2020 年 11 月第　一　版　开本 720 × 1000 1/16
2024 年 11 月第七次印刷　印张: 14 3/4
字数: 295 000

定价: 48.00 元

(如有印装质量问题，我社负责调换)

前　言

线性代数是代数学的一个分支，主要处理线性关系问题. 线性关系指数学对象之间的关系是以一次形式来表达的. 最简单的线性问题就是解线性方程组. 而行列式和矩阵为处理线性问题提供了有力的工具，也推动了线性代数的发展. 向量概念的引入，形成了向量空间的概念，而线性问题都可以用向量空间的观点加以讨论. 因此向量空间与线性变换，以及与此相联系的矩阵理论，构成了线性代数的中心内容. 它的特点是研究的变量数量较多，关系复杂，方法上既有严谨的逻辑推证，又有巧妙的归纳综合，也有繁琐的和技巧性很强的数字计算，在学习中，需要特别加强这些方面的训练.

在现代科学的研究中，线性代数发挥着越来越重要的作用. 密码学、量子保密通信、量子计算机、人工智能、机器学习、人脸识别、搜索引擎和图像处理等研究过程，都用到了线性代数的知识. 本书旨在通过新知识的引入、例题讲解和习题练习来使学生初步接触现代信息科技前沿的若干方面，为数学基础课学习与前沿科学研究之间搭建桥梁. 本书这样安排的意义不仅在于拓宽学生的视野，更旨在抛砖引玉，引导学生主动运用数学工具解决科学实践中遇到的问题，以此培养学生的理性思维能力，提高其科学素养. 本书紧跟时代发展的需求，在编写方面具有以下几个特色.

(1) 知识讲解中渗透了数学文化素养 (培养学生热爱科学、尊重科学和具有科技强国的责任担当) 和线性代数应用思想，对线性方程组、行列式、逆矩阵、线性变换、特征值等问题增加了现在研究领域最热门的 “网络安全”、“人工智能”、“机器学习” 和 “量子计算机” 等应用方面的特别介绍，学生可将理论与应用相结合，既加深了对理论的理解，也可以领略到线性代数在现代科技中的强大应用魅力.

(2) 充分重视学习者的学习感受，在严格追求知识的科学性和严谨性的同时，更关注讲解方式的通俗易懂性以及趣味性，力求有效地降低学习中的枯燥感，同时揭开线性代数的抽象面纱，并清楚地告诉读者和学生所学的每个知识点能用在什么地方，以及怎么用.

(3) 充分结合作者在西南大学线性代数教学改革研究中多年来的经验，为学习者进一步学习更高层次的知识搭好桥梁，也为当前需要提供助力. 在知识结构编排和引入顺序等方面做了很多创新，例如，增加了知识引入、知识拓展等.

全书共 5 章，对重要的概念、公式、结论进行了系统的整理，尤其注重对基本概念的准确理解、基本定理和常见解题方法的表述与应用. 内容的安排由浅入深，循序渐进, 注重培养读者分析问题和解决问题的能力.

特别感谢我的导师北京邮电大学肖井华教授和我的师兄西南交通大学罗明星教授为本书的编写提供了大量建设性的意见. 我的挚友吕梁学院的杨艳老师细心地检查了本书, 并提出了很多很好的修改意见; 我的研究生王萌、熊艳、孟则霖和本科生沈影、张李玲、徐永健对本书进行了逐一检查; 近五年里我教过的所有本科生为本书的编写提供了很好的辅助资料, 在此一并表示感谢.

感谢重庆市 2019 研究生教育教学改革研究项目、西南大学专业核心课程项目、西南大学课程思政项目和西南大学网络与继续教育教学研究项目对本书的资助.

由于编者水平有限, 不足之处在所难免, 恳请大家不吝指正, 万分感激!

编 者

2019 年 8 月

目　　录

第1章　线性方程组

——社会无最值, 需解好人生方程

1949 年, 哈佛大学教授列昂惕夫 (W. W. Leontief) 因提出备受西方经济学界推崇的投入产出数学模型获得了 1973 年的诺贝尔经济学奖. 列昂惕夫提出的投入产出数学模型其实就是一个大型的线性方程组. 例如, 在描述美国经济时就得到了一个包含 500 个未知量和 500 个方程的线性方程组. 但由于当时的计算机根本无法计算, 只好将问题简化为 42 个未知量和 42 个方程的线性方程组.

事实上, 对线性方程组的研究, 中国比欧洲至少早 1500 年, 记载在公元一世纪左右的《九章算术》中的第八章 "方程" 的一次方程组问题中.

线性, 是由平面几何中的 "直线" 引申出来的概念, 如图 1.1.

线性, 引申至立体几何, 即可指三维空间中的平面, 如图 1.2.

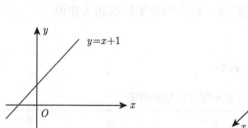

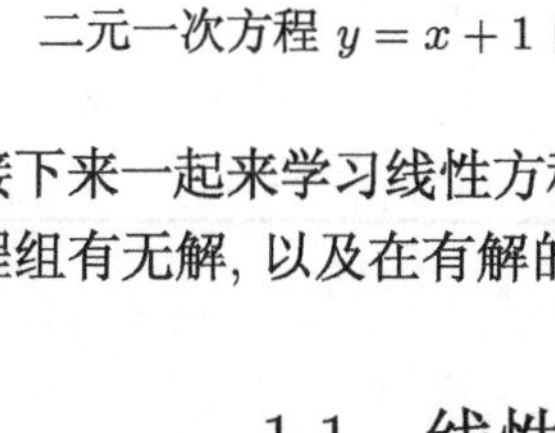

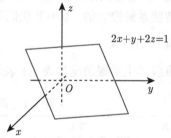

图 1.1　二元一次方程 $y = x + 1$ 的图像

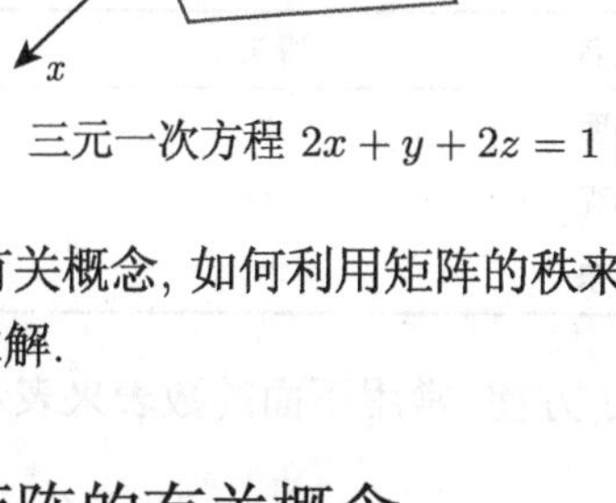

图 1.2　三元一次方程 $2x + y + 2z = 1$ 的图像

接下来一起来学习线性方程组和矩阵的有关概念, 如何利用矩阵的秩来判定线性方程组有无解, 以及在有解的情况下如何求解.

1.1　线性方程组与矩阵的有关概念

1.1.1　线性方程组的概念

定义 1　**线性**即指代数方程或代数式中代数项的幂指数均为一次.

例如, 下列代数式中, 哪些是线性方程?

(1) $2x_1+x_2=4$;　(2) $2x_1+x_2=4x_1x_2$;　(3) $x_1+x_2=4\sqrt{x_3}$.

定义 2　每个方程均是线性方程的方程组称为**线性方程组**(system of linear equations).

在初中的学习中, 我们接触过二元、三元等简单的线性方程组. 但是, 从许多实践或理论问题里导出的线性方程组常常含有相当多的未知量, 并且未知量的个数与方程的个数也不一定相等. 从而可得以下 n 元线性方程组的一般形式.

定义 3　n 元线性方程组的一般形式为

$$\begin{cases} a_{11}x_1+a_{12}x_2+\cdots+a_{1n}x_n=b_1, \\ a_{21}x_1+a_{22}x_2+\cdots+a_{2n}x_n=b_2, \\ \qquad\qquad\cdots\cdots \\ a_{m1}x_1+a_{m2}x_2+\cdots+a_{mn}x_n=b_m, \end{cases} \tag{1.1}$$

其中 $a_{ij}(i=1,2,\cdots,m;j=1,2,\cdots,n)$ 称为第 i 个方程第 j 个未知量 x_j 的系数, $b_i(i=1,2,\cdots,m)$ 称为第 i 个方程的常数项.

在深入讨论这一类线性方程组时, 我们需先引入矩阵这个计算工具.

1.1.2　矩阵的有关概念

大家听过或看过《黑客帝国》这部好莱坞大片吧? 该片讲述了一名年轻的网络黑客尼奥, 发现看似正常的现实世界实际上是由一个名为 “矩阵”(matrix) 的计算机人工智能系统控制的. 本小节我们就一起来学习矩阵的相关知识.

1. 矩阵的引入

某班级学生早餐情况如表 1.1 表示.

表 1.1　某班级学生早餐情况

姓名	馒头	包子	鸡蛋	稀饭
小明	4	2	2	1
小强	3	2	0	2
小东	1	5	1	0

为了方便, 常用下面的数表来表示表 1.1:

$$\begin{pmatrix} 4 & 2 & 2 & 1 \\ 3 & 2 & 0 & 2 \\ 1 & 5 & 1 & 0 \end{pmatrix}.$$

可以看出, 数学上, 矩阵就是一个二维数表.

2. 矩阵的定义

定义 4 由 $m\times n$ 个数 $a_{ij}(i=1,2,\cdots,m;j=1,2,\cdots,n)$ 组成的 m 行 (row) n 列 (column) 的数表

$$\begin{matrix} a_{11} & a_{12} & \cdots & a_{1n} \\ a_{21} & a_{22} & \cdots & a_{2n} \\ \vdots & \vdots & & \vdots \\ a_{m1} & a_{m2} & \cdots & a_{mn} \end{matrix}$$

称为 m 行 n 列**矩阵**, 简称 $m\times n$ 矩阵, 为表示它是一个整体, 总是加一个括弧, 并用大写黑斜体字母表示它, 记作

$$\boldsymbol{A}=\begin{pmatrix} a_{11} & a_{12} & \cdots & a_{1n} \\ a_{21} & a_{22} & \cdots & a_{2n} \\ \vdots & \vdots & & \vdots \\ a_{m1} & a_{m2} & \cdots & a_{mn} \end{pmatrix}.$$

这 $m\times n$ 个数称为矩阵 $\boldsymbol{A}$ 的元素, 简称为元, 数 a_{ij} 位于矩阵 $\boldsymbol{A}$ 的第 i 行 j 列, 称为矩阵 $\boldsymbol{A}$ 的 (i,j) 元, 以数 a_{ij} 为 (i,j) 元的矩阵可简记为 (a_{ij}) 或 $(a_{ij})_{m\times n}$, $m\times n$ 矩阵 $\boldsymbol{A}$ 也记作 $\boldsymbol{A}_{m\times n}$.

元素是实数的矩阵称为**实矩阵**, 元素至少有一个是复数的矩阵称为**复矩阵**.

注 (1) 矩阵使用圆括弧 ( ) 或方括弧 [ ] 将其括起来, 但不能使用{ }或 | | 等符号.

(2) 用大写的黑斜体 (英文或希腊) 字母 $\boldsymbol{A}$, $\boldsymbol{B}$, $\boldsymbol{C}$, $\boldsymbol{\alpha}$, $\boldsymbol{\beta}$, $\boldsymbol{\gamma}$ 或带下标的字母 $\boldsymbol{A}_1$, $\boldsymbol{A}_2$, $\boldsymbol{A}_3$, $\boldsymbol{\alpha}_1$, $\boldsymbol{\alpha}_2$, $\boldsymbol{\alpha}_3$ 等表示矩阵.

根据矩阵的行数和列数, 可有以下分类:

(1) 只有一行的矩阵称为**行矩阵**, 其一般形式为

$$\boldsymbol{A}=(a_1,a_2,\cdots,a_n).$$

(2) 只有一列的矩阵称为**列矩阵**, 其一般形式为

$$\boldsymbol{A}=\begin{pmatrix} b_1 \\ b_2 \\ \vdots \\ b_n \end{pmatrix}.$$

(3) 行数和列数都等于 n 的矩阵称为 **n 阶矩阵**或 **n 阶方阵**, n 阶矩阵 $\boldsymbol{A}$ 也记作 $\boldsymbol{A}_n$.

(4) 由一个数 a 构成的一阶方阵 (a) 就是元素 a 本身, 即 $(a)=a$.

3. 六种特殊的矩阵

(1) 零矩阵.

元素全为 0 的 $m \times n$ 矩阵称为**零矩阵**(zero matrix), 记为 $\boldsymbol{O}$ 或 $\boldsymbol{O}_{m\times n}$.

例如,

$$\boldsymbol{O}_{2\times 3}=\begin{pmatrix} 0 & 0 & 0 \\ 0 & 0 & 0 \end{pmatrix}, \quad \boldsymbol{O}_3=\begin{pmatrix} 0 & 0 & 0 \\ 0 & 0 & 0 \\ 0 & 0 & 0 \end{pmatrix}.$$

(2) 对角矩阵.

主对角线以外的所有元素全为零的方阵称为**对角矩阵**(diagonal matrix), 一般形式为

$$\begin{pmatrix} \lambda_1 & 0 & \cdots & 0 \\ 0 & \lambda_2 & \cdots & 0 \\ \vdots & \vdots & & \vdots \\ 0 & 0 & \cdots & \lambda_n \end{pmatrix} = \operatorname{diag}(\lambda_1, \lambda_2, \cdots, \lambda_n).$$

(3) 数量矩阵.

主对角线元素相同的 n 阶对角矩阵称为**数量矩阵**(scalar matrix), 一般形式为

$$\begin{pmatrix} k & 0 & \cdots & 0 \\ 0 & k & \cdots & 0 \\ \vdots & \vdots & & \vdots \\ 0 & 0 & \cdots & k \end{pmatrix} = \operatorname{diag}(k, k, \cdots, k).$$

(4) 单位矩阵.

主对角线上的所有元素全为 1 的对角矩阵称为**单位矩阵**(identity matrix), 可记为 $\boldsymbol{I}$ 或 $\boldsymbol{E}$.

例如,

$$\boldsymbol{E}_1=(1), \quad \boldsymbol{E}_2=\begin{pmatrix} 1 & 0 \\ 0 & 1 \end{pmatrix}, \quad \boldsymbol{E}_3=\begin{pmatrix} 1 & 0 & 0 \\ 0 & 1 & 0 \\ 0 & 0 & 1 \end{pmatrix}, \cdots, \quad \boldsymbol{E}_n=\begin{pmatrix} 1 & 0 & \cdots & 0 \\ 0 & 1 & \cdots & 0 \\ \vdots & \vdots & & 0 \\ 0 & 0 & \cdots & 1 \end{pmatrix}.$$

(5) 上三角矩阵.

主对角线以下元素全为 0 的方阵称为**上三角矩阵**(upper triangular matrix), 一般形式为

$$\begin{pmatrix} a_{11} & a_{12} & \cdots & a_{1n} \\ 0 & a_{22} & \cdots & a_{2n} \\ \vdots & \vdots & & \vdots \\ 0 & 0 & \cdots & a_{nn} \end{pmatrix}.$$

(6) 下三角矩阵.

主对角线以上元素全为 0 的方阵称为**下三角矩阵**(lower triangular matrix), 一般形式为

$$\begin{pmatrix} a_{11} & 0 & \cdots & 0 \\ a_{21} & a_{22} & \cdots & 0 \\ \vdots & \vdots & & \vdots \\ a_{n1} & a_{n2} & \cdots & a_{nn} \end{pmatrix}.$$

知识拓展

一般来说, 图像是一个标准的矩形, 有着宽度和高度. 而矩阵有着行和列, 矩阵的操作在计算机图形学中的处理都很常见且成熟, 于是很自然地把图像作为一个矩阵.

我们可以将图 1.3 和图 1.4 定义为一个二维的函数 $f(x,y)$, 其中 x, y 表示空间坐标, 在空间坐标 (x, y) 点上的幅值 f 表示该点图像的强度或者灰度. 对于数字图像而言, 空间坐标 x, y 和幅值 f 都是有限的、离散的, 因此一幅图像就可用一个二维函数表示. 因为模拟图像不利于计算机进行处理, 所以要将模拟图像转换成数字图像, 主要包括: 取样和量化. 取样就是将 x, y 坐标值离散化, 而量化就是将幅值离散化, 这样取样和量化的结果就是一个矩阵, 可以表示为

$$f(x,y) = \begin{pmatrix} f(0,0) & f(0,1) & \cdots & f(0,n-1) \\ f(1,0) & f(1,1) & \cdots & f(1,n-1) \\ \vdots & \vdots & & \vdots \\ f(m-1,0) & f(m-1,1) & \cdots & f(m-1,n-1) \end{pmatrix}_{m\times n}. \tag{1.2}$$

更一般的矩阵表达式为

$$
\boldsymbol{A}=\begin{pmatrix} a_{00} & a_{01} & \cdots & a_{0,n-1} \\ a_{10} & a_{11} & \cdots & a_{1,n-1} \\ \vdots & \vdots & & \vdots \\ a_{m-1,0} & a_{m-1,1} & \cdots & a_{m-1,n-1} \end{pmatrix}_{m\times n}. \tag{1.3}
$$

于是一张清晰明亮、色彩鲜艳的图片就这样转换成数字矩阵, 继而被计算机以二进制数据的形式储存.

图 1.3　500 米口径球面射电望远镜——中国天眼

图 1.4　世界第一颗量子卫星——墨子号

1.1.3　同型矩阵与矩阵相等的概念

1. 同型矩阵

两个矩阵的行数相等, 列数也相等, 称它们是**同型矩阵**.

例如,

$$
\boldsymbol{A}=\begin{pmatrix} 1 & 1 & 0 & 1 \\ 0 & 4 & 3 & -7 \end{pmatrix},\quad \boldsymbol{B}=\begin{pmatrix} 1 & 1 & 1 & 1 \\ 0 & 0 & 0 & 0 \end{pmatrix},
$$

$$
\boldsymbol{C}=\begin{pmatrix} 0 & 5 & 4 \\ 1 & 2 & 3 \\ 0 & 0 & 0 \end{pmatrix},\quad \boldsymbol{D}=\begin{pmatrix} 7 & 8 & 9 \\ 1 & 2 & 3 \end{pmatrix}.
$$

根据同型矩阵的定义可知, 矩阵 $\boldsymbol{A}$ 和 $\boldsymbol{B}$ 同型, 但矩阵 $\boldsymbol{C}$ 和 $\boldsymbol{D}$ 不同型, 因为它们的行数不相等.

2. **矩阵相等**

$\boldsymbol{A}=\boldsymbol{B}$: 同型的两个矩阵 $\boldsymbol{A}$ 和 $\boldsymbol{B}$ 对应的元素分别相等, 即

$$a_{ij}=b_{ij} \quad (i=1,2,\cdots,m;j=1,2,\cdots,n),$$

则称矩阵 $\boldsymbol{A}$ 和矩阵 $\boldsymbol{B}$ 相等, 记作 $\boldsymbol{A}=\boldsymbol{B}$.

注 只有同型的两个矩阵才可能相等.

例 1 已知 $\begin{pmatrix} a+b & 4 \\ 0 & d \end{pmatrix}=\begin{pmatrix} 2 & a-b \\ c & 3 \end{pmatrix}$, 求 a,b,c,d 的值.

解 由题意可得

$$\begin{cases} a+b=2, \\ a-b=4, \\ c=0, \\ d=3 \end{cases} \Rightarrow \begin{cases} a=3, \\ b=-1, \\ c=0, \\ d=3. \end{cases}$$

1.1.4 矩阵的转置

定义 5 将 $m\times n$ 矩阵 $\boldsymbol{A}=(a_{ij})$ 的行换成同序数的列, 所得的 $n\times m$ 矩阵称为 $\boldsymbol{A}$ 的**转置矩阵**(transposed matrix), 记为 $\boldsymbol{A}^{\mathrm{T}}$ 或 $\boldsymbol{A}'$, 即

$$\boldsymbol{A}^{\mathrm{T}}=\begin{pmatrix} a_{11} & a_{21} & \cdots & a_{m1} \\ a_{12} & a_{22} & \cdots & a_{m2} \\ \vdots & \vdots & & \vdots \\ a_{1n} & a_{2n} & \cdots & a_{mn} \end{pmatrix}.$$

1.1.5 对称矩阵

定义 6 如果方阵 $\boldsymbol{A}$ 满足 $\boldsymbol{A}^{\mathrm{T}}=\boldsymbol{A}$, 即

$$\boldsymbol{A}=\boldsymbol{A}^{\mathrm{T}} \Leftrightarrow a_{ij}=a_{ji}, \quad i,j=1,2,\cdots,n,$$

则称 $\boldsymbol{A}$ 是**对称矩阵**(symmetric matrix).

例如,

$$\boldsymbol{A}=\begin{pmatrix} -2 & 1 & 3 \\ 1 & 4 & -4 \\ 3 & -4 & 6 \end{pmatrix} \Rightarrow \boldsymbol{A}^{\mathrm{T}}=\begin{pmatrix} -2 & 1 & 3 \\ 1 & 4 & -4 \\ 3 & -4 & 6 \end{pmatrix}.$$

可以观察到对称矩阵是指以主对角线为对称轴, 各元素对应相等的矩阵. 例如

$$
\boldsymbol{A}=\begin{pmatrix} 12 & 6 & 1 \\ 6 & 8 & 0 \\ 1 & 0 & 6 \end{pmatrix}.
$$

对称阵

接下来, 我们将前面学过的线性方程组和矩阵结合在一起, 可有如下结论: 回顾前面的 n 元线性方程组的一般形式为

$$
\begin{cases} a_{11}x_1+a_{12}x_2+\cdots+a_{1n}x_n=b_1, \\ a_{21}x_1+a_{22}x_2+\cdots+a_{2n}x_n=b_2, \\ \qquad\cdots\cdots \\ a_{m1}x_1+a_{m2}x_2+\cdots+a_{mn}x_n=b_m, \end{cases}
$$

称矩阵

$$
\boldsymbol{A}=\begin{pmatrix} a_{11} & a_{12} & \cdots & a_{1n} \\ a_{21} & a_{22} & \cdots & a_{2n} \\ \vdots & \vdots & & \vdots \\ a_{m1} & a_{m2} & \cdots & a_{mn} \end{pmatrix}
$$

为 n 元线性方程组的**系数矩阵**(coefficient matrix); 称矩阵

$$
\boldsymbol{B}=\begin{pmatrix} a_{11} & a_{12} & \cdots & a_{1n} & b_1 \\ a_{21} & a_{22} & \cdots & a_{2n} & b_2 \\ \vdots & \vdots & & \vdots & \vdots \\ a_{m1} & a_{m2} & \cdots & a_{mn} & b_m \end{pmatrix}
$$

为 n 元线性方程组的**增广矩阵**(augmented matrix).

这里的 m 和 n 是任意正整数, 其关系可能为下列三种情况之一:

(1) $m=n$(恰定线性方程组 (properly determined systems of linear equations));

(2) $m>n$(超定线性方程组 (overdetermined systems of linear equations));

(3) $m<n$(欠定线性方程组 (underdetermined systems of linear equations)).

数学家介绍

图1.5 凯莱

凯莱 (A. Cayley, 1821~1895), 英国数学家、律师 (图 1.5). 自小就喜欢解决复杂的数学问题. 1839 年进入剑桥大学三一学院, 在希腊语、法语、德语、意大利语以及数学方面成绩优异, 本科期间在剑桥数学杂志上发表了三篇论文. 1842 年本科毕业后在三一学院任聘 3 年, 开始了毕生从事的数学研究. 因未继续受聘, 又不愿担任圣职 (这是当时继续在剑桥的数学生涯的一个必要条件), 于 1846 年入林肯法律协会学习并于 1849 年成为律师, 以此为职业 14 年, 职业收入使其能够研究数学, 期间发表了 250 余篇数学论文. 因大学法规的变化, 1863 年被任命为剑桥大学纯粹数学的第一个萨德勒教授, 直至逝世.

凯莱最主要的贡献是与西尔维斯特 (J. J. Sylvester) 一起, 创立了代数型的理论, 共同奠定了关于代数不变量理论的基础. 凯莱在 1855 年引入了矩阵的概念, 定义了矩阵的运算、零矩阵和单位矩阵、逆矩阵等, 于 1858 年发表了关于这个课题的第一篇重要文章《矩阵论的研究报告》. 他对几何学的统一研究也作出了重要的贡献.

1896 年, 德国数学家克莱因 (F. C. Klein) 在美国普林斯顿作关于陀螺数学理论的系列讲演, 他在凯莱工作的基础上采用彼此不独立的四个参量来描述陀螺的空间角位置. 这种描述刚体位置的方法后被称为凯莱-克莱因参量法.

凯莱是极丰产的数学家, 他对线性代数的理论、矢量和张量分析、高次曲线的性质等都有研究; 写有数学论文约 900 篇. 他的数学论文几乎涉及纯粹数学的所有领域, 收集在共有 14 卷的《凯莱数学论文集》中, 并著有《椭圆函数专论》一书. 此外, 凯莱在劝说剑桥大学接受女学生中起了很大的作用. 他曾任剑桥哲学会、伦敦数学会、皇家天文学会的会长.

1.2 线性方程组解的存在性

对于一般的 n 元线性方程组, 需要解决以下三个问题:

(1) 如何判定方程组是否有解?

(2) 如果方程组有解, 它有多少个解?

(3) 如何求出线性方程组的全部解?

1.2.1　齐次和非齐次线性方程组

本节讨论第一个问题. 在下面的 n 元线性方程组中,

$$\begin{cases} a_{11}x_1 + a_{12}x_2 + \cdots + a_{1n}x_n = b_1, \\ a_{21}x_1 + a_{22}x_2 + \cdots + a_{2n}x_n = b_2, \\ \qquad \cdots\cdots \\ a_{m1}x_1 + a_{m2}x_2 + \cdots + a_{mn}x_n = b_m, \end{cases} \tag{1.4}$$

若

$$\begin{pmatrix} b_1 \\ b_2 \\ \vdots \\ b_m \end{pmatrix} \neq \begin{pmatrix} 0 \\ 0 \\ \vdots \\ 0 \end{pmatrix},$$

则称该线性方程组 (1.4) 为**非齐次线性方程组**(non-homogeneous linear equations);

若

$$\begin{pmatrix} b_1 \\ b_2 \\ \vdots \\ b_m \end{pmatrix} = \begin{pmatrix} 0 \\ 0 \\ \vdots \\ 0 \end{pmatrix},$$

则称该线性方程组 (1.4) 为**齐次线性方程组**(homogeneous linear equations), 此时可以改写为

$$\begin{cases} a_{11}x_1 + a_{12}x_2 + \cdots + a_{1n}x_n = 0, \\ a_{21}x_1 + a_{22}x_2 + \cdots + a_{2n}x_n = 0, \\ \qquad \cdots\cdots \\ a_{m1}x_1 + a_{m2}x_2 + \cdots + a_{mn}x_n = 0. \end{cases} \tag{1.5}$$

显然, 齐次线性方程组有零解. 于是可得如下结论:

线性方程组有零解$\Leftrightarrow$该线性方程组是齐次的.

注　齐次线性方程组可能有非零解.

接下来, 我们回顾初中利用高斯 (C. F. Gauss) 消元法如何解三元一次线性方程组.

例 1 求解下列线性方程组

$$\begin{cases} x_2+x_3=2,\\ 2x_1+3x_2+2x_3=5,\\ 3x_1+x_2-x_3=-1. \end{cases}$$

解

$$\begin{cases} x_2+x_3=2 & (1)\\ 2x_1+3x_2+2x_3=5 & (2)\\ 3x_1+x_2-x_3=-1 & (3) \end{cases}$$

$$\xrightarrow{\text{交换 (1) 和 (2)}} \begin{cases} 2x_1+3x_2+2x_3=5 & (1)\\ x_2+x_3=2 & (2)\\ 3x_1+x_2-x_3=-1 & (3) \end{cases}$$

$$\xrightarrow{-\frac{3}{2}\times(1)+(3)} \begin{cases} 2x_1+3x_2+2x_3=5 & (1)\\ x_2+x_3=2 & (2)\\ -\dfrac{7}{2}x_2-4x_3=-\dfrac{17}{2} & (3) \end{cases}$$

$$\xrightarrow{\frac{7}{2}\times(2)+(3)} \begin{cases} 2x_1+3x_2+2x_3=5 & (1)\\ x_2+x_3=2 & (2)\\ -\dfrac{1}{2}x_3=-\dfrac{3}{2} & (3) \end{cases}$$

$$\xrightarrow{-2\times(3)} \begin{cases} 2x_1+3x_2+2x_3=5 & (1)\\ x_2+x_3=2 & (2)\\ x_3=3 & (3) \end{cases}$$

$$\xrightarrow[-1\times(3)+(2)]{-2\times(3)+(1)} \begin{cases} 2x_1+3x_2=-1 & (1)\\ x_2=-1 & (2)\\ x_3=3 & (3) \end{cases}$$

$$\xrightarrow{-3\times(2)+(1)} \begin{cases} x_1=1,\\ x_2=-1,\\ x_3=3. \end{cases}$$

小结 (1) 上述解方程组的方法称为消元法.

(2) 始终把方程组看作一个整体变形, 用到如下三种变换:

(i) 交换方程次序;

(ii) 以不等于 0 的数乘某个方程;

(iii) 一个方程加上另一个方程的 k 倍.

1.2.2　线性方程组的同解变换与矩阵的初等行变换和高斯消元法

例 2　写出下列线性方程组的同解变换及其对应的增广矩阵的变换

$$\begin{cases} 2x_1 - x_2 + 2x_3 = 4, \\ x_1 + x_2 + 2x_3 = 1, \\ 3x_1 - 6x_2 = 9, \\ 4x_1 + x_2 + 4x_3 = 2. \end{cases}$$

解　先写出它的增广矩阵

$$\begin{pmatrix} 2 & -1 & 2 & 4 \\ 1 & 1 & 2 & 1 \\ 3 & -6 & 0 & 9 \\ 4 & 1 & 4 & 2 \end{pmatrix}.$$

(Ⅰ) 交换第 1 个方程和第 2 个方程的位置可得

$$\begin{cases} 2x_1 - x_2 + 2x_3 = 4, \\ x_1 + x_2 + 2x_3 = 1, \\ 3x_1 - 6x_2 = 9, \\ 4x_1 + x_2 + 4x_3 = 2 \end{cases} \to \begin{cases} x_1 + x_2 + 2x_3 = 1, \\ 2x_1 - x_2 + 2x_3 = 4, \\ 3x_1 - 6x_2 = 9, \\ 4x_1 + x_2 + 4x_3 = 2, \end{cases}$$

相应的增广矩阵的变换为

$$\begin{pmatrix} 2 & -1 & 2 & 4 \\ 1 & 1 & 2 & 1 \\ 3 & -6 & 0 & 9 \\ 4 & 1 & 4 & 2 \end{pmatrix} \xrightarrow{r_1 \leftrightarrow r_2} \begin{pmatrix} 1 & 1 & 2 & 1 \\ 2 & -1 & 2 & 4 \\ 3 & -6 & 0 & 9 \\ 4 & 1 & 4 & 2 \end{pmatrix}.$$

(Ⅱ) 第 3 个方程两边同时乘以不为 0 的数 $\dfrac{1}{3}$ 可得

$$\begin{cases} x_1 + x_2 + 2x_3 = 1, \\ 2x_1 - x_2 + 2x_3 = 4, \\ 3x_1 - 6x_2 = 9, \\ 4x_1 + x_2 + 4x_3 = 2 \end{cases} \to \begin{cases} x_1 + x_2 + 2x_3 = 1, \\ 2x_1 - x_2 + 2x_3 = 4, \\ x_1 - 2x_2 = 3, \\ 4x_1 + x_2 + 4x_3 = 2, \end{cases}$$

相应的增广矩阵的变换为

$$\begin{pmatrix} 1 & 1 & 2 & 1 \\ 2 & -1 & 2 & 4 \\ 3 & -6 & 0 & 9 \\ 4 & 1 & 4 & 2 \end{pmatrix} \xrightarrow{\frac{1}{3}r_3} \begin{pmatrix} 1 & 1 & 2 & 1 \\ 2 & -1 & 2 & 4 \\ 1 & -2 & 0 & 3 \\ 4 & 1 & 4 & 2 \end{pmatrix}.$$

(III) 第 1 个方程两边乘以同一个数 -2 后, 加在第 2 个方程可得

$$\begin{cases} x_1+\ \ x_2+2x_3=1 \\ 2x_1-\ \ x_2+2x_3=4 \\ x_1-2x_2 \qquad\ \ =3 \\ 4x_1+\ \ x_2+4x_3=2 \end{cases} \rightarrow \begin{cases} x_1+\ \ x_2+2x_3=1, \\ \qquad -3x_2-2x_3=2, \\ x_1-2x_2 \qquad\ \ =3, \\ 4x_1+\ \ x_2+4x_3=2, \end{cases}$$

相应的增广矩阵的变换为

$$\begin{pmatrix} 1 & 1 & 2 & 1 \\ 2 & -1 & 2 & 4 \\ 1 & -2 & 0 & 3 \\ 4 & 1 & 4 & 2 \end{pmatrix} \xrightarrow{-2r_1+r_2} \begin{pmatrix} 1 & 1 & 2 & 1 \\ 0 & -3 & -2 & 2 \\ 1 & -2 & 0 & 3 \\ 4 & 1 & 4 & 2 \end{pmatrix}.$$

于是, 根据上述运算, 我们可得定义 1.

定义 1 矩阵的**初等行变换**(row elementary transformation of a matrix) 有以下 3 种:

(1) **换行** 交换矩阵的某两行;

(2) **倍乘** 以数 $k \neq 0$ 乘矩阵的某一行;

(3) **倍加** 把矩阵的某一行的 k 倍加到另一行上.

注意倍加里的 k 可以为 0, 这时即 $kr_i + r_j = 0r_i + r_j = r_j$.

注 (1) "换行" 和 "倍乘" 是为了方便消元.

(2) 高斯提出该方法, 后来称为高斯消元法, 可直接称为消元法. 而早在公元 263 年我国数学家刘徽在注解《九章算术》时已经提出.

(3) 在矩阵中这样做, 也称为高斯消元法或消元法.

(4) 前面采用的是 "向下消元".

1.2.3 行阶梯形矩阵与矩阵的秩

1. 行阶梯形矩阵

例 3 化简下列线性方程组

$$\begin{cases} x_1+\ \ x_2+2x_3=1, \\ \quad\ -3x_2-2x_3=2, \\ x_1-2x_2 \qquad\ =3, \\ 4x_1+\ \ x_2+4x_3=2 \end{cases} \xrightarrow{\text{对应的增广矩阵}} \begin{pmatrix} 1 & 1 & 2 & 1 \\ 0 & -3 & -2 & 2 \\ 1 & -2 & 0 & 3 \\ 4 & 1 & 4 & 2 \end{pmatrix}.$$

解

$$\begin{pmatrix} 1 & 1 & 2 & 1 \\ 0 & -3 & -2 & 2 \\ 1 & -2 & 0 & 3 \\ 4 & 1 & 4 & 2 \end{pmatrix} \xrightarrow{-r_1+r_3} \begin{pmatrix} 1 & 1 & 2 & 1 \\ 0 & -3 & -2 & 2 \\ 0 & -3 & -2 & 2 \\ 4 & 1 & 4 & 2 \end{pmatrix}$$

$$\xrightarrow{-4r_1+r_4} \begin{pmatrix} 1 & 1 & 2 & 1 \\ 0 & -3 & -2 & 2 \\ 0 & -3 & -2 & 2 \\ 0 & -3 & -4 & -2 \end{pmatrix} \xrightarrow{-r_2+r_3} \begin{pmatrix} 1 & 1 & 2 & 1 \\ 0 & -3 & -2 & 2 \\ 0 & 0 & 0 & 0 \\ 0 & -3 & -4 & -2 \end{pmatrix}$$

$$\xrightarrow{-r_2+r_4} \begin{pmatrix} 1 & 1 & 2 & 1 \\ 0 & -3 & -2 & 2 \\ 0 & 0 & 0 & 0 \\ 0 & 0 & -2 & -4 \end{pmatrix} \xrightarrow{r_3\leftrightarrow r_4} \begin{pmatrix} 1 & 1 & 2 & 1 \\ 0 & -3 & -2 & 2 \\ 0 & 0 & -2 & -4 \\ 0 & 0 & 0 & 0 \end{pmatrix}$$

$$\xrightarrow{-\frac{1}{2}r_3} \begin{pmatrix} 1 & 1 & 2 & 1 \\ 0 & -3 & -2 & 2 \\ 0 & 0 & 1 & 2 \\ 0 & 0 & 0 & 0 \end{pmatrix}. \tag{1.6}$$

因此可得

$$\begin{cases} x_1+\ \ x_2+2x_3=1, \\ \quad\ -3x_2-2x_3=2, \\ \qquad\qquad\quad x_3=2. \end{cases} \tag{1.7}$$

最后得到的矩阵 (1.6) 称为**行阶梯形矩阵**(row echelon matrix) 或简称**梯阵**(echelon matrix).

梯阵, 可以在该矩阵里面画一条阶梯线, 满足

(1) 线的下方元素全为 0;

(2) 每个台阶只有一行, 台阶数即非零行的行数;

(3) 阶梯线的竖线后面的第一个元素非零, 该元素称为该非零行的首个非零元素即首元.

例 4 请判断下列几个矩阵是不是行阶梯形矩阵:

(1) $\begin{pmatrix} 1 & 1 & 2 & 1 \\ 0 & -3 & -2 & 2 \\ 0 & 0 & 0 & 0 \\ 0 & 0 & -2 & -4 \end{pmatrix}$; (2) $\begin{pmatrix} 1 & 1 & 2 & 1 \\ 0 & -3 & -2 & 2 \\ 0 & -3 & -4 & -2 \\ 0 & 0 & 0 & 0 \end{pmatrix}$;

(3) $\begin{pmatrix} 1 & 1 & 2 & 1 \\ 0 & 0 & 2 & 0 \\ 0 & -3 & -4 & -2 \\ 0 & 0 & 0 & 0 \end{pmatrix}$.

2. 矩阵的秩

矩阵的秩是矩阵理论中最重要的概念之一, 由弗罗贝尼乌斯 (F. G. Frobenius) 借助于第 2 章的行列式引入.

定义 2 在矩阵 $\boldsymbol{A}$ 的行阶梯形矩阵中, 其非零行的行数称为矩阵 $\boldsymbol{A}$ 的**秩**(rank of the matrix $\boldsymbol{A}$), 记为 $R(\boldsymbol{A})$(或 $r(\boldsymbol{A})$).

显然, 可得前面的阶梯形矩阵 (1.6)

$$\begin{pmatrix} 1 & 1 & 2 & 1 \\ 0 & -3 & -2 & 2 \\ 0 & 0 & 1 & 2 \\ 0 & 0 & 0 & 0 \end{pmatrix}$$

的秩为 3, 即 $R(\boldsymbol{B}) = 3$, 不看最后一列, 可得 $R(\boldsymbol{A}) = 3$, 于是就有 $R(\boldsymbol{A})= R(\boldsymbol{B})$, 且由 (1.7) 可知, 当 $R(\boldsymbol{A})= R(\boldsymbol{B})$ 时, 线性方程组有解.

例 5 判断下列线性方程组是否有解, 说明理由.

$$\begin{cases} x_1 + \ \ x_2 + x_3 = 1, \\ x_1 + 2x_2 + x_3 = 3, \\ x_1 + 3x_2 + x_3 = 4. \end{cases}$$

解 利用行初等变换化成行阶梯形矩阵

$$\boldsymbol{B} = \begin{pmatrix} 1 & 1 & 1 & 1 \\ 1 & 2 & 1 & 3 \\ 1 & 3 & 1 & 4 \end{pmatrix} \xrightarrow[-r_1+r_3]{-r_1+r_2} \begin{pmatrix} 1 & 1 & 1 & 1 \\ 0 & 1 & 0 & 2 \\ 0 & 2 & 0 & 3 \end{pmatrix} \xrightarrow{-2r_2+r_3} \begin{pmatrix} 1 & 1 & 1 & 1 \\ 0 & 1 & 0 & 2 \\ 0 & 0 & 0 & -1 \end{pmatrix}. \tag{1.8}$$

显然根据 (1.8) 式, 可得 $0 = -1$, 所以该方程无解. 且可得 $R(\boldsymbol{B}) = 3$, $R(\boldsymbol{A}) = 2$, 即, 当 $R(\boldsymbol{A}) \neq R(\boldsymbol{B})$ 时, 线性方程组无解.

综上, 很容易得出下面的定理.

定理 1 设线性方程组的系数矩阵和增广矩阵分别为 $\boldsymbol{A}$ 和 $\boldsymbol{B}$, 则该线性方程组有解的充要条件是 $R(\boldsymbol{A}) = R(\boldsymbol{B})$.

证明 先证必要性, 即若线性方程组有解, 则 $R(\boldsymbol{A})=R(\boldsymbol{B})$. 用反证法.

假设 $R(\boldsymbol{A}) \neq R(\boldsymbol{B})$, 意味着在 $\boldsymbol{B}$ 的行阶梯形矩阵的最后非零行里会出现 $0, 0, \cdots, 0, d$, 其中 $d \neq 0$. 于是对应的同解线性方程组会出现 $0 = d$ 的情况, 显然原线性方程组无解. 故矛盾, 假设不成立, 原命题成立.

再证充分性, 即若 $R(\boldsymbol{A}) = R(\boldsymbol{B})$, 则线性方程组有解.

这是由于在 $\boldsymbol{B}$ 的行阶梯形矩阵对应的线性方程组里, 不会出现 $0 = d \neq 0$ 的情况, 因而至少可得出原线性方程组的一个解.

注 (1) 对于齐次线性方程组, 显然有 $R(\boldsymbol{A}) = R(\boldsymbol{B})$, 根据定理 1 容易知道, 任意齐次线性方程组有解. 当然, 由齐次线性方程组均有零解, 可推出 $R(\boldsymbol{A}) = R(\boldsymbol{B})$.

(2) 齐次线性方程组可能有非零解.

等价矩阵 矩阵 $\boldsymbol{A}$ 经若干次初等行变换得到矩阵 $\boldsymbol{B}$, 则称 $\boldsymbol{A}$ 与 $\boldsymbol{B}$ 等价, 记为 $\boldsymbol{A}\to\boldsymbol{B}$.

注 符号 “$\to$” 有 “变成” 的意思, 前面已使用. 也可以用 “$\sim$” 或 “$\cong$”, 但绝对不能用 “$=$”.

矩阵等价的性质:

(1) **自反性** $\boldsymbol{A}\to\boldsymbol{A}$;

(2) **对称性** 若 $\boldsymbol{A}\to\boldsymbol{B}$, 则 $\boldsymbol{B}\to\boldsymbol{A}$;

(3) **传递性** 若 $\boldsymbol{A}\to\boldsymbol{B}$ 且 $\boldsymbol{B}\to\boldsymbol{C}$, 则 $\boldsymbol{A}\to\boldsymbol{C}$.

由于强调等价的传递性, 而不是对称性, 使用 “$\to$” 表示矩阵间的等价关系是合理的.

1.3 线性方程组的高斯求解方法

求解线性方程组的步骤: 先判断是否有解; 在有解时, 再求出所有解 (通解).

1.3.1 将增广矩阵化为行阶梯形矩阵

例 1 求解下列线性方程组

$$\begin{cases} x_2 + x_3 = 2, \\ 2x_1 + 3x_2 + 2x_3 = 5, \\ 3x_1 + x_2 - x_3 = -1. \end{cases} \tag{1.9}$$

解 先写出该方程的增广矩阵

$$\begin{pmatrix} 0 & 1 & 1 & 2 \\ 2 & 3 & 2 & 5 \\ 3 & 1 & -1 & -1 \end{pmatrix}. \tag{1.10}$$

然后利用初等变换将它化为行阶梯形矩阵

$$\begin{pmatrix} 2 & 3 & 2 & 5 \\ 0 & 1 & 1 & 2 \\ 0 & 0 & 1 & 3 \end{pmatrix}. \tag{1.11}$$

显然可得 $R(\boldsymbol{A})=R(\boldsymbol{B})$, 即该线性方程组有解, 但不能迅速地直接看出其解, 若化解成如下矩阵

$$\begin{pmatrix} 1 & 0 & 0 & 1 \\ 0 & 1 & 0 & -1 \\ 0 & 0 & 1 & 3 \end{pmatrix}, \tag{1.12}$$

即可迅速地直接知道方程组的解.

再看下面的这个例题.

例 2 求解下列线性方程组

$$\begin{cases} 2x_1 - x_2 + 2x_4 = -1, \\ -4x_1 + 5x_2 - 8x_3 + 3x_4 = 5, \\ 3x_1 - 2x_2 + x_3 + 2x_4 = -2. \end{cases} \tag{1.13}$$

解

$$\boldsymbol{B} = \begin{pmatrix} 2 & -1 & 0 & 2 & -1 \\ -4 & 5 & -8 & 3 & 5 \\ 3 & -2 & 1 & 2 & -2 \end{pmatrix} \tag{1.14}$$

$$\xrightarrow{\text{初等行变换}} \begin{pmatrix} 1 & -1 & 1 & 0 & -1 \\ 0 & 1 & -2 & 2 & 1 \\ 0 & 0 & -2 & 1 & 0 \end{pmatrix}. \tag{1.15}$$

$R(\boldsymbol{A})=R(\boldsymbol{B})=3$, 由定理 1, 该方程组有解.

同样, 将 (1.15) 进一步转化为

$$\begin{pmatrix} 1 & 0 & 0 & \frac{3}{2} & 0 \\ 0 & 1 & 0 & 1 & 1 \\ 0 & 0 & 1 & -\frac{1}{2} & 0 \end{pmatrix}, \tag{1.16}$$

也能迅速地直接看出方程组的解, 但是与 (1.12) 不同的是, 方程组 (1.16) 有无穷解.

结合例 1 和例 2, 我们可以看出将 (1.9) 和 (1.13) 分别化成 (1.12) 和 (1.16), 可以方便求解. 而且可观察到 (1.12) 和 (1.16) 与相应的行阶梯形矩阵的区别. 即我们下面讲解的行最简形矩阵.

1.3.2　将行阶梯形矩阵化为行最简形矩阵

一个矩阵的**行最简形矩阵**(reduced row echelon form of a matrix), 必须满足以下 3 个条件:

(1) 是该矩阵的行阶梯形矩阵;

(2) 行阶梯形矩阵非零行的首元为 1;

(3) 首非零元 1 所在列的其他元素全为 0.

注　行最简形矩阵亦称为约化行阶梯形矩阵或简化行阶梯形矩阵.

一般来说, 在行最简形矩阵中, 将非零行的首非零元素对应的未知量 x_1, x_2 和 x_3 作为**先导未知量**(leading unknown), 而其余未知量 x_4 是**自由未知量**(free unknown).

先导未知量就是那些不作为自由变量的未知量!

先导未知量的个数就是矩阵的秩 $R(\boldsymbol{A}) = R(\boldsymbol{B}) = r = 3$, 进而自由未知量的个数为 $n - r = 4 - 3 = 1$.

继续回到例 2, 针对 (1.14), 令 $x_4 = k$ (k 为任意常数), 则

$$\begin{cases} x_1 = -\dfrac{3}{2}k, \\ x_2 = -k + 1, \\ x_3 = \dfrac{1}{2}k, \\ x_4 = k \end{cases} \Rightarrow \begin{pmatrix} x_1 \\ x_2 \\ x_3 \\ x_4 \end{pmatrix} = \begin{pmatrix} -\dfrac{3}{2}k \\ -k+1 \\ \dfrac{1}{2}k \\ k \end{pmatrix}.$$

注　将行阶梯形矩阵化为行最简形矩阵的目的: 方便求解.

知识拓展——MATLAB的简单应用

在 MATLAB 命令窗口输入矩阵 $\boldsymbol{B}$ 以及 rref(B) 就可以得到 $\boldsymbol{B}$ 的行最简形矩阵, 使用 rrefmovie(B) 还可以看到 $\boldsymbol{B}$ 的行最简形矩阵的计算过程, 再通过选取自由未知量可得出线性方程组的通解.

例如, 为了得出

$$B=\begin{pmatrix} 2 & -1 & 0 & 2 & -1 \\ -4 & 5 & -8 & 3 & 5 \\ 3 & -2 & 1 & 2 & -2 \end{pmatrix}$$

的行最简形矩阵, 可以键入以下两个命令并回车.

```
>>B=[2, -1, 0, 2, -1; -4, 5, -8, 3, 5; 3, -2, 1, 2, -2];
format rat     %用有理分数格式, 否则是小数格式
>>rref(B)
 ans=
 1  0  0 3/2  0
 0  1  0  1   1
 0  0  1 -1/2 0
 >>rrefmovie(B)
```

定理 1 若 n 元线性方程组有解, 其系数矩阵和增广矩阵分别为 $\boldsymbol{A}$ 和 $\boldsymbol{B}$, 则

(1) 当 $R(\boldsymbol{A})=R(\boldsymbol{B})=r=n$ 时, 该线性方程组有唯一解 $(n-r=0)$;

(2) 当 $R(\boldsymbol{A})=R(\boldsymbol{B})=r<n$ 时, 该线性方程组存在 $n-r$ 个自由未知量, 进而有无限多个解.

注 当 $R(\boldsymbol{A})\neq R(\boldsymbol{B})$ 时, 该线性方程组无解.

下面举一个求解齐次线性方程组的例子.

例 3 用高斯消元法求解齐次线性方程组

$$\begin{cases} x_1-x_2+5x_3-x_4=0, \\ x_1+x_2-2x_3+3x_4=0, \\ 3x_1-x_2+8x_3+x_4=0, \\ x_1+3x_2-9x_3+7x_4=0. \end{cases}$$

解 $$\boldsymbol{B}=\begin{pmatrix} 1 & -1 & 5 & -1 & 0 \\ 1 & 1 & -2 & 3 & 0 \\ 3 & -1 & 8 & 1 & 0 \\ 1 & 3 & -9 & 7 & 0 \end{pmatrix}\to\boldsymbol{A}=\begin{pmatrix} 1 & -1 & 5 & -1 \\ 1 & 1 & -2 & 3 \\ 3 & -1 & 8 & 1 \\ 1 & 3 & -9 & 7 \end{pmatrix},$$

$$\boldsymbol{A}=\begin{pmatrix} 1 & -1 & 5 & -1 \\ 1 & 1 & -2 & 3 \\ 3 & -1 & 8 & 1 \\ 1 & 3 & -9 & 7 \end{pmatrix}\xrightarrow[-r_1+r_4]{\substack{-r_1+r_2\\-3r_1+r_3}}\begin{pmatrix} 1 & -1 & 5 & -1 \\ 0 & 2 & -7 & 4 \\ 0 & 2 & -7 & 4 \\ 0 & 4 & -14 & 8 \end{pmatrix}$$

$$\xrightarrow[-2r_2+r_4]{-r_2+r_3}\begin{pmatrix}1&-1&5&-1\\0&2&-7&4\\0&0&0&0\\0&0&0&0\end{pmatrix}\xrightarrow{\frac{1}{2}r_2}\begin{pmatrix}1&-1&5&-1\\0&1&-\dfrac{7}{2}&2\\0&0&0&0\\0&0&0&0\end{pmatrix}$$

$$\xrightarrow{r_2+r_1}\begin{pmatrix}1&0&\dfrac{3}{2}&1\\0&1&-\dfrac{7}{2}&2\\0&0&0&0\\0&0&0&0\end{pmatrix}.$$

其对应的同解齐次线性方程组为

$$\begin{cases}x_1\quad+\dfrac{3}{2}x_3+\ \ x_4=0,\\ \qquad x_2-\dfrac{7}{2}x_3+2x_4=0.\end{cases}$$

这时取 x_3 和 x_4 为自由未知量, 令 $x_3=k_1,x_4=k_2$, 得原方程组的所有解为

$$\begin{pmatrix}x_1\\x_2\\x_3\\x_4\end{pmatrix}=\begin{pmatrix}-\dfrac{3}{2}k_1-k_2\\\dfrac{7}{2}k_1-2k_2\\k_1\\k_2\end{pmatrix},$$

其中 k_1,k_2 为任意常数.

上面介绍的是使用高斯消元法求解线性方程组的一般步骤, 可以自行总结一下. 但可以灵活运用, 如在例 3 中, 若取 x_2 和 x_3 为自由未知量, 则将 $\boldsymbol{A}$ 的行阶梯形矩阵化为

$$\boldsymbol{A}\to\begin{pmatrix}1&-1&5&-1\\0&2&-7&4\\0&0&0&0\\0&0&0&0\end{pmatrix}\xrightarrow{\frac{1}{4}r_2}\begin{pmatrix}1&-1&5&-1\\0&\dfrac{1}{2}&-\dfrac{7}{4}&1\\0&0&0&0\\0&0&0&0\end{pmatrix}\xrightarrow{r_2+r_1}\begin{pmatrix}1&-\dfrac{1}{2}&\dfrac{13}{4}&0\\0&\dfrac{1}{2}&-\dfrac{7}{4}&1\\0&0&0&0\\0&0&0&0\end{pmatrix},$$

进而得

$$\begin{cases}x_1-\dfrac{1}{2}x_2+\dfrac{13}{4}x_3\qquad\ =0,\\ \qquad\dfrac{1}{2}x_2-\ \dfrac{7}{4}x_3+x_4=0.\end{cases}$$

取 x_2 和 x_3 为自由未知量, 令 $x_2=k_1,x_3=k_2$, 得原方程组的所有解为

$$\begin{pmatrix} x_1 \\ x_2 \\ x_3 \\ x_4 \end{pmatrix} = \begin{pmatrix} \frac{1}{2}k_1 - \frac{13}{4}k_2 \\ k_1 \\ k_2 \\ -\frac{1}{2}k_1 + \frac{7}{4}k_2 \end{pmatrix},$$

其中 k_1,k_2 为任意常数.

含有参数的线性方程组解的讨论考查大家综合运用知识能力, 具有一定的难度, 见下例.

例 4 设线性方程组

$$\begin{cases} x_1+x_2+x_3=0, \\ x_1+2x_2+ax_3=0, \\ x_1+4x_2+a^2x_3=0 \end{cases}$$

与线性方程 $x_1+2x_2+x_3=a-1$ 有公共解, 求 a 的值及所有公共解.

解 根据已知条件知, 下列线性方程组有解

$$\begin{cases} x_1+x_2+x_3=0, \\ x_1+2x_2+ax_3=0, \\ x_1+4x_2+a^2x_3=0, \\ x_1+2x_2+x_3=a-1. \end{cases} \tag{1.17}$$

因此, 对于 (1.17) 的系数矩阵 $\boldsymbol{A}$ 和增广矩阵 $\boldsymbol{B}$, 有 $R(\boldsymbol{A})=R(\boldsymbol{B})$.

使用矩阵的初等行变换将增广矩阵 $\boldsymbol{B}$ 尽可能地往行阶梯形化:

$$\boldsymbol{B}=\begin{pmatrix} 1 & 1 & 1 & 0 \\ 1 & 2 & a & 0 \\ 1 & 4 & a^2 & 0 \\ 1 & 2 & 1 & a-1 \end{pmatrix} \xrightarrow[-r_1+r_4]{\substack{-r_1+r_2 \\ -r_1+r_3}} \begin{pmatrix} 1 & 1 & 1 & 0 \\ 0 & 1 & a-1 & 0 \\ 0 & 3 & a^2-1 & 0 \\ 0 & 1 & 0 & a-1 \end{pmatrix}$$

$$\xrightarrow[-r_2+r_4]{-3r_2+r_3} \begin{pmatrix} 1 & 1 & 1 & 0 \\ 0 & 1 & a-1 & 0 \\ 0 & 0 & (a-1)(a-2) & 0 \\ 0 & 0 & -(a-1) & a-1 \end{pmatrix}$$

$$\xrightarrow{r_3\leftrightarrow r_4}\begin{pmatrix}1&1&1&0\\0&1&a-1&0\\0&0&-(a-1)&a-1\\0&0&(a-1)(a-2)&0\end{pmatrix}$$

$$\xrightarrow[(a-2)r_3+r_4]{r_3+r_2}\begin{pmatrix}1&1&1&0\\0&1&0&a-1\\0&0&-(a-1)&a-1\\0&0&0&(a-1)(a-2)\end{pmatrix}$$

$$\xrightarrow{-r_2+r_1}\begin{pmatrix}1&0&1&1-a\\0&1&0&a-1\\0&0&-(a-1)&a-1\\0&0&0&(a-1)(a-2)\end{pmatrix}.$$

由 $R(\boldsymbol{A})=R(\boldsymbol{B})$, 知 $a=1$ 或 $a=2$.

当 $a=1$ 时,

$$\boldsymbol{B}\rightarrow\begin{pmatrix}1&0&1&0\\0&1&0&0\\0&0&0&0\\0&0&0&0\end{pmatrix},$$

其对应的同解齐次线性方程组为

$$\begin{cases}x_1+\quad x_3=0,\\ \qquad x_2\qquad=0.\end{cases}$$

取 x_3 为自由未知量, 令 $x_3=k$, 得原方程组的所有解为

$$\begin{pmatrix}x_1\\x_2\\x_3\end{pmatrix}=\begin{pmatrix}-k\\0\\k\end{pmatrix},$$

其中 k 为任意常数.

当 $a=2$ 时,

$$\boldsymbol{B}\rightarrow\begin{pmatrix}1&0&1&-1\\0&1&0&1\\0&0&-1&1\\0&0&0&0\end{pmatrix}\xrightarrow{r_3+r_1}\begin{pmatrix}1&0&0&0\\0&1&0&1\\0&0&-1&1\\0&0&0&0\end{pmatrix}\xrightarrow{-r_3}\begin{pmatrix}1&0&0&0\\0&1&0&1\\0&0&1&-1\\0&0&0&0\end{pmatrix},$$

其对应的同解齐次线性方程组为

$$\begin{cases} x_1 = 0, \\ x_2 = 1, \\ x_3 = -1. \end{cases}$$

原方程组的解为

$$\begin{pmatrix} x_1 \\ x_2 \\ x_3 \end{pmatrix} = \begin{pmatrix} 0 \\ 1 \\ -1 \end{pmatrix}.$$

小结 对于一般的线性方程组, 我们已经解决了:

(1) 解的存在性问题 (图 1.6);

(2) 求出其所有解的问题.

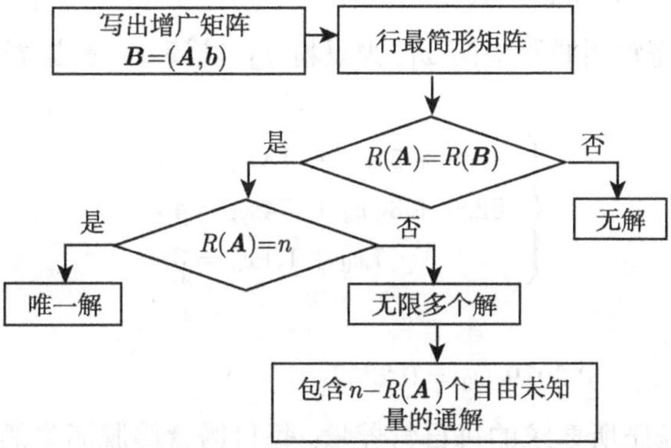

图 1.6 求解线性方程组的步骤

1.4 线性方程组的应用

线性方程组广泛地应用于生活、科学和工程领域, 本节就介绍线性方程组在剑桥食谱、交通流量、大学生选课决策问题和 GPS 卫星导航问题中的应用. 将减肥、车辆的流通、选课和导航问题归结为求解大规模线性方程组, 较详细地探讨了这些问题中的行最简形矩阵的计算问题; 帮助学生体会线性方程组在生活和现代科技中的重要作用及应用价值, 从而达到开阔学生视野、提高学生能力的目的.

1.4.1 剑桥食谱

剑桥食谱是剑桥大学霍华德 (A. H. Howard) 博士领导的团队利用 8 年时间对过度肥胖患者减肥的临床研究成果. 它精确地平衡了碳水化合物、蛋白质和脂肪、配合维生素、矿物质、微量元素和电解质. 近年来, 有数百人应用这一食谱成功减肥.

表 1.2 给出了剑桥食谱中 3 种食物以及 100 g 每种食物中所含的某些营养素的数量.

表 1.2 脱脂牛奶、大豆粉、乳清所含的某些营养素的数量

营养素/g	每 100 g 成分所含营养素			每天供应量/g
	脱脂牛奶	大豆粉	乳清	
蛋白质	36	51	13	33
碳水化合物	52	34	74	45
脂肪	0	7	1.1	3

求出脱脂牛奶、大豆粉、乳清的某种组合, 使该食谱每天能供给该表中规定的蛋白质、碳水化合物和脂肪的含量.

解 设每日需食用脱脂牛奶 x_1, 大豆粉 x_2, 乳清 x_3, 根据表 1.2 可得方程组

$$\begin{cases} 36x_1+51x_2+\ \ 13x_3=33, \\ 52x_1+34x_2+\ \ 74x_3=45, \\ \qquad\qquad 7x_2+1.1x_3=3, \end{cases}$$

解得 $x_1=0.2772, x_2=0.3919, x_3=0.2332$.

即为了保证减肥所要求的每日营养量, 每日需食用脱脂牛奶 27.72 g, 大豆粉 39.19 g, 乳清 23.32 g.

注 (1) 求出的 x_1, x_2, x_3 必须是非负的, 否则没有意义;

(2) 大家不用担心剑桥食谱太单调, 我们可以用 33 种食物来供给 31 种营养素, 这时需要解一个 33 阶的方程组.

1.4.2 交通流量

某城市中心区, 几条单行道彼此交叉, 驶入和驶出如图 1.7 所示. 该图给出了上下班高峰时每个道路交叉路口的交通流量 (以每小时平均车辆数计), 试确定这个交通流量图的一般模型.

关于交通流量的基本假设是交通网络的总流入量等于总流出量, 且流经一个交叉口的总输入等于总输出.

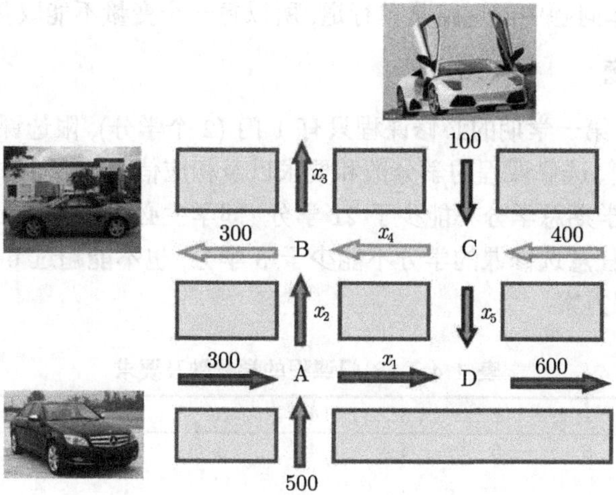

图 1.7 某城市中心区上下班高峰时每个道路交叉路口的交通流量

解 由题意可得表 1.3.

表 1.3 每个道路交叉点的流入和流出情况

交叉点	流入		流出
A	300+500	=	x_1+x_2
B	x_2+x_4	=	$300+x_3$
C	100+400	=	x_4+x_5
D	x_1+x_5	=	600

另外, 该交通网络中总流入量等于总流出量, 即

$$500+300+100+400=300+x_3+600.$$

化简整理得

$$\begin{cases} x_1+x_2 = 800, \\ x_2-x_3+x_4 = 300, \\ x_4+x_5 = 500, \\ x_1 + x_5 = 600, \\ x_3 = 400, \end{cases}$$

解得

$$\begin{cases} x_1=600-x_5, \\ x_2=200+x_5, \\ x_4=500-x_5, \\ x_3=400, \end{cases} \quad x_5\text{是自由变量}.$$

注　由于本问题中的道路是单行道, 所以每一个变量不能取负值.

1.4.3　决策问题

某大一学生第一学期的必修课程只有 1 门 (2 个学分), 限选课程 8 门, 任选课程 10 门. 这 18 门选修课程的学分数和要求以及相应信息如表 1.4 所示. 按学校规定, 每个学生每学期总学分不能少于 21 学分 (即学生必须在上述 18 门课程中至少选修 19 学分), 任意选修课的学分不能少于 3 学分, 也不能超过 6 学分. 试为该学生确定一种选课方案.

表 1.4　18 门课程的学分数及要求

课号	1	2	3	4	5	6	7	8	9
选修课学分	5	5	4	4	3	3	3	2	3
选修要求					1*		2		8
课号	10	11	12	13	14	15	16	17	18
选修课学分	3	3	2	2	2	1	1	1	1
选修要求	6	4	5	7	6				

* 此处表示选修课程 5 必须同时选修课程 1. 其他类同.

解　设 x_i 表示是否选修课程 i, $x_i=1$ 表示该课程被选修, $x_i=0$ 表示该课程被拒绝, $x_j \geqslant x_i$ 表示选修课程 i 同时选修课程 j. 由题意列线性方程组如下:

$$\begin{cases} 5x_1+5x_2+4x_3+4x_4+3x_5+3x_6+3x_7+2x_8+3x_9+3x_{10}+3x_{11}+2x_{12} \\ \qquad +2x_{13}+2x_{14}+x_{15}+x_{16}+x_{17}+x_{18} \geqslant 19, \\ 3x_9+3x_{10}+3x_{11}+2x_{12}+2x_{13}+2x_{14}+x_{15}+x_{16}+x_{17}+x_{18} \geqslant 3, \\ 3x_9+3x_{10}+3x_{11}+2x_{12}+2x_{13}+2x_{14}+x_{15}+x_{16}+x_{17}+x_{18} \leqslant 6, \\ x_1 \geqslant x_5, x_2 \geqslant x_7, x_8 \geqslant x_9, x_6 \geqslant x_{10}, x_4 \geqslant x_{11}, x_5 \geqslant x_{12}, x_7 \geqslant x_{13}, x_6 \geqslant x_{14}. \end{cases}$$

假设该学生所选的任意选修课的学分为 3 分, 18 门课程共选修 19 学分, 则有如下的线性方程组:

$$\begin{cases} 5x_1+5x_2+4x_3+4x_4+3x_5+3x_6+3x_7+2x_8+3x_9+3x_{10}+3x_{11}+2x_{12} \\ \qquad +2x_{13}+2x_{14}+x_{15}+x_{16}+x_{17}+x_{18} = 19, \\ 3x_9+3x_{10}+3x_{11}+2x_{12}+2x_{13}+2x_{14}+x_{15}+x_{16}+x_{17}+x_{18} = 3, \\ x_1 \geqslant x_5, x_2 \geqslant x_7, x_8 \geqslant x_9, x_6 \geqslant x_{10}, x_4 \geqslant x_{11}, x_5 \geqslant x_{12}, x_7 \geqslant x_{13}, x_6 \geqslant x_{14}. \end{cases}$$

上述线性方程组的 x_i 只取 0 或 1，称为 0-1 规划，是一种特殊的整数规划. 下面求解该问题. MATLAB 程序实现如下:

```
f=[1;1;1;1;1;1;1;1;1;1;1;1;1;1;1;1;1;1];
A=[-5,-5,-4,-4,-3,-3,-3,-2,-3,-3,-3,-2,-2,-2,-1,-1,-1,-1;
```

```
0,0,0,0,0,0,0,0,-3,-3,-3,-2,-2,-2,-1,-1,-1,-1;
0,0,0,0,0,0,0,0,3,3,3,2,2,2,1,1,1,1;
-1,0,0,0,1,0,0,0,0,0,0,0,0,0,0,0,0,0;
0,-1,0,0,0,0,1,0,0,0,0,0,0,0,0,0,0,0;
0,0,0,0,0,0,0,-1,1,0,0,0,0,0,0,0,0,0;
0,0,0,0,0,-1,0,0,0,1,0,0,0,0,0,0,0,0;
0,0,0,-1,0,0,0,0,0,0,1,0,0,0,0,0,0,0;
0,0,0,0,-1,0,0,0,0,0,0,1,0,0,0,0,0,0;
0,0,0,0,0,0,-1,0,0,0,0,0,1,0,0,0,0,0;
0,0,0,0,0,-1,0,0,0,0,0,0,0,1,0,0,0,0];
b=[-19;-3;6;0;0;0;0;0;0;0;0];
Aeq=[];
beq=[];
[x,fval]=bintprog(f,A,b,Aeq,beq))
```

输出为:

```
x =
0
1
1
1
0
1
0
0
0
1
0
0
0
0
0
0
0
0
fval =
```

5

最优选课方案即为输出的列向量 x, fval 为目标函数最小值. 故最少可选五门课程, 分别为第 2,3,4,6,10 门课.

1.4.4 导航问题

全球定位系统 (Global Positioning System, GPS) 是美国从 20 世纪 70 年代开始研制的, 历时 20 年, 耗资 200 亿美元, 于 1994 年全面建成, 具有在海、陆、空进行全方位实时三维导航与定位能力的新一代卫星导航与定位系统.

GPS 导航系统卫星部分的作用就是不断地发射导航电文. 当用户接收到导航电文时, 提取出卫星时间并将其与自己的时钟做对比便可得知卫星与用户的距离, 再利用导航电文中的卫星星历数据推算出卫星发射电文时所处位置, 从而用户在大地坐标系中的位置速度等信息便可得知 (图 1.8). 然而, 由于用户接收器使用的时钟与卫星星载时钟不可能总是同步, 所以除了用户的三维坐标 x, y, z 外, 还要引进一个 Δt 即卫星与接收器之间的时间差作为未知数, 然后用 4 个方程将这 4 个未知数解出来. 所以如果想知道接收器所处的位置, 至少要能接收到 4 个卫星的信号.

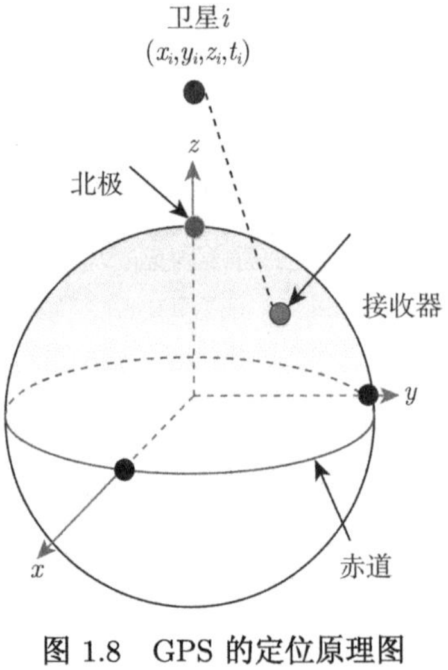

图 1.8 GPS 的定位原理图

设接收器位于点 $M(x,y,z)$, 三颗卫星位于 $A(x_1,y_1,z_1), B(x_2,y_2,z_2), C(x_3,y_3,z_3)$, 接收器与卫星之间的距离计算公式为

$$(x-x_i)^2+(y-y_i)^2+(z-z_i)^2=c^2(t-t_i)^2, \tag{1.18}$$

其中, c 是光速, 经过整理 (1.18) 得

$$2x_ix+2y_iy+2z_iz-2c^2t_it=x^2+y^2+z^2+x_i^2+y_i^2+z_i^2-c^2t^2+c^2t_i^2. \tag{1.19}$$

将表 1.5 中卫星 1, 2, 3, 4 的位置和时间信息代入 (1.19), 整理得

$$\begin{cases} -1.18x+2.10y-0.13z-0.15t=-0.12, & (1.20)\\ -2.3x+1.53y+0.77z+0.04t=0.04, & (1.21)\\ -0.9x+1.12y+0.57z-0.136t=-0.17, & (1.22)\\ 4.60x+3.06z-0.33t=x^2+y^2+z^2-0.22t^2+7.75, & (1.23)\end{cases}$$

表 1.5 接收器在 0 点接收到 4 颗北斗卫星的数据表

卫星	位置	时间
1	(1.12, 2.10, 1.40)	00:00:1.06
2	(0.00, 1.53, 2.30)	00:00:0.56
3	(1.40, 1.12, 2.10)	00:00:1.16
4	(2.30, 0.00, 1.53)	00:00:0.75

解得

$$\begin{cases} x=-0.139+0.153t,\\ y=-0.118+0.128t,\\ z=0.144+0.149t,\end{cases}$$

代入式 (1.23), 解得接收器在 00:00:4.985 时刻的位置是

$$(x,y,z)=(0.624,0.519,0.598).$$

习 题 1

A 类 题

1. 已知 $\boldsymbol{A}=\begin{pmatrix}0.5&0.2&0.3\\0.3&0.8&0.3\\0.2&0&0.4\end{pmatrix}$, $\boldsymbol{B}=\begin{pmatrix}-5&6&7\\6&2&-6\\7&-6&10\end{pmatrix}$, 求 $\boldsymbol{A}^{\mathrm{T}},\boldsymbol{B}^{\mathrm{T}}$, 并判断 $\boldsymbol{A}$, $\boldsymbol{B}$ 是否是对称矩阵?

2. 写出下列线性方程组的系数矩阵和增广矩阵.

(1) $\begin{cases}2x_1-x_2-x_3+x_4=2,\\ x_1+x_2-2x_3+x_4=4,\\ 4x_1-6x_2+2x_3-2x_4=4,\\ 3x_1+6x_2-9x_3+7x_4=9;\end{cases}$ (2) $\begin{cases}2x_1-x_2+x_3=1,\\ x_1+x_2+x_3=1,\\ x_1+x_2-2x_3=1.\end{cases}$

3. 分别求出下列矩阵的行阶梯形矩阵和行最简形矩阵.

(1) $\begin{pmatrix} 1 & 0 & 2 & -1 \\ 2 & 0 & 3 & 1 \\ 3 & 0 & 4 & -3 \end{pmatrix}$; (2) $\begin{pmatrix} 1 & -1 & 3 & -4 & 3 \\ 3 & -3 & 5 & -4 & 1 \\ 2 & -2 & 3 & -2 & 0 \\ 3 & -3 & 4 & -2 & -1 \end{pmatrix}$.

4. 分别求出下列矩阵的秩.

(1) $\begin{pmatrix} 1 & -1 & 5 & -1 \\ 1 & 1 & -2 & 3 \\ 3 & -1 & 8 & 1 \\ 1 & 3 & -9 & 7 \end{pmatrix}$; (2) $\begin{pmatrix} 0 & 1 & 1 & -1 & 2 \\ 0 & 2 & -2 & -2 & 0 \\ 0 & -1 & -1 & 1 & 1 \\ 1 & 1 & 0 & 1 & -1 \end{pmatrix}$.

5. 用高斯消元法求下列线性方程组的通解.

(1) $\begin{cases} 2x_1 - x_2 + 3x_3 - x_4 = 1, \\ 3x_1 - 2x_2 - 2x_3 + 3x_4 = 3, \\ x_1 - x_2 - 5x_3 + 4x_4 = 2, \\ 7x_1 - 5x_2 - 9x_3 + 10x_4 = 8; \end{cases}$ (2) $\begin{cases} 2x_1 + 3x_2 - x_3 + 5x_4 = 0, \\ 3x_1 + x_2 + 2x_3 - 7x_4 = 0, \\ 4x_1 + x_2 - 3x_3 + 6x_4 = 0, \\ x_1 - 2x_2 + 4x_3 - 7x_4 = 0. \end{cases}$

6. 设 $\boldsymbol{A} = \begin{pmatrix} 1 & -2 & 3k \\ -1 & 2k & -3 \\ k & -2 & 3 \end{pmatrix}$, 问 k 为何值时, 可使:

(1) $R(\boldsymbol{A}) = 1$; (2) $R(\boldsymbol{A}) = 2$; (3) $R(\boldsymbol{A}) = 3$.

7. 设 $\begin{cases} (2-\lambda)x_1 + 2x_2 - 2x_3 = 1, \\ 2x_1 + (5-\lambda)x_2 - 4x_3 = 2, \\ -2x_1 - 4x_2 + (5-\lambda)x_3 = -\lambda - 1, \end{cases}$ 问 λ 为何值时, 此方程组有唯一解、无解或有无穷多解? 并在有无穷多解时求其通解.

B 类 题

1. 医院营养师为患者配制的一份菜肴由蔬菜、鱼和肉松组成, 这份菜肴需含 1200 cal 热量、30 g 蛋白质和 300 mg 维生素 C, 已知三种食物每 100 g 中的有关营养的含量如表 1.6 所示, 试求所配菜肴中每种食物的数量.

表 1.6 每 100 g 蔬菜、鱼和肉松所含的热量

	蔬菜	鱼	肉松
热量/cal	60	300	600
蛋白质/g	3	9	6
维生素 C/mg	90	60	30

2. 假设你是一个建筑师, 某小区要建设一栋公寓, 假设公寓的每层采用同一种方案, 现在有一个模块构造计划方案需要你来设计, 根据基本建筑面积每个楼层可以有三种设置户型的方

案, 如表 1.7 所示. 如果要设计出 136 套一居室、74 套两居室、66 套三居室, 是否可行? 设计方案是否唯一?

表 1.7 三种设置户型的方案

方案	一居室/套	两居室/套	三居室/套
A	8	7	3
B	8	4	4
C	9	3	5

3. 双层螺旋 CT 图像的代数重建问题.

X 射线透视可以得到 3 维对象在 2 维平面上的投影, 双层螺旋 CT(图 1.9) 则通过不同角度的 X 射线得到 3 维对象的多个 2 维投影, 并以此重建对象内部的 3 维图像 (图 1.10). 代数重建方法就是从这些 2 维投影出发, 通过求解超定线性方程组, 获得对象内部 3 维图像的方法.

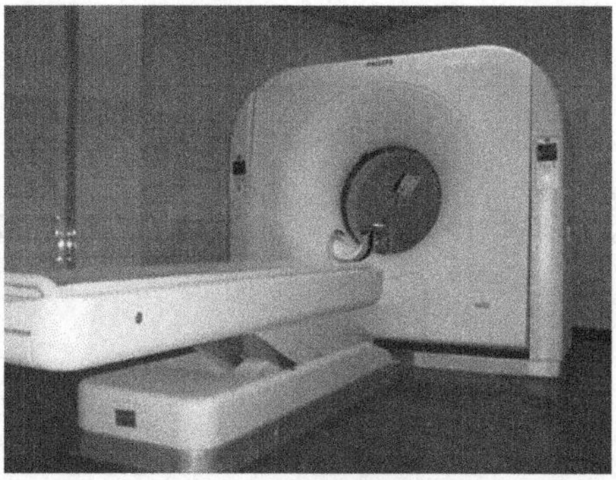

图 1.9 双层螺旋 CT

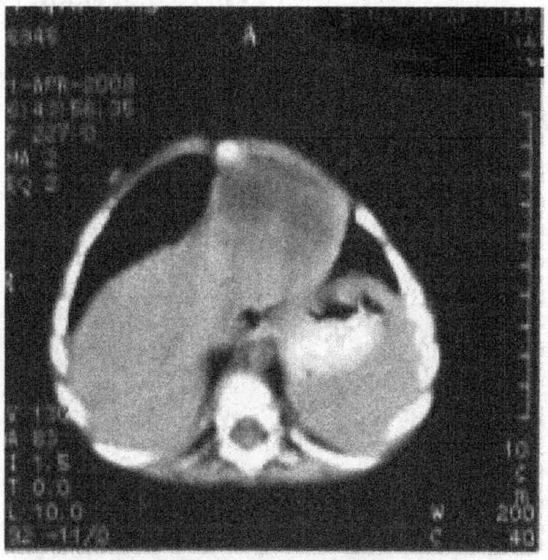

图 1.10 CT 图像

提示: 这里可考虑一个更简单的模型, 从 2 维图像的 1 维投影重建原先的 2 维图像. 一个长方形图像可以用一个横竖均匀划分的离散网格来覆盖, 每个网格对应一个像素, 它是该网格上各点像素的均值. 这样一个图像就可以用一个矩阵表示, 其元素就是图像在一点的灰度值 (黑白图像). 试以 3×3 图像 (表 1.8) 为例来建立线性方程组并用 MATLAB 求解.

表 1.8 消耗与产出情况

	3 × 3图像上各点的灰度值			水平方向上的叠加值
	$x_1 = 1$	$x_2 = 0$	$x_3 = 0$	$x_1 + x_2 + x_3 = 1$
	$x_4 = 0$	$x_5 = 0.5$	$x_6 = 0.5$	$x_4 + x_5 + x_6 = 1$
	$x_7 = 0.5$	$x_8 = 0$	$x_9 = 1$	$x_7 + x_8 + x_9 = 1.5$
竖直方向上的叠加值	$x_1 + x_4 + x_7 = 1.5$	$x_2 + x_5 + x_8 = 0.5$	$x_3 + x_6 + x_9 = 1.5$	

第2章 矩阵代数

矩阵不仅在第 1 章线性方程组的研究中要用到, 在线性代数的其他方面如第 $3\sim5$ 章的向量空间、特征值和特征向量、二次型等研究中也要用到, 因此矩阵理论已成为线性代数理论的一个重要组成部分. 矩阵在现代科技中更是处处可见, 现代社会中的一项又一项带给人们便利的科学技术都有矩阵的影子隐藏在里面 (比如在优化问题和机器学习中涉及的很多算法的核心都是矩阵运算). 总之, 矩阵被认为是最有用的数学工具, 既适用于应用问题, 又适合现代理论数学的抽象结构.

2.1 矩阵的基本运算及性质

2.1.1 预备知识

1. 同型矩阵和矩阵相等

定义 1 设 $\boldsymbol{A}=(a_{ij})_{m\times n}$, $\boldsymbol{B}=(b_{ij})_{p\times q}$, 如果 $m=p$, $n=q$ (此时称 $\boldsymbol{A}$ 与 $\boldsymbol{B}$ **是同型矩阵**) 且

$$a_{ij}=b_{ij}\quad(i=1,\cdots,m;j=1,\cdots,n),$$

则称 $\boldsymbol{A}$ 与 $\boldsymbol{B}$ **相等**, 记作 $\boldsymbol{A}=\boldsymbol{B}$.

问: $\begin{pmatrix}0&0\\0&0\end{pmatrix}$ 与 $\begin{pmatrix}0&0&0\\0&0&0\end{pmatrix}$ 相等吗?

2. 数的运算

在学习矩阵的运算及性质时, 要注意与数的运算及性质对比 (表 2.1), 哪些相同, 哪些不同.

表 2.1 数的运算和矩阵运算对比表

数的运算	加法	减法	乘法*	除法**
矩阵的运算	加法	减法	数乘矩阵 矩阵乘矩阵	无 定义了逆矩阵

* 数的乘法运算只有一种, 而矩阵的乘法却包括数乘和矩阵乘矩阵两种.

** 数有除法运算, 但矩阵没有除法运算 (但有逆矩阵运算).

2.1.2 矩阵的加减法

定义 2 设有两个 $m \times n$ 矩阵 $\boldsymbol{A}=(a_{ij})$ 和 $\boldsymbol{B}=(b_{ij})$, 那么矩阵 $\boldsymbol{A}$ 与 $\boldsymbol{B}$ 的和记为 $\boldsymbol{A}+\boldsymbol{B}$, 规定为

$$\begin{pmatrix} a_{11}+b_{11} & a_{12}+b_{12} & \cdots & a_{1n}+b_{1n} \\ a_{21}+b_{21} & a_{22}+b_{22} & \cdots & a_{2n}+b_{2n} \\ \vdots & \vdots & & \vdots \\ a_{m1}+b_{m1} & a_{m2}+b_{m2} & \cdots & a_{mn}+b_{mn} \end{pmatrix}.$$

注 只有同型矩阵才能相加.

1. 负矩阵

定义 3 $\boldsymbol{A}=(a_{ij})_{m\times n}=\begin{pmatrix} a_{11} & a_{12} & \cdots & a_{1n} \\ a_{21} & a_{22} & \cdots & a_{2n} \\ \vdots & \vdots & & \vdots \\ a_{m1} & a_{m2} & \cdots & a_{mn} \end{pmatrix}$ 的负矩阵记为

$$-\boldsymbol{A}=(-a_{ij})_{m\times n}=\begin{pmatrix} -a_{11} & -a_{12} & \cdots & -a_{1n} \\ -a_{21} & -a_{22} & \cdots & -a_{2n} \\ \vdots & \vdots & & \vdots \\ -a_{m1} & -a_{m2} & \cdots & -a_{mn} \end{pmatrix}.$$

特别地,

$$\boldsymbol{A}+(-\boldsymbol{A})=\boldsymbol{O}.$$

规定矩阵的减法为

$$\begin{aligned} \boldsymbol{A}-\boldsymbol{B}=\boldsymbol{A}+(-\boldsymbol{B})&=(a_{ij}-b_{ij})_{m\times n} \\ &=\begin{pmatrix} a_{11}-b_{11} & a_{12}-b_{12} & \cdots & a_{1n}-b_{1n} \\ a_{21}-b_{21} & a_{22}-b_{22} & \cdots & a_{2n}-b_{2n} \\ \vdots & \vdots & & \vdots \\ a_{m1}-b_{m1} & a_{m2}-b_{m2} & \cdots & a_{mn}-b_{mn} \end{pmatrix}. \end{aligned}$$

2. 矩阵加法的运算规律

(1) **交换律** $\boldsymbol{A}+\boldsymbol{B}=\boldsymbol{B}+\boldsymbol{A}$;

(2) **结合律** $(\boldsymbol{A}+\boldsymbol{B})+\boldsymbol{C}=\boldsymbol{A}+(\boldsymbol{B}+\boldsymbol{C})$;

(3) $\boldsymbol{A}+\boldsymbol{O}=\boldsymbol{A}$;

(4) $\boldsymbol{A}+(-\boldsymbol{A})=\boldsymbol{O}$;

(5) $(\boldsymbol{A}+\boldsymbol{B})^{\mathrm{T}}=\boldsymbol{A}^{\mathrm{T}}+\boldsymbol{B}^{\mathrm{T}}$.

2.1.3　矩阵的数乘

矩阵的数乘即矩阵 $\boldsymbol{A}=(a_{ij})_{m\times n}$ 的每一个元素都要乘以这个数 $k\in\mathbf{R}$,

$$k\boldsymbol{A}=\boldsymbol{A}k=\begin{pmatrix} ka_{11} & ka_{12} & \cdots & ka_{1n} \\ ka_{21} & ka_{22} & \cdots & ka_{2n} \\ \vdots & \vdots & & \vdots \\ ka_{m1} & ka_{m2} & \cdots & ka_{mn} \end{pmatrix}.$$

数乘矩阵的运算规律

(1) $1\cdot\boldsymbol{A}=\boldsymbol{A}$;

(2) $(\lambda\mu)\boldsymbol{A}=\lambda(\mu\boldsymbol{A})$;

(3) $(\lambda+\mu)\boldsymbol{A}=\lambda\boldsymbol{A}+\mu\boldsymbol{A}$;

(4) $\lambda(\boldsymbol{A}+\boldsymbol{B})=\lambda\boldsymbol{A}+\lambda\boldsymbol{B}$.

例 1　已知 $\boldsymbol{A}=\begin{pmatrix} 1 & 0 & 2 \\ 2 & -1 & 3 \end{pmatrix}$, $\boldsymbol{B}=\begin{pmatrix} 1 & 3 & 4 \\ 1 & 0 & 5 \end{pmatrix}$, 求 $-3\boldsymbol{A}+2\boldsymbol{B}$.

解　$-3\boldsymbol{A}+2\boldsymbol{B}=\begin{pmatrix} -3 & 0 & -6 \\ -6 & 3 & -9 \end{pmatrix}+\begin{pmatrix} 2 & 6 & 8 \\ 2 & 0 & 10 \end{pmatrix}=\begin{pmatrix} -1 & 6 & 2 \\ -4 & 3 & 1 \end{pmatrix}$.

例 2　设 $\boldsymbol{A}=\begin{pmatrix} 1 & -3 & 1 \\ 1 & 0 & -3 \\ 2 & -1 & 1 \end{pmatrix}$, 计算 $3\boldsymbol{E}-5\boldsymbol{A}$.

解

$$\begin{aligned} 3\boldsymbol{E}-5\boldsymbol{A}&=3\begin{pmatrix} 1 & 0 & 0 \\ 0 & 1 & 0 \\ 0 & 0 & 1 \end{pmatrix}-5\begin{pmatrix} 1 & -3 & 1 \\ 1 & 0 & -3 \\ 2 & -1 & 1 \end{pmatrix} \\ &=\begin{pmatrix} 3 & 0 & 0 \\ 0 & 3 & 0 \\ 0 & 0 & 3 \end{pmatrix}-\begin{pmatrix} 5 & -15 & 5 \\ 5 & 0 & -15 \\ 10 & -5 & 5 \end{pmatrix} \\ &=\begin{pmatrix} -2 & 15 & -5 \\ -5 & 3 & 15 \\ -10 & 5 & -2 \end{pmatrix}. \end{aligned}$$

接下来, 介绍矩阵运算中的移项问题.

由于 $\boldsymbol{A}+\boldsymbol{B}=\boldsymbol{B}+\boldsymbol{A}$ 且 $\boldsymbol{A}+(-\boldsymbol{A})=\boldsymbol{O}$, 所以可以 “移项”:

$$\begin{aligned}\boldsymbol{A}+\boldsymbol{B}=\boldsymbol{C} &\Rightarrow (\boldsymbol{A}+\boldsymbol{B})+(-\boldsymbol{B})=\boldsymbol{C}+(-\boldsymbol{B})\\ &\Rightarrow \boldsymbol{A}+(\boldsymbol{B}+(-\boldsymbol{B}))=\boldsymbol{C}-\boldsymbol{B}\\ &\Rightarrow \boldsymbol{A}+\boldsymbol{O}=\boldsymbol{C}-\boldsymbol{B}\\ &\Rightarrow \boldsymbol{A}=\boldsymbol{C}-\boldsymbol{B}.\end{aligned}$$

例 3 设 $\boldsymbol{A}=\begin{pmatrix}2 & 1\\ -1 & 3\end{pmatrix}, \boldsymbol{B}=\begin{pmatrix}0 & 2\\ -3 & 1\end{pmatrix}$, 已知 $\boldsymbol{C}-3\boldsymbol{A}^{\mathrm{T}}=2\boldsymbol{B}-3\boldsymbol{C}$, 求 $\boldsymbol{C}$.

解 因为

$$\begin{aligned}\boldsymbol{C}-3\boldsymbol{A}^{\mathrm{T}}=2\boldsymbol{B}-3\boldsymbol{C} \Rightarrow \boldsymbol{C}+3\boldsymbol{C}&=2\boldsymbol{B}+3\boldsymbol{A}^{\mathrm{T}}\\ \Rightarrow 4\boldsymbol{C}&=2\boldsymbol{B}+3\boldsymbol{A}^{\mathrm{T}}\\ \Rightarrow \boldsymbol{C}&=\frac{1}{4}(2\boldsymbol{B}+3\boldsymbol{A}^{\mathrm{T}}),\end{aligned}$$

所以

$$\boldsymbol{C}=\begin{pmatrix}\dfrac{3}{2} & \dfrac{1}{4}\\ -\dfrac{3}{4} & \dfrac{11}{4}\end{pmatrix}.$$

此外, 借助于矩阵的线性运算, 一个线性方程组的通解, 如

$$\boldsymbol{x}=\begin{pmatrix}x_1\\ x_2\\ x_3\\ x_4\end{pmatrix}=\begin{pmatrix}4k_1-k_2-1\\ -2k_1-2k_2+1\\ k_1\\ k_2\end{pmatrix},$$

可以写成如下矩阵形式

$$\boldsymbol{x}=\begin{pmatrix}x_1\\ x_2\\ x_3\\ x_4\end{pmatrix}=k_1\begin{pmatrix}4\\ -2\\ 1\\ 0\end{pmatrix}+k_2\begin{pmatrix}-1\\ -2\\ 0\\ 1\end{pmatrix}+\begin{pmatrix}-1\\ 1\\ 0\\ 0\end{pmatrix}.$$

定义 4 设 $\boldsymbol{A}$ 为 n 阶方阵, 如果满足 $\boldsymbol{A}=\boldsymbol{A}^{\mathrm{T}}$, 即 $\boldsymbol{a}_{ij}=\boldsymbol{a}_{ji}\ (i,j=1,2,\cdots,n)$, 那么 $\boldsymbol{A}$ 称为**对称阵**. 如果满足 $\boldsymbol{A}=-\boldsymbol{A}^{\mathrm{T}}$, 那么 $\boldsymbol{A}$ 称为**反对称阵** (anti-symmetric matrix).

对称阵和反对称阵的示例如下:

$$\boldsymbol{A}=\begin{pmatrix} 12 & 6 & 1 \\ 6 & 8 & 0 \\ 1 & 0 & 6 \end{pmatrix}, \qquad \boldsymbol{B}=\begin{pmatrix} 0 & -6 & 1 \\ 6 & 0 & 7 \\ -1 & -7 & 0 \end{pmatrix}.$$

对称阵　　　　反对称阵

例 4　证明: 任意方阵 $\boldsymbol{A}$ 都是对称矩阵与反对称矩阵之和.

证明　显然 $\boldsymbol{A}=\frac{1}{2}(\boldsymbol{A}+\boldsymbol{A}^{\mathrm{T}})+\frac{1}{2}(\boldsymbol{A}-\boldsymbol{A}^{\mathrm{T}})$, 令

$$\boldsymbol{B}=\frac{1}{2}(\boldsymbol{A}+\boldsymbol{A}^{\mathrm{T}}),\quad \boldsymbol{C}=\frac{1}{2}(\boldsymbol{A}-\boldsymbol{A}^{\mathrm{T}}),$$

得

$$\boldsymbol{B}^{\mathrm{T}}=\frac{1}{2}(\boldsymbol{A}+\boldsymbol{A}^{\mathrm{T}})^{\mathrm{T}}=\boldsymbol{B},$$

$$\boldsymbol{C}^{\mathrm{T}}=\frac{1}{2}(\boldsymbol{A}-\boldsymbol{A}^{\mathrm{T}})^{\mathrm{T}}=\frac{1}{2}((-\boldsymbol{A}^{\mathrm{T}})^{\mathrm{T}}+\boldsymbol{A}^{\mathrm{T}})=-\boldsymbol{C}.$$

故任意方阵 $\boldsymbol{A}$ 都是对称矩阵与反对称矩阵之和.

2.2 矩阵的乘法运算

2.2.1 课题引入

课战剧中处处有密码学的身影, 比如前些年热播的《伪装者》、《潜伏》和《摩西密码》. 假设《摩西密码》中的安妮和其舅舅维克多用到了矩阵乘法加密的方法 —— 希尔 (Hill) 密码. 矩阵乘法在密码学中的加密原理如图 2.1 所示.

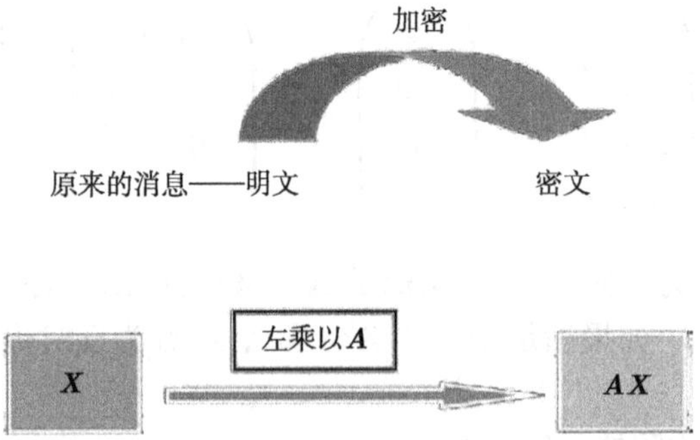

图 2.1　矩阵乘法加密原理

假设《摩西密码》中的安妮和其舅舅维克多共同约定:

$$\begin{array}{ccccccccccccc} 1 & 2 & 3 & 4 & 5 & 6 & 7 & 8 & 9 & 10 & \cdots & 25 & 26 \\ \downarrow & \downarrow & \downarrow & \downarrow & \downarrow & \downarrow & \downarrow & \downarrow & \downarrow & \downarrow & & \downarrow & \downarrow \\ \mathrm{A} & \mathrm{B} & \mathrm{C} & \mathrm{D} & \mathrm{E} & \mathrm{F} & \mathrm{G} & \mathrm{H} & \mathrm{I} & \mathrm{J} & \cdots & \mathrm{Y} & \mathrm{Z} \end{array}$$

另外, 0 表示空格, 27 表示句号等等.

于是密文:

$$\{1,3,3,15,13,16,12,9,19,8,0,20,8,5,0,20,1,19,11,27\}$$

表示

ACCOMPLISH THE TASK.

把这个消息: **ACCOMPLISH THE TASK** 按列写成 4×5 矩阵

$$\boldsymbol{X}=\begin{pmatrix} 1 & 13 & 19 & 8 & 1 \\ 3 & 16 & 8 & 5 & 19 \\ 3 & 12 & 0 & 0 & 11 \\ 15 & 9 & 20 & 20 & 27 \end{pmatrix},$$

然后加密:

$$\boldsymbol{C}=\boldsymbol{AX}=\begin{pmatrix} 1 & -1 & -1 & 1 \\ 3 & 0 & -3 & 4 \\ 3 & -2 & 2 & -1 \\ -1 & 1 & 2 & -2 \end{pmatrix}\begin{pmatrix} 1 & 13 & 19 & 8 & 1 \\ 3 & 16 & 8 & 5 & 19 \\ 3 & 12 & 0 & 0 & 11 \\ 15 & 9 & 20 & 20 & 27 \end{pmatrix}.$$

具体密文该如何计算? 这需要学习下面矩阵的乘法运算的定义.

2.2.2 矩阵乘法运算的定义和性质

定义 1 设

$$\boldsymbol{A}=(a_{ij})_{m\times s}=\begin{pmatrix} a_{11} & a_{12} & \cdots & a_{1s} \\ a_{21} & a_{22} & \cdots & a_{2s} \\ \vdots & \vdots & & \vdots \\ a_{m1} & a_{m2} & \cdots & a_{ms} \end{pmatrix},$$

$$\boldsymbol{B}=(b_{ij})_{s\times n}=\begin{pmatrix} b_{11} & b_{12} & \cdots & b_{1n} \\ b_{21} & b_{22} & \cdots & b_{2n} \\ \vdots & \vdots & & \vdots \\ b_{s1} & b_{s2} & \cdots & b_{sn} \end{pmatrix},$$

定义矩阵 $\boldsymbol{A}$ 和 $\boldsymbol{B}$ 的乘积, 即

$$\boldsymbol{C}=\boldsymbol{A}\cdot\boldsymbol{B}=\boldsymbol{AB}=(c_{ij})_{m\times n},\quad c_{ij}=a_{i1}b_{1j}+a_{i2}b_{2j}+\cdots+a_{is}b_{sj},$$
$$i=1,2,\cdots,m,\ j=1,2,\cdots,n.$$

1. 矩阵乘法注意事项

(1) 只有当左矩阵的列数等于右矩阵的行数时, 两个矩阵才能相乘!

(2) 两矩阵相乘时, 左矩阵每一行 (如第 i 行) 的各元素与右矩阵每一列 (如第 j 列) 中顺次对应的各元素相乘再相加, 从而得到乘积矩阵 (第 i 行第 j 列) 的元素 (即左行乘右列法则).

(3) 乘积矩阵的行数与左矩阵相同, 乘积矩阵的列数与右矩阵相同.

2. 矩阵与矩阵相乘举例

例 1　计算: (1) $\begin{pmatrix}1&2&3\\3&2&1\\5&8&9\end{pmatrix}\begin{pmatrix}1&6&8\\6&0&1\end{pmatrix}$; (2) $(1\quad 2\quad 3)\begin{pmatrix}3\\2\\1\end{pmatrix}$.

解　(1) 因为 $\begin{pmatrix}1&2&3\\3&2&1\\5&8&9\end{pmatrix}\begin{pmatrix}1&6&8\\6&0&1\end{pmatrix}$ 中左矩阵的列数为 3 不等于右矩阵的行数 2, 故乘积不存在.

(2) $(1\quad 2\quad 3)\begin{pmatrix}3\\2\\1\end{pmatrix}=(1\times 3+2\times 2+3\times 1)=(10)=10.$

例 2　计算 $\boldsymbol{A}=\begin{pmatrix}-1&2\\3&-1\\2&4\\6&-3\end{pmatrix}$ 与 $\boldsymbol{B}=\begin{pmatrix}-1&1&0\\2&3&4\end{pmatrix}$ 的乘积.

解　$\boldsymbol{C}=\boldsymbol{AB}=\begin{pmatrix}-1&2\\3&-1\\2&4\\6&-3\end{pmatrix}\begin{pmatrix}-1&1&0\\2&3&4\end{pmatrix}=\begin{pmatrix}5&5&8\\-5&0&-4\\6&14&16\\-12&-3&-12\end{pmatrix}.$

知识拓展

矩阵的张量积是一种新的矩阵乘法，它将普通矩阵乘法推广到左阵列数与右阵行数不等的情况，可以方便地应用于处理高维数组 (如量子力学) 及非线性问题，是一个便捷而有力的新的数学工具. 例如

$$\begin{pmatrix} a_1 \\ a_2 \\ \vdots \\ a_n \end{pmatrix} \otimes \begin{pmatrix} b_1 \\ b_2 \\ \vdots \\ b_n \end{pmatrix} = \begin{pmatrix} a_1b_1 \\ \vdots \\ a_1b_n \\ a_2b_1 \\ \vdots \\ a_2b_n \\ \vdots \\ a_nb_1 \\ \vdots \\ a_nb_n \end{pmatrix}.$$

继续回到一般矩阵乘法的性质探索中.

例 3 计算下列矩阵的乘积 $\boldsymbol{AB}, \boldsymbol{BA}$, 并观察结果, 探讨性质.

(1) $\boldsymbol{A} = \begin{pmatrix} 1 \\ 2 \\ 3 \end{pmatrix}, \quad \boldsymbol{B} = (4 \quad 5 \quad 6)$;

(2) $\boldsymbol{A} = \begin{pmatrix} 1 & 2 & 3 \\ 3 & 0 & 1 \end{pmatrix}, \quad \boldsymbol{B} = \begin{pmatrix} 4 & 0 & 1 \\ 2 & 1 & 1 \\ -1 & 2 & 2 \end{pmatrix}$;

(3) $\boldsymbol{A} = \begin{pmatrix} -2 & 4 \\ 1 & -2 \end{pmatrix}, \quad \boldsymbol{B} = \begin{pmatrix} 2 & 4 \\ -3 & -6 \end{pmatrix}$.

解 (1) 因为

$$\boldsymbol{AB} = \begin{pmatrix} 1 \\ 2 \\ 3 \end{pmatrix} (4 \quad 5 \quad 6) = \begin{pmatrix} 1\times4 & 1\times5 & 1\times6 \\ 2\times4 & 2\times5 & 2\times6 \\ 3\times4 & 3\times5 & 3\times6 \end{pmatrix} = \begin{pmatrix} 4 & 5 & 6 \\ 8 & 10 & 12 \\ 12 & 15 & 18 \end{pmatrix},$$

$$\boldsymbol{BA} = (4 \quad 5 \quad 6) \begin{pmatrix} 1 \\ 2 \\ 3 \end{pmatrix} = 4\times1 + 5\times2 + 6\times3 = 32,$$

显然

$$\boldsymbol{AB} \neq \boldsymbol{BA}.$$

$\boldsymbol{AB}$ 和 $\boldsymbol{BA}$ 都有意义, 但不同型, 故 $\boldsymbol{AB} \neq \boldsymbol{BA}$.

(2) 因为

$$\boldsymbol{AB} = \begin{pmatrix} 1 & 2 & 3 \\ 3 & 0 & 1 \end{pmatrix} \begin{pmatrix} 4 & 0 & 1 \\ 2 & 1 & 1 \\ -1 & 2 & 2 \end{pmatrix} = \begin{pmatrix} 5 & 8 & 9 \\ 11 & 2 & 5 \end{pmatrix},$$

显然 $\boldsymbol{BA}$ 无意义. 因此一定要注意矩阵相乘的顺序!

(3) 因为

$$\boldsymbol{AB} = \begin{pmatrix} -2 & 4 \\ 1 & -2 \end{pmatrix} \begin{pmatrix} 2 & 4 \\ -3 & -6 \end{pmatrix} = \begin{pmatrix} -16 & -32 \\ 8 & 16 \end{pmatrix},$$

$$\boldsymbol{BA} = \begin{pmatrix} 2 & 4 \\ -3 & -6 \end{pmatrix} \begin{pmatrix} -2 & 4 \\ 1 & -2 \end{pmatrix} = \begin{pmatrix} 0 & 0 \\ 0 & 0 \end{pmatrix},$$

所以

$$\boldsymbol{AB} \neq \boldsymbol{BA}.$$

注　由 $\boldsymbol{AB} = \boldsymbol{O}$ 不能得出 $\boldsymbol{A} = \boldsymbol{O}$ 或 $\boldsymbol{B} = \boldsymbol{O}$, 即矩阵有非零因子.

对任意 $\boldsymbol{A}_{m\times n}$, $\boldsymbol{B}_{n\times m}$, 当 $m \neq n$ 时, $\boldsymbol{AB} \neq \boldsymbol{BA}$; 但是当 $m = n$ 时, 仍有可能 $\boldsymbol{AB} \neq \boldsymbol{BA}$.

总之, 一般说来, $\boldsymbol{AB} \neq \boldsymbol{BA}$, 即矩阵的乘法不满足交换律.

例 4　根据 $\boldsymbol{A} = \begin{pmatrix} 1 & 1 \\ 0 & 1 \end{pmatrix}$, $\boldsymbol{B} = \begin{pmatrix} x_1 & x_2 \\ 0 & x_1 \end{pmatrix}$ 计算 $\boldsymbol{AB}, \boldsymbol{BA}$, 并观察结果, 探讨性质.

解　$\boldsymbol{AB} = \boldsymbol{BA} = \begin{pmatrix} x_1 & x_1 + x_2 \\ 0 & x_1 \end{pmatrix}$.

在有些情况下, 也可能有 $\boldsymbol{AB} = \boldsymbol{BA}$.

例 5　根据 $\boldsymbol{A} = \begin{pmatrix} 3 & 1 \\ 4 & 0 \end{pmatrix}, \boldsymbol{B} = \begin{pmatrix} 2 & 1 \\ -3 & 0 \end{pmatrix}, \boldsymbol{C} = \begin{pmatrix} 0 & 0 \\ 1 & 1 \end{pmatrix}$, 计算 $\boldsymbol{AC}, \boldsymbol{BC}$, 并观察结果, 探讨性质.

解　$\boldsymbol{AC} = \boldsymbol{BC} = \begin{pmatrix} 1 & 1 \\ 0 & 0 \end{pmatrix}$.

一般地, $\boldsymbol{AC}=\boldsymbol{BC}$ 且 $\boldsymbol{C}$ 不是零矩阵, 不能推出 $\boldsymbol{A}=\boldsymbol{B}$ (即矩阵的乘法不满足消去律).

矩阵乘法运算律

(1) $(\boldsymbol{AB})\boldsymbol{C}=\boldsymbol{A}(\boldsymbol{BC})$;

(2) $\lambda(\boldsymbol{AB})=(\lambda\boldsymbol{A})\boldsymbol{B}=\boldsymbol{A}(\lambda\boldsymbol{B})\ (\lambda\in\mathbf{R})$;

(3) $\boldsymbol{A}(\boldsymbol{B}+\boldsymbol{C})=\boldsymbol{AB}+\boldsymbol{AC}$;

(4) $(\boldsymbol{B}+\boldsymbol{C})\boldsymbol{A}=\boldsymbol{BA}+\boldsymbol{CA}$;

(5) $\boldsymbol{E}_m\boldsymbol{A}_{m\times n}=\boldsymbol{A}_{m\times n}, \boldsymbol{A}_{m\times n}\boldsymbol{E}_n=\boldsymbol{A}_{m\times n}$;

(6) $\boldsymbol{O}_n\boldsymbol{A}_n=\boldsymbol{A}_n\boldsymbol{O}_n=\boldsymbol{O}_n$;

(7) $(\boldsymbol{AB})^{\mathrm{T}}=\boldsymbol{B}^{\mathrm{T}}\boldsymbol{A}^{\mathrm{T}}$.

例 6 设 $\boldsymbol{A}=\begin{pmatrix}\frac{1}{2} & 0 & \frac{1}{2}\end{pmatrix}$, $\boldsymbol{B}=\boldsymbol{E}-\boldsymbol{A}^{\mathrm{T}}\boldsymbol{A}$, $\boldsymbol{C}=\boldsymbol{E}+2\boldsymbol{A}^{\mathrm{T}}\boldsymbol{A}$, 计算 $\boldsymbol{BC}$.

解
$$\begin{aligned}\boldsymbol{BC}&=(\boldsymbol{E}-\boldsymbol{A}^{\mathrm{T}}\boldsymbol{A})(\boldsymbol{E}+2\boldsymbol{A}^{\mathrm{T}}\boldsymbol{A})\\&=\boldsymbol{E}(\boldsymbol{E}+2\boldsymbol{A}^{\mathrm{T}}\boldsymbol{A})-\boldsymbol{A}^{\mathrm{T}}\boldsymbol{A}(\boldsymbol{E}+2\boldsymbol{A}^{\mathrm{T}}\boldsymbol{A})\\&=(\boldsymbol{E}+2\boldsymbol{A}^{\mathrm{T}}\boldsymbol{A})-\boldsymbol{A}^{\mathrm{T}}\boldsymbol{A}-2\boldsymbol{A}^{\mathrm{T}}\boldsymbol{A}\boldsymbol{A}^{\mathrm{T}}\boldsymbol{A}\\&=\boldsymbol{E}+\boldsymbol{A}^{\mathrm{T}}\boldsymbol{A}-2\boldsymbol{A}^{\mathrm{T}}\boldsymbol{A}\boldsymbol{A}^{\mathrm{T}}\boldsymbol{A}.\end{aligned}\tag{2.1}$$

注 这时候需要思考是先计算 $\boldsymbol{A}^{\mathrm{T}}\boldsymbol{A}$ 还是先计算 $\boldsymbol{AA}^{\mathrm{T}}$. 根据矩阵相乘的原则, $\boldsymbol{A}^{\mathrm{T}}\boldsymbol{A}$ 的最终结果是一个 3 行 3 列的矩阵 (且由同型矩阵才能相加可知, $\boldsymbol{E}$ 是三阶方阵), 而 $\boldsymbol{AA}^{\mathrm{T}}$ 的最终结果是一个 1 行 1 列的矩阵, 可知计算 $\boldsymbol{AA}^{\mathrm{T}}$ 更容易. 可得

$$\boldsymbol{AA}^{\mathrm{T}}=\begin{pmatrix}\frac{1}{2} & 0 & \frac{1}{2}\end{pmatrix}\begin{pmatrix}\frac{1}{2}\\0\\\frac{1}{2}\end{pmatrix}=\left(\frac{1}{2}\right)=\frac{1}{2}.\tag{2.2}$$

将 (2.2) 代入 (2.1) 得 $\boldsymbol{BC}=\boldsymbol{E}=\begin{pmatrix}1&0&0\\0&1&0\\0&0&1\end{pmatrix}$.

例 7 设变量 $y_1,y_2,\cdots,y_m$ 均可表示成变量 $x_1,x_2,\cdots,x_n$ 的线性函数, 即

$$\begin{cases}y_1=a_{11}x_1+a_{12}x_2+\cdots+a_{1n}x_n,\\y_2=a_{21}x_1+a_{22}x_2+\cdots+a_{2n}x_n,\\\qquad\cdots\cdots\\y_m=a_{m1}x_1+a_{m2}x_2+\cdots+a_{mn}x_n,\end{cases}$$

其中 $a_{ij}\ (i=1,2,\cdots,m;j=1,2,\cdots,n)$ 为常数. 上式称为从变量 $x_1, x_2, \cdots, x_n$ 到变量 $y_1, y_2, \cdots, y_m$ 的线性变换.

解　令 $\boldsymbol{A}=(a_{ij}), \boldsymbol{x}=\begin{pmatrix} x_1 \\ \vdots \\ x_n \end{pmatrix}, \boldsymbol{y}=\begin{pmatrix} y_1 \\ \vdots \\ y_m \end{pmatrix}$, 利用矩阵的乘法, 则上述线性变换可写成矩阵形式:

$$\boldsymbol{y}=\boldsymbol{A}\boldsymbol{x}.$$

例 8　设某地有两个工厂 I 和 II 都生产甲、乙、丙三种产品, 若以

$$\boldsymbol{A}=\begin{pmatrix} a_{11} & a_{12} & a_{13} \\ a_{21} & a_{22} & a_{23} \end{pmatrix} \begin{matrix} \text{I} \\ \text{II} \end{matrix}$$
$$\begin{matrix} \text{甲} & \text{乙} & \text{丙} \end{matrix}$$

表示一年中各厂生产产品的数量; 以

$$\boldsymbol{B}=\begin{pmatrix} b_{11} & b_{12} \\ b_{21} & b_{22} \\ b_{31} & b_{32} \end{pmatrix} \begin{matrix} \text{甲} \\ \text{乙} \\ \text{丙} \end{matrix}$$
$$\begin{matrix} \text{价格} & \text{利润} \end{matrix}$$

表示各产品的单位价格和单位利润, 则如何表示各厂的年收入和年利润.

解　由题意知

$$\begin{aligned} \boldsymbol{C}&=\boldsymbol{A}\boldsymbol{B} \\ &=\begin{pmatrix} a_{11}b_{11}+a_{12}b_{21}+a_{13}b_{31} & a_{11}b_{12}+a_{12}b_{22}+a_{13}b_{32} \\ a_{21}b_{11}+a_{22}b_{21}+a_{23}b_{31} & a_{21}b_{12}+a_{22}b_{22}+a_{23}b_{32} \end{pmatrix} \begin{matrix} \text{I} \\ \text{II} \end{matrix}. \\ &\qquad\qquad \text{年收入} \qquad\qquad\qquad\qquad \text{年利润} \end{aligned}$$

例 9　假设小明刚到美国, 朋友要为他举行一次迎新聚会, 需要 10 个大型三明治 (巨无霸)、6 L 果汁饮料、3 L 土豆沙拉及 2 盘开胃菜. 以下数据 (表 2.2) 给出 3 家不同供货商提供这些商品的单价.

表 2.2　3 家不同供货商的单价表

商品	商品的单价/美元		
	供货商 A	供货商 B	供货商 C
巨无霸/个	4. 00	6. 00	5. 00
果汁饮料/L	2. 00	1. 00	0. 85
土豆沙拉/L	0. 65	0. 85	1. 00
开胃菜/盘	6. 00	5. 00	7. 00

确定每一个供货商的备餐价格.

解 根据题意可得

$$(10\quad 6\quad 3\quad 2)\begin{pmatrix} 4.00 & 6.00 & 5.00 \\ 2.00 & 1.00 & 0.85 \\ 0.65 & 0.85 & 1.00 \\ 6.00 & 5.00 & 7.00 \end{pmatrix} = (65.95\quad 78.55\quad 72.1).$$

通过对矩阵乘积含义的了解, 我们明白了在应用生产中矩阵所扮演的重要角色. 不同矩阵间的运算代表的含义也不尽相同. 所以我们应更努力地学习本专业的知识以便更好地应用于生产实践之中, 为社会做出贡献.

2.2.3 方阵的幂

定义 2 设 $\boldsymbol{A}$ 是 n 阶方阵, 定义 $\boldsymbol{A}$ 的 k 次幂为 $\boldsymbol{A}^0=\boldsymbol{E}_n$, $\boldsymbol{A}^1=\boldsymbol{A}$, $\boldsymbol{A}^2=\boldsymbol{A}\boldsymbol{A},\cdots,\boldsymbol{A}^k=\overbrace{\boldsymbol{A}\boldsymbol{A}\cdots\boldsymbol{A}}^{k}$, 其中 k 为正整数.

显然, 只有 $\boldsymbol{A}$ 是方阵时, 它的幂才有意义.

由于矩阵的乘法适合结合律, 所以方阵的幂满足:

(1) $\boldsymbol{A}^k\boldsymbol{A}^l=\boldsymbol{A}^{k+l}$; (2) $(\boldsymbol{A}^k)^l=\boldsymbol{A}^{kl}$($k,l$ 为正整数).

由于矩阵的乘法不满足交换律, 所以对于同阶方阵 $\boldsymbol{A}$ 和 $\boldsymbol{B}$, 一般说来 $(\boldsymbol{A}\boldsymbol{B})^k\neq\boldsymbol{A}^k\boldsymbol{B}^k$. 但是, 如果方阵 $\boldsymbol{A}$ 与 $\boldsymbol{B}$ 可交换, 即 $\boldsymbol{A}\boldsymbol{B}=\boldsymbol{B}\boldsymbol{A}$, 则 $(\boldsymbol{A}\boldsymbol{B})^k=\boldsymbol{A}^k\boldsymbol{B}^k$.

请观察

$$\begin{pmatrix} \lambda_1 & & & \\ & \lambda_2 & & \\ & & \ddots & \\ & & & \lambda_n \end{pmatrix}\begin{pmatrix} \mu_1 & & & \\ & \mu_2 & & \\ & & \ddots & \\ & & & \mu_n \end{pmatrix}=\begin{pmatrix} \lambda_1\mu_1 & & & \\ & \lambda_2\mu_2 & & \\ & & \ddots & \\ & & & \lambda_n\mu_n \end{pmatrix},$$

可得如下对角矩阵的幂

$$\begin{pmatrix} \lambda_1 & & & \\ & \lambda_2 & & \\ & & \ddots & \\ & & & \lambda_n \end{pmatrix}^k=\begin{pmatrix} \lambda_1^k & & & \\ & \lambda_2^k & & \\ & & \ddots & \\ & & & \lambda_n^k \end{pmatrix}.$$

例 10 已知 $\boldsymbol{A}=\begin{pmatrix} 1 & 1 & 1 & 1 \\ 1 & 1 & -1 & -1 \\ 1 & -1 & 1 & -1 \\ 1 & -1 & -1 & 1 \end{pmatrix}$, 求 $\boldsymbol{A}^{10}$.

解

$$A^2 = \begin{pmatrix} 1 & 1 & 1 & 1 \\ 1 & 1 & -1 & -1 \\ 1 & -1 & 1 & -1 \\ 1 & -1 & -1 & 1 \end{pmatrix} \begin{pmatrix} 1 & 1 & 1 & 1 \\ 1 & 1 & -1 & -1 \\ 1 & -1 & 1 & -1 \\ 1 & -1 & -1 & 1 \end{pmatrix} = 4\boldsymbol{E}_4,$$

$$\boldsymbol{A}^{10} = (\boldsymbol{A}^2)^5 = (4\boldsymbol{E}_4)^5 = 4^5\boldsymbol{E}_4.$$

例 11　设 $\boldsymbol{A}$ 是 n 阶反对称矩阵, $\boldsymbol{B}$ 是 n 阶对称矩阵, 则 $\boldsymbol{AB}+\boldsymbol{BA}$ 是 n 阶反对称矩阵.

证明　因为 $\boldsymbol{A}$ 是 n 阶反对称矩阵, $\boldsymbol{B}$ 是 n 阶对称矩阵, 知

$$\begin{aligned}(\boldsymbol{AB}+\boldsymbol{BA})^{\mathrm{T}} &= (\boldsymbol{AB})^{\mathrm{T}} + (\boldsymbol{BA})^{\mathrm{T}} = \boldsymbol{B}^{\mathrm{T}}\boldsymbol{A}^{\mathrm{T}} + \boldsymbol{A}^{\mathrm{T}}\boldsymbol{B}^{\mathrm{T}} \\ &= \boldsymbol{B}(-\boldsymbol{A}) + (-\boldsymbol{A})\boldsymbol{B} = -(\boldsymbol{AB}+\boldsymbol{BA}),\end{aligned}$$

所以 $\boldsymbol{AB}+\boldsymbol{BA}$ 是 n 阶反对称矩阵.

2.3　行　列　式

本节将讨论: 方程个数和未知数个数相同, 且系数满足特定条件的线性方程组的求解问题, 从而得到行列式 (determinant) 这个工具.

2.3.1　二阶行列式

1. 二阶行列式的引出

我们从下面这个最简单的二元一次方程组

$$\begin{cases} a_{11}x_1 + a_{12}x_2 = b_1, & (2.3) \\ a_{21}x_1 + a_{22}x_2 = b_2 & (2.4) \end{cases}$$

出发, 探索其解的规律. 用高斯消元法求其解: $(2.3)\times a_{22}-(2.4)\times a_{12}$, $(2.3)\times a_{21}-(2.4)\times a_{11}$ 可得

$$\begin{cases} (a_{11}a_{22}-a_{12}a_{21})\,x_1 = b_1a_{22}-a_{12}b_2, \\ (a_{11}a_{22}-a_{12}a_{21})\,x_2 = a_{11}b_2-b_1a_{21}. \end{cases}$$

当 $a_{11}a_{22}-a_{12}a_{21}\neq 0$ 时, 方程组有唯一解

$$x_1 = \frac{b_1a_{22}-a_{12}b_2}{a_{11}a_{22}-a_{12}a_{21}}, \tag{2.5}$$

$$x_2 = \frac{a_{11}b_2-b_1a_{21}}{a_{11}a_{22}-a_{12}a_{21}}. \tag{2.6}$$

请观察, 此解有何特点?

(1) 分母相同, 由方程组的四个系数确定;

(2) 分子、分母都是两数乘积之差.

我们引进如下新的符号来表示 “四个数分成两对相乘再相减”.

$$\text{数表}\quad \begin{matrix} a_{11} & a_{12} \\ a_{21} & a_{22} \end{matrix} \quad \Longrightarrow \quad \begin{vmatrix} a_{11} & a_{12} \\ a_{21} & a_{22} \end{vmatrix}$$

2. 二阶行列式的定义

定义 1 表达式 $a_{11}a_{22}-a_{12}a_{21}$ 称为由该数表所确定的二阶行列式, 即

$$D=\begin{vmatrix} a_{11} & a_{12} \\ a_{21} & a_{22} \end{vmatrix}=a_{11}a_{22}-a_{12}a_{21},$$

其中, $a_{ij}(i=1,2;j=1,2)$ 称为元素. i 为行标, 表明元素位于第 i 行; j 为列标, 表明元素位于第 j 列.

3. 二阶行列式的计算法则 (对角线法则)

主对角线

副对角线

$$\begin{vmatrix} a_{11} & a_{12} \\ a_{21} & a_{22} \end{vmatrix}=a_{11}a_{22}-a_{12}a_{21}.$$

这时, 二阶行列式可重写 (2.5) 和 (2.6) 的分子, 分别为

$$D_1=\begin{vmatrix} b_1 & a_{12} \\ b_2 & a_{22} \end{vmatrix}=b_1a_{22}-b_2a_{12},\quad D_2=\begin{vmatrix} a_{11} & b_1 \\ a_{21} & b_2 \end{vmatrix}=a_{11}b_2-a_{21}b_1.$$

当 $D\neq 0$ 时, 方程组有唯一解 $\begin{cases} x_1=\dfrac{D_1}{D}, \\ x_2=\dfrac{D_2}{D}. \end{cases}$

例 1 求解二元线性方程组 $\begin{cases} 3x_1-2x_2=12, \\ 2x_1+\ x_2=1. \end{cases}$

解 因为

$$D=\begin{vmatrix} 3 & -2 \\ 2 & 1 \end{vmatrix}=3-(-4)=7\neq 0,$$

$$D_1=\begin{vmatrix} 12 & -2 \\ 1 & 1 \end{vmatrix}=14,\quad D_2=\begin{vmatrix} 3 & 12 \\ 2 & 1 \end{vmatrix}=-21,$$

所以

$$x_1 = \frac{D_1}{D} = \frac{14}{7} = 2, \quad x_2 = \frac{D_2}{D} = \frac{-21}{7} = -3.$$

2.3.2　三阶行列式

1. 三阶行列式的引出

我们从下面这个一般的三元一次线性方程组

$$\begin{cases} a_{11}x_1 + a_{12}x_2 + a_{13}x_3 = b_1, \\ a_{21}x_1 + a_{22}x_2 + a_{23}x_3 = b_2, \\ a_{31}x_1 + a_{32}x_2 + a_{33}x_3 = b_3 \end{cases}$$

出发, 探索其解的规律. 进行高斯消元可以得到

$$\begin{cases} Dx_1 = D_1, \\ Dx_2 = D_2, \\ Dx_3 = D_3, \end{cases}$$

其中

$$D = a_{11}a_{22}a_{33} + a_{12}a_{23}a_{31} + a_{13}a_{21}a_{32} - a_{11}a_{23}a_{32} - a_{12}a_{21}a_{33} - a_{13}a_{22}a_{31},$$

$$D_1 = b_1a_{22}a_{33} + a_{12}a_{23}b_3 + a_{13}b_2a_{32} - b_1a_{23}a_{32} - a_{12}b_2a_{33} - a_{13}a_{22}b_3,$$

$$D_2 = a_{11}b_2a_{33} + b_1a_{23}a_{31} + a_{13}a_{21}b_3 - a_{11}a_{23}b_3 - b_1a_{21}a_{33} - a_{13}b_2a_{31},$$

$$D_3 = a_{11}a_{22}b_3 + a_{12}b_2a_{31} + b_1a_{21}a_{32} - a_{11}b_2a_{32} - a_{12}a_{21}b_3 - b_1a_{22}a_{31}.$$

当 $D \neq 0$ 时, 三元线性方程组的解为

$$x_1 = \frac{D_1}{D}, \quad x_2 = \frac{D_2}{D}, \quad x_3 = \frac{D_3}{D}.$$

2. 三阶行列式的定义

定义 2　设有 9 个数排成 3 行 3 列的数表

$$\begin{matrix} a_{11} & a_{12} & a_{13} \\ a_{21} & a_{22} & a_{23} \\ a_{31} & a_{32} & a_{33} \end{matrix} \tag{2.7}$$

记

$$\begin{vmatrix} a_{11} & a_{12} & a_{13} \\ a_{21} & a_{22} & a_{23} \\ a_{31} & a_{32} & a_{33} \end{vmatrix} = a_{11}a_{22}a_{33} + a_{12}a_{23}a_{31} + a_{13}a_{21}a_{32} - a_{11}a_{23}a_{32} - a_{12}a_{21}a_{33} - a_{13}a_{22}a_{31}, \tag{2.8}$$

(2.8) 式称为数表 (2.7) 所确定的三阶行列式.

3. 三阶行列式的计算公式 (对角线法则)

$D=$ 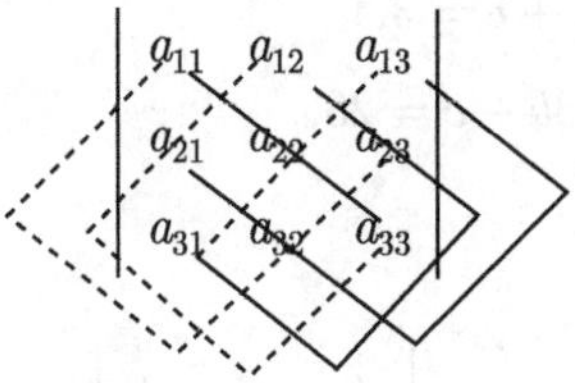

$$=a_{11}a_{22}a_{33}+a_{12}a_{23}a_{31}+a_{13}a_{21}a_{32}-a_{13}a_{22}a_{31}-a_{12}a_{21}a_{33}-a_{11}a_{23}a_{32}.$$

例 2 解线性方程组

$$\begin{cases} x_1-2x_2+x_3=-2, \\ 2x_1+x_2-3x_3=1, \\ -x_1+x_2-x_3=0. \end{cases}$$

解 由于方程组的系数行列式

$D=$ 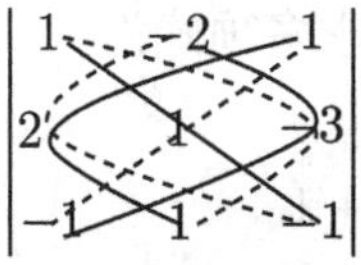

$$=1\times1\times(-1)+(-2)\times(-3)\times(-1)+1\times2\times1-1\times1\times(-1)-(-2)\times2\times(-1)-1\times(-3)\times1=-5\neq0,$$

$$D_1=\begin{vmatrix} -2 & -2 & 1 \\ 1 & 1 & -3 \\ 0 & 1 & -1 \end{vmatrix}=-5, \quad D_2=\begin{vmatrix} 1 & -2 & 1 \\ 2 & 1 & -3 \\ -1 & 0 & -1 \end{vmatrix}=-10,$$

$$D_3=\begin{vmatrix} 1 & -2 & -2 \\ 2 & 1 & 1 \\ -1 & 1 & 0 \end{vmatrix}=-5,$$

故方程组的解为

$$x_1=\frac{D_1}{D}=1, \quad x_2=\frac{D_2}{D}=2, \quad x_3=\frac{D_3}{D}=1.$$

例 3 求一个二次多项式 $f(x)$, 使

$$f(1)=0, \quad f(2)=3, \quad f(-3)=28.$$

解　设所求的二次多项式为 $f(x)=ax^2+bx+c$, 由题意得

$$f(1)=a+b+c=0,$$
$$f(2)=4a+2b+c=3,$$
$$f(-3)=9a-3b+c=28,$$

又因为

$$D=\begin{vmatrix}1&1&1\\4&2&1\\9&-3&1\end{vmatrix}=-20\neq 0,\quad D_1=\begin{vmatrix}0&1&1\\3&2&1\\28&-3&1\end{vmatrix}=-40,$$

$$D_2=\begin{vmatrix}1&0&1\\4&3&1\\9&28&1\end{vmatrix}=60,\quad D_3=\begin{vmatrix}1&1&0\\4&2&3\\9&-3&28\end{vmatrix}=-20,$$

得 $a=\dfrac{D_1}{D}=2, b=\dfrac{D_2}{D}=-3, c=\dfrac{D_3}{D}=1$. 故所求多项式为

$$f(x)=2x^2-3x+1.$$

2.3.3　n 阶行列式

1. n 阶行列式的引出

由二元方程组 (两个变量、两个方程) 求解得二阶行列式, 由三元方程组 (三个变量、三个方程) 求解得三阶行列式, ……, 由 n 元方程组 (n 个变量、n 个方程) 求解得 n 阶行列式.

大胆猜测　一般的 n 元一次线性方程组解的规律为

$$\begin{cases}a_{11}x_1+a_{12}x_2+\cdots+a_{1n}x_n=b_1,\\a_{21}x_1+a_{22}x_2+\cdots+a_{2n}x_n=b_2,\\\qquad\cdots\cdots\\a_{n1}x_1+a_{n2}x_2+\cdots+a_{nn}x_n=b_n.\end{cases}$$

当 $D=\begin{vmatrix}a_{11}&\cdots&a_{1n}\\\vdots&&\vdots\\a_{n1}&\cdots&a_{nn}\end{vmatrix}\neq 0$ 时, 有 $\begin{cases}x_1=\dfrac{D_1}{D},\\\cdots\cdots\\x_n=\dfrac{D_n}{D}.\end{cases}$

D_i 是用 $\begin{matrix} b_1 \\ b_2 \\ \vdots \\ b_n \end{matrix}$ 替换 D 中的第 i 列 $\begin{matrix} a_{1i} \\ a_{2i} \\ \vdots \\ a_{ni} \end{matrix}$ 而得.

2. n 阶行列式的计算原则

观察二阶与三阶行列式的计算, 共同特性之一是对角线法则:

$$\begin{vmatrix} a_{11} & a_{12} \\ a_{21} & a_{22} \end{vmatrix} = a_{11}a_{22} - a_{12}a_{21},$$

$$\begin{vmatrix} a_{11} & a_{12} & a_{13} \\ a_{21} & a_{22} & a_{23} \\ a_{31} & a_{32} & a_{33} \end{vmatrix} = a_{11}a_{22}a_{33} + a_{12}a_{23}a_{31} + a_{13}a_{21}a_{32} - a_{11}a_{23}a_{32} - a_{12}a_{21}a_{33} - a_{13}a_{22}a_{31}.$$

但是四阶及以上阶行列式没有对角线法则!

接下去思考的问题是对于 n 行 $\times$ n 列 $(n \geqslant 4)$ 的数表而言, 是否也有所谓 "n 阶行列式" 的概念?

① 若有, 该如何定义? 有哪些性质? 如何计算?

② 若有, 是否也有对角线法则?

(1) 预备知识: 全排列及其逆序数和求和符号.

引例 用 1, 2, 3 三个数字, 可以组成多少个没有重复数字的三位数?

解

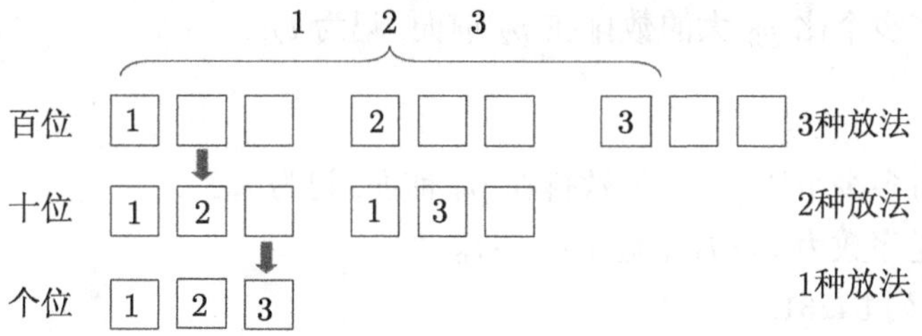

共有 $3\times2\times1= 6 = 3!$ 种放法.

定义 3 把 n 个不同的元素排成一列, 称为这 n 个元素的**全排列** (permutations).

定义 4 由小到大的次序称为标准次序.

定义 5 若一个排列中的所有元素按标准次序排列, 则称之为标准排列或自然排列.

3 个不同的元素一共有 $3! = 6$ 种不同的排法

$$123, 132, 213, 231, 312, 321.$$

所有 6 种不同的排法中, 只有一种排法 (123) 的数字是按从小到大的自然顺序排列的, 而其他排列中都有大的数排在小的数之前.

因此大部分的排列都不是 "顺序", 而是 "逆序".

定义 6　在一个从 1 至 n 的排列 $(i_1 i_2 \cdots i_t \cdots i_s \cdots i_n)$ 中, 若数 $i_t > i_s$, 则称这两个数组成一个**逆序**.

例如, 排列 32514 中,

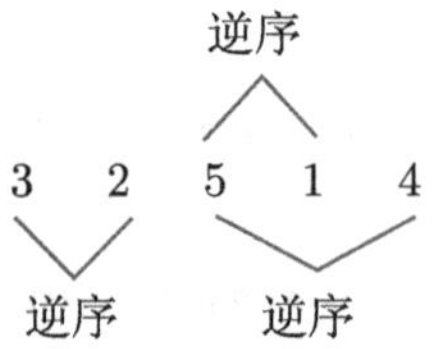

定义 7　一个排列中的所有逆序的总数称为这个排列的**逆序数** (inversion number).

逆序数为奇数的排列称为**奇排列** (odd permutation);

逆序数为偶数的排列称为**偶排列** (even permutation).

计算排列的逆序数的方法

设 $p_1 p_2 \cdots p_n$ 是 $1, 2, \cdots, n$ 这 n 个自然数的任一排列, 并规定由小到大为标准次序.

先看有多少个比 p_1 大的数排在 p_1 前面, 记为 t_1;

再看有多少个比 p_2 大的数排在 p_2 前面, 记为 t_2;

$$\cdots\cdots$$

最后看有多少个比 p_n 大的数排在 p_n 前面, 记为 t_n,
则此排列的逆序数为 $t = t_1 + t_2 + \cdots + t_n$.

例如, 排列 54231,

5 前面比 5 大的数有 0 个,

4 前面比 4 大的数有 1 个,

2 前面比 2 大的数有 2 个,

3 前面比 3 大的数有 2 个,

1 前面比 1 大的数有 4 个,

则逆序数

$$t = 0 + 1 + 2 + 2 + 4 = 9.$$

求和符号

$$\sum, \quad \sum_{\text{条件下限}}^{\text{条件上限}} \text{通项}.$$

例如,

$$\sum_{i=1}^{9} i = 1 + 2 + \cdots + 9; \quad \sum_{i=1}^{9} x_i = x_1 + x_2 + \cdots + x_9.$$

(2) 观察二阶行列式

$$D = \begin{vmatrix} a_{11} & a_{12} \\ a_{21} & a_{22} \end{vmatrix} = a_{11}a_{22} - a_{12}a_{21}.$$

① 2! 项的代数和.

② 不同行不同列两个元素的乘积.

③ 一项为正, 一项为负:

$$\begin{vmatrix} \boxed{a_{11}} & \boxed{a_{12}} \\ \boxed{a_{21}} & \boxed{a_{22}} \end{vmatrix} = a_{11}a_{22} - a_{12}a_{21}.$$

④ 当行标调成标准排列时, 如表 2.3 所示.

表 2.3 二阶行列式列标排列的逆序数及其对应的正负符号情况

列标排列	12	21
逆序数 t	0	1
$(-1)^t$	+	−

这时, 二阶行列式可改写为

$$\begin{vmatrix} \boxed{a_{11}} & \boxed{a_{12}} \\ \boxed{a_{21}} & \boxed{a_{22}} \end{vmatrix} = a_{11}a_{22} - a_{12}a_{21}$$

$$= \sum_{\substack{p_1p_2\text{为}1,2 \\ \text{之全排列}}} (-1)^{\text{列标排列 } p_1p_2 \text{ 之逆序数}} a_{1p_1}a_{2p_2}.$$

(3) 观察三阶行列式

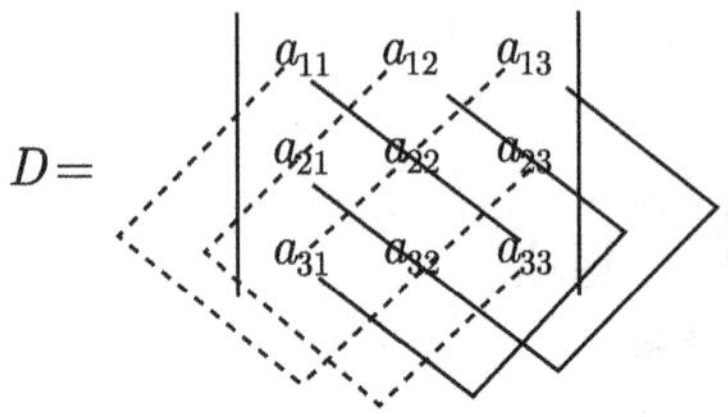

$$= a_{11}a_{22}a_{33}+a_{12}a_{23}a_{31}+a_{13}a_{21}a_{32}-a_{13}a_{22}a_{31}-a_{12}a_{21}a_{33}-a_{11}a_{23}a_{32}$$

① 3! 项代数和.

② 不同行不同列三个元素的乘积.

③ 三项为正, 三项为负.

④ 当行标调成标准排列时, 如表 2.4 所示.

表 2.4　三阶行列式列标排列的逆序数及其对应的正负符号情况

列标排列	123	231	312	321	213	132
逆序数 t	0	2	2	3	1	1
$(-1)^t$	+	+	+	−	−	−

由上述分析可得

$$D=\begin{vmatrix} a_{11} & a_{12} \\ a_{21} & a_{22} \end{vmatrix}=\sum_{\substack{p_1p_2\text{ 为 }1,2\\ \text{之全排列}}}(-1)^{\text{列标排列 }p_1p_2\text{ 之逆序数}}a_{1p_1}a_{2p_2},$$

$$D=\begin{vmatrix} a_{11} & a_{12} & a_{13} \\ a_{21} & a_{22} & a_{23} \\ a_{31} & a_{32} & a_{33} \end{vmatrix}=\sum_{\substack{p_1p_2p_3\text{ 为 }1,2,3\\ \text{之全排列}}}(-1)^{\text{列标排列 }p_1p_2p_3\text{ 之逆序数}}a_{1p_1}a_{2p_2}a_{3p_3}.$$

那 n 阶行列式如何定义? 是不是也可以类似定义?

定义 8　将 n^2 个数排成 n 行 n 列的数表, 按下列规则计算出的数, 即

$$D=\begin{vmatrix} a_{11} & \cdots & a_{1n} \\ \vdots & & \vdots \\ a_{n1} & \cdots & a_{nn} \end{vmatrix}=\sum_{n!}(-1)^t a_{1p_1}a_{2p_2}\cdots a_{np_n}$$

称为 **n 阶行列式**, 其中 t 为列标排列的逆序数.

当把列标调整标准时, n 阶行列式也可以定义为

$$D=\begin{vmatrix} a_{11} & \cdots & a_{1n} \\ \vdots & & \vdots \\ a_{n1} & \cdots & a_{nn} \end{vmatrix}=\sum_{n!}(-1)^t a_{q_1 1}a_{q_2 2}\cdots a_{q_n n},$$

其中 t 为行标排列的逆序数.

与二、三阶行列式一样, n 阶行列式的定义也有三个要点:

(1) 是 $n!$ 项的代数和;

(2) 每一项的符号由逆序数的奇偶性确定;

(3) 每一项是取自不同行不同列的 n 个元素的乘积 (这样的项恰有 $n!$ 项).

特别地, 由行列式的定义不难看出:

如果一个行列式有一行 (或一列) 的元素全为零, 则此行列式的值必为零.

思考题 $|-1|=-1$ 成立吗?

注 当 $n=1$ 时, 一阶行列式 $|a|=a$, 注意不要与绝对值的记号相混淆. 例如, 一阶行列式 $|-1|=-1$.

接下来, 我们讨论下面的问题: 如何计算行列式? 计算行列式的方法之一: 利用定义

$$D=\sum_{p_1p_2\cdots p_n}(-1)^{t(p_1p_2\cdots p_n)}a_{1p_1}a_{2p_2}\cdots a_{np_n}.$$

首先计算**主对角行列式** (principal diagonal determinant)

$$\begin{vmatrix}1&0&0&0\\0&2&0&0\\0&0&3&0\\0&0&0&4\end{vmatrix}=24,$$

一般地,

$$D=\begin{vmatrix}\lambda_1&0&\cdots&0&0\\0&\lambda_2&\cdots&0&0\\\vdots&\vdots&&\vdots&\vdots\\0&0&\cdots&\lambda_{n-1}&0\\0&0&\cdots&0&\lambda_n\end{vmatrix}=\lambda_1\lambda_2\cdots\lambda_{n-1}\lambda_n.$$

其次计算副对角行列式

$$\begin{vmatrix}0&0&0&1\\0&0&2&0\\0&3&0&0\\4&0&0&0\end{vmatrix}=24,\quad\begin{vmatrix}0&0&0&0&0&1\\0&0&0&0&2&0\\0&0&0&3&0&0\\0&0&4&0&0&0\\0&5&0&0&0&0\\6&0&0&0&0&0\end{vmatrix}=-720,$$

一般地,

$$D=\begin{vmatrix} 0 & 0 & \cdots & 0 & a_{1n} \\ 0 & 0 & \cdots & a_{2,n-1} & 0 \\ \vdots & \vdots & & \vdots & \vdots \\ 0 & a_{n-1,2} & \cdots & 0 & 0 \\ a_{n1} & 0 & \cdots & 0 & 0 \end{vmatrix}=(-1)^{\frac{n(n-1)}{2}}a_{1n}a_{2,n-1}\cdots a_{n1}.$$

最后讨论上、下三角行列式

$$D=\begin{vmatrix} a_{11} & a_{12} & \cdots & a_{1n} \\ 0 & a_{22} & \cdots & a_{2n} \\ \vdots & \vdots & & \vdots \\ 0 & 0 & \cdots & a_{nn} \end{vmatrix}=a_{11}a_{22}\cdots a_{nn},$$

$$D=\begin{vmatrix} a_{11} & 0 & \cdots & 0 \\ a_{21} & a_{22} & \cdots & 0 \\ \vdots & \vdots & & \vdots \\ a_{n1} & a_{n2} & \cdots & a_{nn} \end{vmatrix}=a_{11}a_{22}\cdots a_{nn}.$$

2.3.4　n 阶行列式的性质与计算

1. 行列式的性质

研究行列式的性质, 以简化行列式的计算.

例 4　$D=\begin{vmatrix} 1 & 2 \\ 3 & 4 \end{vmatrix}=-2,\quad D^{\mathrm{T}}=\begin{vmatrix} 1 & 3 \\ 2 & 4 \end{vmatrix}=-2.$

于是, 我们猜测行列式的性质 1:

由 $D=\begin{vmatrix} a_{11} & a_{12} & \cdots & a_{1n} \\ a_{21} & a_{22} & \cdots & a_{2n} \\ \vdots & \vdots & & \vdots \\ a_{n1} & a_{n2} & \cdots & a_{nn} \end{vmatrix}$, 则 $D^{\mathrm{T}}=\begin{vmatrix} a_{11} & a_{21} & \cdots & a_{n1} \\ a_{12} & a_{22} & \cdots & a_{n2} \\ \vdots & \vdots & & \vdots \\ a_{1n} & a_{2n} & \cdots & a_{nn} \end{vmatrix}$.

行列式 D^{T} 称为行列式 D 的转置行列式.

性质 1　行列式转置, 其值不变.

回顾 n 阶行列式的定义, 有

$$D=\begin{vmatrix} a_{11} & a_{12} & \cdots & a_{1n} \\ a_{21} & a_{22} & \cdots & a_{2n} \\ \vdots & \vdots & & \vdots \\ a_{n1} & a_{n2} & \cdots & a_{nn} \end{vmatrix}=\sum_{p_1p_2\cdots p_n}(-1)^{t(p_1p_2\cdots p_n)}a_{1p_1}a_{2p_2}\cdots a_{np_n}$$

$$=\sum_{q_1q_2\cdots q_n}(-1)^{t(q_1q_2\cdots q_n)}a_{q_11}a_{q_22}\cdots a_{q_nn}.$$

证明 D 的一般项形式为 $\sum\limits_{j_1j_2\cdots j_n}(-1)^{t(j_1j_2\cdots j_n)}a_{1j_1}a_{2j_2}\cdots a_{nj_n}$, 它的 n 个元素在 D 中位于不同行不同列, 因此在 D^{T} 中位于不同列不同行, 所以这 n 个元素乘积也是 D^{T} 中的一项, 在 D^{T} 中的符号为

$$\sum_{j_1j_2\cdots j_n}(-1)^{t(j_1j_2\cdots j_n)}a_{j_11}a_{j_22}\cdots a_{j_nn},$$

与它在 D 中的符号一致, 因此 D 与 D^{T} 所具有的项相同. 故有 $D^{\mathrm{T}}=D$.

下面引入预备知识 —— 对换.

(1) 对换的定义.

定义 9 在排列中, 将任意两个元素对调, 其余的元素不动, 这种作出新排列的手续称为**对换** (exchange). 将相邻两个元素对换, 称为相邻对换.

相邻对换　　　　对换

$$a_1\cdots a_l\ a\ b\ b_1\cdots b_m \qquad a_1\cdots a_l\ a\ b_1\cdots b_m\ b\ c_1\cdots c_n$$

$$\downarrow \qquad\qquad\qquad \swarrow\!\!\searrow$$

$$a_1\cdots a_l\ b\ a\ b_1\cdots b_m \qquad a_1\cdots a_l\ b\ b_1\cdots b_m\ a\ c_1\cdots c_n$$

注 ① 相邻对换是对换的特殊情形.

② 一般的对换可以通过一系列的相邻对换来实现.

③ 如果连续施行两次相同的对换, 那么排列就还原了:

$$\begin{aligned} & a_1\cdots a_l\ a\ b_1\cdots b_m\ b\ c_1\cdots c_n \\ \xrightarrow{m\text{ 次相邻对换}} & a_1\cdots a_l\ a\ b\ b_1\cdots b_m\ c_1\cdots c_n \\ \xrightarrow{m+1\text{ 次相邻对换}} & a_1\cdots a_l\ b\ b_1\cdots b_m\ a\ c_1\cdots c_n \\ \xrightarrow{m\text{ 次相邻对换}} & a_1\cdots a_l\ b\ a\ b_1\cdots b_m\ c_1\cdots c_n \\ \xrightarrow{m+1\text{ 次相邻对换}} & a_1\cdots a_l\ a\ b_1\cdots b_m\ b\ c_1\cdots c_n \end{aligned}$$

(2) 对换与排列奇偶性的关系.

定理 1　对换改变排列的奇偶性.

证明　先考虑相邻对换的情形.

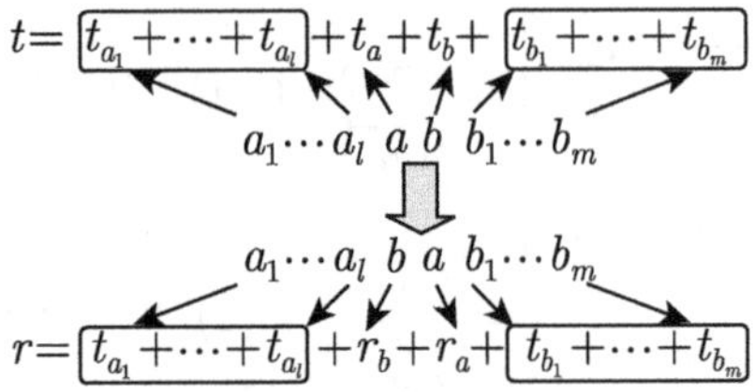

注意到除 a,b 外, 其他元素的逆序数不改变.

当 $a<b$ 时, $r_a=t_a+1, r_b=t_b, r=t+1$.

当 $a>b$ 时, $r_a=t_a, r_b=t_b-1, r=t-1$.

因此相邻对换改变排列的奇偶性.

既然相邻对换改变排列的奇偶性, 那么

$$\begin{aligned}&a_1\cdots a_l\ a\ b_1\cdots b_m\ b\ c_1\cdots c_n\\ \xrightarrow{2m+1\text{ 次相邻对换}}&a_1\cdots a_l\ b\ b_1\cdots b_m\ a\ c_1\cdots c_n\end{aligned}$$

因此, 一个排列中的任意两个元素对换, 排列的奇偶性改变.

推论 1　奇排列变成标准排列的对换次数为奇数, 偶排列变成标准排列的对换次数为偶数.

性质 2　交换行列式的两行 (列), 其值变号.

证明　设 $D=\begin{vmatrix}a_{11}&a_{12}&\cdots&a_{1n}\\ \vdots&\vdots&&\vdots\\ a_{i1}&a_{i2}&\cdots&a_{in}\\ \vdots&\vdots&&\vdots\\ a_{s1}&a_{s2}&\cdots&a_{sn}\\ \vdots&\vdots&&\vdots\\ a_{n1}&a_{n2}&\cdots&a_{nn}\end{vmatrix}, D_1=\begin{vmatrix}a_{11}&a_{12}&\cdots&a_{1n}\\ \vdots&\vdots&&\vdots\\ a_{s1}&a_{s2}&\cdots&a_{sn}\\ \vdots&\vdots&&\vdots\\ a_{i1}&a_{i2}&\cdots&a_{in}\\ \vdots&\vdots&&\vdots\\ a_{n1}&a_{n2}&\cdots&a_{nn}\end{vmatrix}.$

交换 D 的第 i 行与第 s 行, 得到行列式 D_1.

D 的一般项中 n 个元素的乘积为 $a_{1j_1}\cdots a_{ij_i}\cdots a_{sj_s}\cdots a_{nj_n}$, 这也是 D_1 的一般项中 n 个元素的乘积. $a_{1j_1}\cdots a_{ij_i}\cdots a_{sj_s}\cdots a_{nj_n}$ 在 D 中的符号为

$$\sum_{j_1\cdots j_i\cdots j_s\cdots j_n}(-1)^{\tau(1\cdots i\cdots s\cdots n)+\tau(j_1\cdots j_i\cdots j_s\cdots j_n)},$$

在 D_1 中的符号为

$$\sum_{j_1\cdots j_i\cdots j_s\cdots j_n}(-1)^{\tau(1\cdots s\cdots i\cdots n)+\tau(j_1\cdots j_i\cdots j_s\cdots j_n)}.$$

这两个符号恰好相反.

这说明 D_1 中的每一项都是 D 中相应项的相反数, 从而有 $D_1=-D$.

根据性质 2, 我们可得推论 2.

推论 2 如果行列式中有两行 (列) 对应元素相同, 则此行列式为零.

证明 设行列式 D 中某两行的对应元素相同, 则互换这相同的两行得 $D=-D$, 因此有 $D=0$.

例 5 计算 $D=\begin{vmatrix} -8 & 1 & -5 & 1\\ 9 & -3 & 0 & -6\\ -8 & 1 & -5 & 1\\ 0 & 4 & -7 & 6\end{vmatrix}$.

解 根据推论 2, 可得该行列式值为 0.

性质 3 用数 k 乘以行列式的某一行 (列), 等于用数 k 乘此行列式, 即

$$D_1=\begin{vmatrix} a_{11} & a_{12} & \cdots & a_{1n}\\ \vdots & \vdots & & \vdots\\ ka_{i1} & ka_{i2} & \cdots & ka_{in}\\ \vdots & \vdots & & \vdots\\ a_{n1} & a_{n2} & \cdots & a_{nn}\end{vmatrix}=k\begin{vmatrix} a_{11} & a_{12} & \cdots & a_{1n}\\ \vdots & \vdots & & \vdots\\ a_{i1} & a_{i2} & \cdots & a_{in}\\ \vdots & \vdots & & \vdots\\ a_{n1} & a_{n2} & \cdots & a_{nn}\end{vmatrix}.$$

证明 D_1 的一般项为

$$\begin{aligned}&\sum_{j_1j_2\cdots j_n}(-1)^{\tau(j_1j_2\cdots j_n)}a_{1j_1}\cdots(ka_{ij_i})\cdots a_{nj_n}\\ =k&\sum_{j_1j_2\cdots j_n}[(-1)^{\tau(j_1j_2\cdots j_n)}a_{1j_1}\cdots a_{ij_i}\cdots a_{nj_n}]\end{aligned}$$

中括号里是 D 的一般项, 故 $D_1=kD$.

例 6 计算 $D=\begin{vmatrix} -8 & 1 & -5 & 1\\ 9 & -3 & 0 & -6\\ -16 & 2 & -10 & 2\\ 0 & 4 & -7 & 6\end{vmatrix}$.

解 根据性质 1 和性质 2, 可得

$$D=\begin{vmatrix}-8&1&-5&1\\9&-3&0&-6\\-16&2&-10&2\\0&4&-7&6\end{vmatrix}=2\begin{vmatrix}-8&1&-5&1\\9&-3&0&-6\\-8&1&-5&1\\0&4&-7&6\end{vmatrix}=2\times 0=0.$$

推论 3 如果行列式有两行 (列) 对应元素成比例, 则行列式的值为 0.

例 7 计算下面三个行列式

$$\begin{vmatrix}1&2\\1+2&1+3\end{vmatrix},\quad\begin{vmatrix}1&2\\1&1\end{vmatrix},\quad\begin{vmatrix}1&2\\2&3\end{vmatrix},$$

并观察它们之间的关系

解 $\begin{vmatrix}1&2\\1+2&1+3\end{vmatrix}=-2,\quad\begin{vmatrix}1&2\\1&1\end{vmatrix}=-1,\quad\begin{vmatrix}1&2\\2&3\end{vmatrix}=-1,$

$$\begin{vmatrix}1&2\\1+2&1+3\end{vmatrix}=\begin{vmatrix}1&2\\1&1\end{vmatrix}+\begin{vmatrix}1&2\\2&3\end{vmatrix}.$$

由例 7 可推测性质 4.

性质 4 (拆加性) 若行列式的某一行 (列) 的元素都是两数之和, 则原行列式等于相应的两个行列式的和.

$$\begin{vmatrix}a_{11}&\cdots&a_{1n}\\\vdots&&\vdots\\b_{i1}+c_{i1}&\cdots&b_{in}+c_{in}\\\vdots&&\vdots\\a_{n1}&\cdots&a_{nn}\end{vmatrix}=\begin{vmatrix}a_{11}&\cdots&a_{1n}\\\vdots&&\vdots\\b_{i1}&\cdots&b_{in}\\\vdots&&\vdots\\a_{n1}&\cdots&a_{nn}\end{vmatrix}+\begin{vmatrix}a_{11}&\cdots&a_{1n}\\\vdots&&\vdots\\c_{i1}&\cdots&c_{in}\\\vdots&&\vdots\\a_{n1}&\cdots&a_{nn}\end{vmatrix}.$$

证明 左端行列式一般项为

$$\sum_{j_1j_2\cdots j_n}(-1)^{\tau(j_1j_2\cdots j_n)}a_{1j_1}\cdots(b_{ij_i}+c_{ij_i})\cdots a_{nj_n}$$

$$=\sum_{j_1j_2\cdots j_n}(-1)^{\tau(j_1j_2\cdots j_n)}a_{1j_1}\cdots b_{ij_i}\cdots a_{nj_n}+\sum_{j_1j_2\cdots j_n}(-1)^{\tau(j_1j_2\cdot\cdot j_n)}a_{1j_1}\cdots c_{ij_i}\cdots a_{nj_n},$$

故结论成立.

性质 5 (倍加不变性) 将行列式的某列 (行) k 倍加到另一列 (行) 上, 行列式的值不变, 记作 c_i+kc_j 或 r_i+kr_j.

$$\begin{vmatrix} a_{11} & \cdots & a_{1i} & \cdots & a_{1j} & \cdots & a_{1n} \\ a_{21} & \cdots & a_{2i} & \xleftarrow{k\times} & a_{2j} & \cdots & a_{2n} \\ \vdots & & \vdots & & \vdots & & \vdots \\ a_{n1} & \cdots & a_{ni} & \cdots & a_{nj} & \cdots & a_{nn} \end{vmatrix}$$

$$= \begin{vmatrix} a_{11} & \cdots & a_{1i}+ka_{1j} & \cdots & a_{1j} & \cdots & a_{1n} \\ a_{21} & \cdots & a_{2i}+ka_{2j} & \cdots & a_{2j} & \cdots & a_{2n} \\ \vdots & & \vdots & & \vdots & & \vdots \\ a_{n1} & \cdots & a_{ni}+ka_{nj} & \cdots & a_{nj} & \cdots & a_{nn} \end{vmatrix}$$

$$= \begin{vmatrix} a_{11} & \cdots & a_{1i} & \cdots & a_{1j} & \cdots & a_{1n} \\ a_{21} & \cdots & a_{2i} & \cdots & a_{2j} & \cdots & a_{2n} \\ \vdots & & \vdots & & \vdots & & \vdots \\ a_{n1} & \cdots & a_{ni} & \cdots & a_{nj} & \cdots & a_{nn} \end{vmatrix}.$$

证明

$$\begin{vmatrix} a_{11} & \cdots & a_{1i}+ka_{1j} & \cdots & a_{1j} & \cdots & a_{1n} \\ a_{21} & \cdots & a_{2i}+ka_{2j} & \cdots & a_{2j} & \cdots & a_{2n} \\ \vdots & & \vdots & & \vdots & & \vdots \\ a_{n1} & \cdots & a_{ni}+ka_{nj} & \cdots & a_{nj} & \cdots & a_{nn} \end{vmatrix}$$

$$= \begin{vmatrix} a_{11} & \cdots & a_{1i} & \cdots & a_{1j} & \cdots & a_{1n} \\ a_{21} & \cdots & a_{2i} & \cdots & a_{2j} & \cdots & a_{2n} \\ \vdots & & \vdots & & \vdots & & \vdots \\ a_{n1} & \cdots & a_{ni} & \cdots & a_{nj} & \cdots & a_{nn} \end{vmatrix}$$

$$+ \begin{vmatrix} a_{11} & \cdots & ka_{1j} & \cdots & a_{1j} & \cdots & a_{1n} \\ a_{21} & \cdots & ka_{2j} & \cdots & a_{2j} & \cdots & a_{2n} \\ \vdots & & \vdots & & \vdots & & \vdots \\ a_{n1} & \cdots & ka_{nj} & \cdots & a_{nj} & \cdots & a_{nn} \end{vmatrix}$$

$$= \begin{vmatrix} a_{11} & \cdots & a_{1i} & \cdots & a_{1j} & \cdots & a_{1n} \\ a_{21} & \cdots & a_{2i} & \cdots & a_{2j} & \cdots & a_{2n} \\ \vdots & & \vdots & & \vdots & & \vdots \\ a_{n1} & \cdots & a_{ni} & \cdots & a_{nj} & \cdots & a_{nn} \end{vmatrix}.$$

故原结论成立.

2. 行列式性质在计算行列式中的应用

例 8 计算 $\begin{vmatrix} 3 & 1 & 1 \\ 297 & 101 & 99 \\ 5 & -3 & 2 \end{vmatrix}$.

解 $\begin{vmatrix} 3 & 1 & 1 \\ 297 & 101 & 99 \\ 5 & -3 & 2 \end{vmatrix} = \begin{vmatrix} 3 & 1 & 1 \\ 300-3 & 100+1 & 100-1 \\ 5 & -3 & 2 \end{vmatrix}$

$$= \begin{vmatrix} 3 & 1 & 1 \\ 300 & 100 & 100 \\ 5 & -3 & 2 \end{vmatrix} + \begin{vmatrix} 3 & 1 & 1 \\ -3 & 1 & -1 \\ 5 & -3 & 2 \end{vmatrix}$$

$$= 0 + \begin{vmatrix} 3 & 1 & 1 \\ -3 & 1 & -1 \\ 5 & -3 & 2 \end{vmatrix} \xlongequal{r_1+r_2} \begin{vmatrix} 3 & 1 & 1 \\ 0 & 2 & 0 \\ 5 & -3 & 2 \end{vmatrix} = 2.$$

例 9 计算行列式 $\begin{vmatrix} a-b & a & b \\ -a & -a+b & a \\ b & -b & -a-b \end{vmatrix}$.

解 $\begin{vmatrix} a-b & a & b \\ -a & -a+b & a \\ b & -b & -a-b \end{vmatrix} \xlongequal[r_2+r_1]{r_3+r_1} \begin{vmatrix} 0 & 0 & 0 \\ -a & -a+b & a \\ b & -b & -a-b \end{vmatrix} = 0.$

对于四阶及其以上的一般行列式, 通常是利用行列式的性质, 把行列式化为上三角形行列式, 进而算得行列式的值.

3. 赶鸭子法 (各行或各列总和相等的行列式)

例 10 计算 n 阶行列式 $D = \begin{vmatrix} a & b & b & \cdots & b \\ b & a & b & \cdots & b \\ b & b & a & \cdots & b \\ \vdots & \vdots & \vdots & & \vdots \\ b & b & b & \cdots & a \end{vmatrix}$.

解 将第 $2, 3, \cdots, n$ 列都加到第一列得

$$D=\begin{vmatrix} a+(n-1)b & b & b & \cdots & b \\ a+(n-1)b & a & b & \cdots & b \\ a+(n-1)b & b & a & \cdots & b \\ \vdots & \vdots & \vdots & & \vdots \\ a+(n-1)b & b & b & \cdots & a \end{vmatrix}$$

$$=[a+(n-1)b]\begin{vmatrix} 1 & b & b & \cdots & b \\ 1 & a & b & \cdots & b \\ 1 & b & a & \cdots & b \\ \vdots & \vdots & \vdots & & \vdots \\ 1 & b & b & \cdots & a \end{vmatrix}$$

$$=[a+(n-1)b]\begin{vmatrix} 1 & b & b & \cdots & b \\ 0 & a-b & 0 & \cdots & 0 \\ 0 & 0 & a-b & \cdots & 0 \\ \vdots & \vdots & \vdots & & \vdots \\ 0 & 0 & 0 & \cdots & a-b \end{vmatrix}$$

$$=[a+(n-1)b]\,(a-b)^{n-1}.$$

赶鸭子法同样可用于解决下列行列式

$$\begin{vmatrix} a & x & \cdots & x \\ x & a & \cdots & x \\ \vdots & \vdots & & \vdots \\ x & x & \cdots & a \end{vmatrix}=? \qquad \begin{vmatrix} 2 & 3 & 3 & 3 \\ 3 & 2 & 3 & 3 \\ 3 & 3 & 2 & 3 \\ 3 & 3 & 3 & 2 \end{vmatrix}=?$$

接下来, 介绍两种特殊行列式的求值.

例 11 计算 n 阶行列式

$$D=\begin{vmatrix} 3 & \cdots & 3 & 3 & 3 & 1 \\ 3 & \cdots & 3 & 3 & 2 & 3 \\ 3 & \cdots & 3 & 3 & 3 & 3 \\ 3 & \cdots & 4 & 3 & 3 & 3 \\ \vdots & & \vdots & \vdots & \vdots & \vdots \\ n & \cdots & 3 & 3 & 3 & 3 \end{vmatrix}.$$

解 可观察到第三行和倒数第三列的元素全为 3, 于是

$$\text{原式} \xlongequal[\substack{\vdots \\ -r_3+r_n}]{\substack{-r_3+r_1 \\ -r_3+r_2}} \begin{vmatrix} 0 & \cdots & 0 & 0 & 0 & -2 \\ 0 & \cdots & 0 & 0 & -1 & 0 \\ 3 & \cdots & 3 & 3 & 3 & 3 \\ 0 & \cdots & 1 & 0 & 0 & 0 \\ \vdots & & \vdots & \vdots & \vdots & \vdots \\ n-3 & \cdots & 0 & 0 & 0 & 0 \end{vmatrix}$$

$$\xlongequal[\substack{\vdots \\ -c_{n-2}+c_n}]{\substack{-c_{n-2}+c_1 \\ -c_{n-2}+c_2}} \begin{vmatrix} 0 & \cdots & 0 & 0 & 0 & -2 \\ 0 & \cdots & 0 & 0 & -1 & 0 \\ 0 & \cdots & 0 & 3 & 0 & 0 \\ 0 & \cdots & 1 & 0 & 0 & 0 \\ \vdots & & \vdots & \vdots & \vdots & \vdots \\ n-3 & \cdots & 0 & 0 & 0 & 0 \end{vmatrix}$$

$$= (-1)^{\frac{n(n-1)}{2}} 6(n-3)!.$$

例 12　计算行列式

$$D = \begin{vmatrix} a^2+\dfrac{1}{a^2} & a & \dfrac{1}{a} & 1 \\ b^2+\dfrac{1}{b^2} & b & \dfrac{1}{b} & 1 \\ c^2+\dfrac{1}{c^2} & c & \dfrac{1}{c} & 1 \\ d^2+\dfrac{1}{d^2} & d & \dfrac{1}{d} & 1 \end{vmatrix}$$

(已知 $abcd = 1$).

解

$$D = \begin{vmatrix} a^2 & a & \dfrac{1}{a} & 1 \\ b^2 & b & \dfrac{1}{b} & 1 \\ c^2 & c & \dfrac{1}{c} & 1 \\ d^2 & d & \dfrac{1}{d} & 1 \end{vmatrix} + \begin{vmatrix} \dfrac{1}{a^2} & a & \dfrac{1}{a} & 1 \\ \dfrac{1}{b^2} & b & \dfrac{1}{b} & 1 \\ \dfrac{1}{c^2} & c & \dfrac{1}{c} & 1 \\ \dfrac{1}{d^2} & d & \dfrac{1}{d} & 1 \end{vmatrix}$$

$$= abcd \begin{vmatrix} a & 1 & \dfrac{1}{a^2} & \dfrac{1}{a} \\ b & 1 & \dfrac{1}{b^2} & \dfrac{1}{b} \\ c & 1 & \dfrac{1}{c^2} & \dfrac{1}{c} \\ d & 1 & \dfrac{1}{d^2} & \dfrac{1}{d} \end{vmatrix} + (-1)^3 \begin{vmatrix} a & 1 & \dfrac{1}{a^2} & \dfrac{1}{a} \\ b & 1 & \dfrac{1}{b^2} & \dfrac{1}{b} \\ c & 1 & \dfrac{1}{c^2} & \dfrac{1}{c} \\ d & 1 & \dfrac{1}{d^2} & \dfrac{1}{d} \end{vmatrix} = 0.$$

2.4 余子式与代数余子式

对角线法则只适用于二阶与三阶行列式. 本节主要考虑如何用低阶行列式来表示高阶行列式.

2.4.1 引例

对三阶行列式的结果做如下变形处理:

$$\begin{aligned}\begin{vmatrix} a_{11} & a_{12} & a_{13} \\ a_{21} & a_{22} & a_{23} \\ a_{31} & a_{32} & a_{33} \end{vmatrix} &= a_{11}a_{22}a_{33} + a_{12}a_{23}a_{31} + a_{13}a_{21}a_{32} \\ &\quad - a_{11}a_{23}a_{32} - a_{12}a_{21}a_{33} - a_{13}a_{22}a_{31} \\ &= a_{11}\left(a_{22}a_{33} - a_{23}a_{32}\right) + a_{12}\left(a_{23}a_{31} - a_{21}a_{33}\right) \\ &\quad + a_{13}\left(a_{21}a_{32} - a_{22}a_{31}\right) \\ &= a_{11}\begin{vmatrix} a_{22} & a_{23} \\ a_{32} & a_{33} \end{vmatrix} - a_{12}\begin{vmatrix} a_{21} & a_{23} \\ a_{31} & a_{33} \end{vmatrix} + a_{13}\begin{vmatrix} a_{21} & a_{22} \\ a_{31} & a_{32} \end{vmatrix}.\end{aligned}$$

结论 三阶行列式可以用二阶行列式表示.

思考题 任意一个行列式是否都可以用较低阶的行列式表示?

定义 1 在 n 阶行列式中, 把元素 a_{ij} 所在的第 i 行和第 j 列划去后, 留下来的 $n-1$ 阶行列式称为元素 a_{ij} 的**余子式**(cofactor), 记作 M_{ij}. 把 $A_{ij} = (-1)^{i+j} M_{ij}$ 称为元素 a_{ij} 的**代数余子式**(algebra cofactor).

例如, 对如下四阶行列式 $D = \begin{vmatrix} a_{11} & a_{12} & a_{13} & a_{14} \\ a_{21} & a_{22} & a_{23} & a_{24} \\ a_{31} & a_{32} & a_{33} & a_{34} \\ a_{41} & a_{42} & a_{43} & a_{44} \end{vmatrix}$, 写出以下余子式和代数余子式

$$M_{23} = \begin{vmatrix} a_{11} & a_{12} & a_{14} \\ a_{31} & a_{32} & a_{34} \\ a_{41} & a_{42} & a_{44} \end{vmatrix}, \quad A_{23} = (-1)^{2+3} M_{23} = -M_{23},$$

$$M_{12} = \begin{vmatrix} a_{21} & a_{23} & a_{24} \\ a_{31} & a_{33} & a_{34} \\ a_{41} & a_{43} & a_{44} \end{vmatrix}, \quad A_{12} = (-1)^{1+2} M_{12} = -M_{12},$$

$$M_{44} = \begin{vmatrix} a_{11} & a_{12} & a_{13} \\ a_{21} & a_{22} & a_{23} \\ a_{31} & a_{32} & a_{33} \end{vmatrix}, \quad A_{44} = (-1)^{4+4} M_{44} = M_{44}.$$

行列式的每个元素分别对应着一个余子式和一个代数余子式, 且它们有如下的联系:

$$A_{ij}=(-1)^{i+j}M_{ij}=\begin{cases}M_{ij}, & i,j \text{ 同奇偶},\\ -M_{ij}, & i,j \text{ 一奇一偶}.\end{cases}$$

注 (1) 行列式、余子式、代数余子式是数或公式, 不要与矩阵的子阵混淆了;

(2) 在有多个行列式的情况下, 使用 M_{ij}, A_{ij} 符号时要特别指明是对哪一个行列式的;

(3) (i,j) 元的余子式、代数余子式只与第 i 行, 第 j 列以外的元素有关, 与第 i 行, 第 j 列元素的取值、变化无关.

2.4.2 伴随矩阵

定义 2 行列式 $|\boldsymbol{A}|$ 的各个元素的代数余子式 A_{ij} 构成如下矩阵

$$\boldsymbol{A}^*=\begin{pmatrix}A_{11} & A_{21} & \cdots & A_{n1}\\ A_{12} & A_{22} & \cdots & A_{n2}\\ \vdots & \vdots & & \vdots\\ A_{1n} & A_{2n} & \cdots & A_{nn}\end{pmatrix},$$

称之为矩阵 $\boldsymbol{A}$ 的**伴随矩阵**(adjoint matrix).

其实三阶行列式还可以写成

$$\begin{aligned}\begin{vmatrix}a_{11} & a_{12} & a_{13}\\ a_{21} & a_{22} & a_{23}\\ a_{31} & a_{32} & a_{33}\end{vmatrix} &= a_{13}a_{21}a_{32}+a_{11}a_{22}a_{33}+a_{12}a_{23}a_{31}\\ &\quad -a_{12}a_{21}a_{33}-a_{13}a_{22}a_{31}-a_{11}a_{23}a_{32}\\ &= a_{21}\left(a_{13}a_{32}-a_{12}a_{33}\right)+a_{22}\left(a_{11}a_{33}-a_{13}a_{31}\right)\\ &\quad +a_{23}\left(a_{12}a_{31}-a_{11}a_{32}\right)\\ &= -a_{21}\begin{vmatrix}a_{12} & a_{13}\\ a_{32} & a_{33}\end{vmatrix}+a_{22}\begin{vmatrix}a_{11} & a_{13}\\ a_{31} & a_{33}\end{vmatrix}-a_{23}\begin{vmatrix}a_{11} & a_{12}\\ a_{31} & a_{32}\end{vmatrix},\end{aligned}$$

也可以写成

$$\begin{aligned}\begin{vmatrix}a_{11} & a_{12} & a_{13}\\ a_{21} & a_{22} & a_{23}\\ a_{31} & a_{32} & a_{33}\end{vmatrix} &= a_{12}a_{23}a_{31}+a_{13}a_{21}a_{32}+a_{11}a_{22}a_{33}\\ &\quad -a_{13}a_{22}a_{31}-a_{11}a_{23}a_{32}-a_{12}a_{21}a_{33}\\ &= a_{31}\left(a_{12}a_{13}-a_{22}a_{23}\right)+a_{32}\left(a_{13}a_{21}-a_{11}a_{23}\right)\\ &\quad +a_{33}\left(a_{11}a_{22}-a_{12}a_{21}\right)\end{aligned}$$

$$= a_{31}\begin{vmatrix} a_{12} & a_{13} \\ a_{22} & a_{23} \end{vmatrix} - a_{32}\begin{vmatrix} a_{11} & a_{13} \\ a_{21} & a_{23} \end{vmatrix} + a_{33}\begin{vmatrix} a_{11} & a_{12} \\ a_{21} & a_{22} \end{vmatrix}.$$

接下来, 我们讨论行列式按行 (列) 展开法则.

2.4.3 行列式按行 (列) 展开法则

引理 1 一个 n 阶行列式, 如果其中第 i 行所有元素除 a_{ij} 外都为零, 那么该行列式等于 a_{ij} 与它的代数余子式的乘积, 即 $D = a_{ij}A_{ij}$.

例如,

$$D = \begin{vmatrix} a_{11} & a_{12} & a_{13} & a_{14} \\ a_{21} & a_{22} & a_{23} & a_{24} \\ 0 & 0 & a_{33} & 0 \\ a_{41} & a_{42} & a_{43} & a_{44} \end{vmatrix} = a_{33}A_{33} = (-1)^{3+3}a_{33}\begin{vmatrix} a_{11} & a_{12} & a_{14} \\ a_{21} & a_{22} & a_{24} \\ a_{41} & a_{42} & a_{44} \end{vmatrix}.$$

证明 当 a_{ij} 位于第 1 行第 1 列时,

$$D = \begin{vmatrix} a_{11} & 0 & \cdots & 0 \\ a_{21} & a_{22} & \cdots & a_{2n} \\ \vdots & \vdots & & \vdots \\ a_{n1} & a_{n2} & \cdots & a_{nn} \end{vmatrix},$$

即有 $D = a_{11}M_{11}$. 又 $A_{11} = (-1)^{1+1}M_{11} = M_{11}$, 从而 $D = a_{11}A_{11}$.

再证一般情形, 此时

$$D = \begin{vmatrix} a_{11} & \cdots & a_{1j} & \cdots & a_{1n} \\ \vdots & & \vdots & & \vdots \\ 0 & \cdots & a_{ij} & \cdots & 0 \\ \vdots & & \vdots & & \vdots \\ a_{n1} & \cdots & a_{nj} & \cdots & a_{nn} \end{vmatrix}.$$

把 D 的第 i 行依次与第 $i-1$ 行, 第 $i-2$ 行, $\cdots$, 第 1 行对调, 得

$$D = (-1)^{i-1}\begin{vmatrix} 0 & \cdots & a_{ij} & \cdots & 0 \\ \vdots & & \vdots & & \vdots \\ a_{i-1,1} & \cdots & a_{i-1,j} & \cdots & a_{i-1,n} \\ \vdots & & \vdots & & \vdots \\ a_{n1} & \cdots & a_{nj} & \cdots & a_{nn} \end{vmatrix},$$

再把 D 的第 j 列依次与第 $j-1$ 列, 第 $j-2$ 列, $\cdots$, 第 1 列对调, 得到

$$D=(-1)^{i-1}\cdot(-1)^{j-1}\begin{vmatrix} a_{ij} & \cdots & 0 & \cdots & 0 \\ \vdots & & \vdots & & \vdots \\ a_{i-1,j} & \cdots & a_{i-1,j-1} & \cdots & a_{i-1,n} \\ \vdots & & \vdots & & \vdots \\ a_{nj} & \cdots & a_{n,j-1} & \cdots & a_{nn} \end{vmatrix}$$

$$=(-1)^{i+j-2}\begin{vmatrix} a_{ij} & \cdots & 0 & \cdots & 0 \\ \vdots & & \vdots & & \vdots \\ a_{i-1,j} & \cdots & a_{i-1,j-1} & \cdots & a_{i-1,n} \\ \vdots & & \vdots & & \vdots \\ a_{nj} & \cdots & a_{n,j-1} & \cdots & a_{nn} \end{vmatrix}$$

$$=(-1)^{i+j}\begin{vmatrix} a_{ij} & \cdots & 0 & \cdots & 0 \\ \vdots & & \vdots & & \vdots \\ a_{i-1,j} & \cdots & a_{i-1,j-1} & \cdots & a_{i-1,n} \\ \vdots & & \vdots & & \vdots \\ a_{nj} & \cdots & a_{n,j-1} & \cdots & a_{nn} \end{vmatrix}.$$

元素 a_{ij} 在行列式 $\begin{vmatrix} a_{ij} & \cdots & 0 & \cdots & 0 \\ \vdots & & \vdots & & \vdots \\ a_{i-1,j} & \cdots & a_{i-1,j-1} & \cdots & a_{i-1,n} \\ \vdots & & \vdots & & \vdots \\ a_{nj} & \cdots & a_{n,j-1} & \cdots & a_{nn} \end{vmatrix}$ 中的余子式仍然是 a_{ij} 在

$$D=\begin{vmatrix} a_{11} & \cdots & a_{1j} & \cdots & a_{1n} \\ \vdots & & \vdots & & \vdots \\ 0 & \cdots & a_{ij} & \cdots & 0 \\ \vdots & & \vdots & & \vdots \\ a_{n1} & \cdots & a_{nj} & \cdots & a_{nn} \end{vmatrix}$$

中的余子式 M_{ij}. 于是有

$$\begin{vmatrix} a_{ij} & \cdots & 0 & \cdots & 0 \\ \vdots & & \vdots & & \vdots \\ a_{i-1,j} & \cdots & a_{i-1,j-1} & \cdots & a_{i-1,n} \\ \vdots & & \vdots & & \vdots \\ a_{nj} & \cdots & a_{n,j-1} & \cdots & a_{nn} \end{vmatrix} = a_{ij}M_{ij},$$

故得

$$D=(-1)^{i+j}\begin{vmatrix} a_{ij} & \cdots & 0 & \cdots & 0 \\ \vdots & & \vdots & & \vdots \\ a_{i-1,j} & \cdots & a_{i-1,j-1} & \cdots & a_{i-1,n} \\ \vdots & & \vdots & & \vdots \\ a_{nj} & \cdots & a_{n,j-1} & \cdots & a_{nn} \end{vmatrix} = (-1)^{i+j}a_{ij}M_{ij}=a_{ij}A_{ij}.$$

现在我们来研究行列式按行 (列) 展开法则.

定理 1 行列式等于它的任一行 (列) 的各元素与其对应的代数余子式乘积之和, 即

$$D=a_{i1}A_{i1}+a_{i2}A_{i2}+\cdots+a_{in}A_{in}=\sum_{k=1}^{n}a_{ik}A_{ik},\quad i=1,2,\cdots,n$$

或

$$D=a_{1j}A_{1j}+a_{2j}A_{2j}+\cdots+a_{nj}A_{nj}=\sum_{k=1}^{n}a_{kj}A_{kj},\quad j=1,2,\cdots,n.$$

证明

$$D=\begin{vmatrix} a_{11} & a_{12} & \cdots & a_{1n} \\ \vdots & \vdots & & \vdots \\ a_{i1}+0+\cdots+0 & 0+a_{i2}+\cdots+0 & \cdots & 0+\cdots+0+a_{in} \\ \vdots & \vdots & & \vdots \\ a_{n1} & a_{n2} & \cdots & a_{nn} \end{vmatrix}$$

$$=\begin{vmatrix} a_{11} & a_{12} & \cdots & a_{1n} \\ \vdots & \vdots & & \vdots \\ a_{i1} & 0 & \cdots & 0 \\ \vdots & \vdots & & \vdots \\ a_{n1} & a_{n2} & \cdots & a_{nn} \end{vmatrix}+\begin{vmatrix} a_{11} & a_{12} & \cdots & a_{1n} \\ \vdots & \vdots & & \vdots \\ 0 & a_{i2} & \cdots & 0 \\ \vdots & \vdots & & \vdots \\ a_{n1} & a_{n2} & \cdots & a_{nn} \end{vmatrix}+\cdots$$

$$
+\begin{vmatrix} a_{11} & a_{12} & \cdots & a_{1n} \\ \vdots & \vdots & & \vdots \\ 0 & 0 & \cdots & a_{in} \\ \vdots & \vdots & & \vdots \\ a_{n1} & a_{n2} & \cdots & a_{nn} \end{vmatrix}
$$

$$
= a_{i1}A_{i1} + a_{i2}A_{i2} + \cdots + a_{in}A_{in} \quad (i = 1, 2, \cdots, n).
$$

例 1　计算行列式 $D = \begin{vmatrix} -3 & -5 & 3 \\ 1 & -1 & 0 \\ 7 & 7 & 2 \end{vmatrix}$.

解　按第一行展开, 得

$$
D = -3\begin{vmatrix} -1 & 0 \\ 7 & 2 \end{vmatrix} + 5\begin{vmatrix} 1 & 0 \\ 7 & 2 \end{vmatrix} + 3\begin{vmatrix} 1 & -1 \\ 7 & 7 \end{vmatrix} = 58.
$$

按第二行展开, 得

$$
D = -\begin{vmatrix} -5 & 3 \\ 7 & 2 \end{vmatrix} - 0 \cdot \begin{vmatrix} -3 & -5 \\ 7 & 7 \end{vmatrix} - \begin{vmatrix} -3 & 3 \\ 7 & 2 \end{vmatrix} = 58.
$$

例 2　计算行列式 $D = \begin{vmatrix} 3 & 1 & -1 & 2 \\ -5 & 1 & 3 & -4 \\ 2 & 0 & 1 & -1 \\ 1 & -5 & 3 & -3 \end{vmatrix}$.

解

$$
D \xlongequal[c_3+c_4]{(-2)c_3+c_1} \begin{vmatrix} 5 & 1 & -1 & 1 \\ -11 & 1 & 3 & -1 \\ 0 & 0 & 1 & 0 \\ -5 & -5 & 3 & 0 \end{vmatrix}
$$

$$
= (-1)^{3+3}\begin{vmatrix} 5 & 1 & 1 \\ -11 & 1 & -1 \\ -5 & -5 & 0 \end{vmatrix} \xlongequal{r_1+r_2} \begin{vmatrix} -5 & 1 & 1 \\ -6 & 2 & 0 \\ -5 & -5 & 0 \end{vmatrix}
$$

$$
= (-1)^{1+3}\begin{vmatrix} -6 & 2 \\ -5 & -5 \end{vmatrix} = \begin{vmatrix} -8 & 2 \\ 0 & -5 \end{vmatrix} = 40.
$$

例 3　计算 n $(n > 1)$ 阶行列式

$$\begin{vmatrix} a & b & 0 & 0 & \cdots & 0 & 0 \\ 0 & a & b & 0 & \cdots & 0 & 0 \\ 0 & 0 & a & b & \cdots & 0 & 0 \\ \vdots & \vdots & \vdots & & & \vdots & \vdots \\ 0 & 0 & 0 & \cdots & a & b & 0 \\ 0 & 0 & 0 & \cdots & 0 & a & b \\ b & 0 & 0 & \cdots & 0 & 0 & a \end{vmatrix}.$$

解 按第一列展开得

$$\begin{aligned} D_n &= a \begin{vmatrix} a & b & \cdots & 0 & 0 \\ 0 & a & \cdots & 0 & 0 \\ \vdots & \vdots & & \vdots & \vdots \\ 0 & 0 & \cdots & a & b \\ 0 & 0 & \cdots & 0 & a \end{vmatrix}_{(n-1)} + (-1)^{n+1} b \begin{vmatrix} b & 0 & \cdots & 0 & 0 \\ a & b & \cdots & 0 & 0 \\ \vdots & \vdots & & \vdots & \vdots \\ 0 & 0 & \cdots & b & 0 \\ 0 & 0 & \cdots & a & b \end{vmatrix}_{(n-1)} \\ &= a \times a^{n-1} + (-1)^{n+1} b \times b^{n-1} \\ &= a^n + (-1)^{n+1} b^n. \end{aligned}$$

例 4 证明范德蒙德行列式 (Vandermonde determinant)

$$D_n = \begin{vmatrix} 1 & 1 & \cdots & 1 \\ x_1 & x_2 & \cdots & x_n \\ x_1^2 & x_2^2 & \cdots & x_n^2 \\ \vdots & \vdots & & \vdots \\ x_1^{n-1} & x_2^{n-1} & \cdots & x_n^{n-1} \end{vmatrix} = \prod_{n\geqslant i>j\geqslant 1} (x_i - x_j).$$

首先观察该行列式特点:

(1) 第一行都是 1;

(2) 第二行是基本元素行;

(3) 从第一行开始每一行是第二行的幂形式.

证明 用数学归纳法.

当 $n=2$ 时,

$$D_2 = \begin{vmatrix} 1 & 1 \\ x_1 & x_2 \end{vmatrix} = x_2 - x_1 = \prod_{2\geqslant i>j\geqslant 1} (x_i - x_j), \tag{2.9}$$

所以 $n=2$ 时 (2.9) 式成立.

假设 (2.9) 对于 $n-1$ 阶范德蒙德行列式成立, 从第 n 行开始, 后行减去前行的 x_1 倍:

$$D_n = \begin{vmatrix} 1 & 1 & 1 & \cdots & 1 \\ 0 & x_2 - x_1 & x_3 - x_1 & \cdots & x_n - x_1 \\ 0 & x_2(x_2 - x_1) & x_3(x_3 - x_1) & \cdots & x_n(x_n - x_1) \\ \vdots & \vdots & \vdots & & \vdots \\ 0 & x_2^{n-2}(x_2 - x_1) & x_3^{n-2}(x_3 - x_1) & \cdots & x_n^{n-2}(x_n - x_1) \end{vmatrix}.$$

按照第一列展开, 并提出每列的公因子 $(x_i - x_1)$, 就有

$$D_n = (x_2 - x_1)(x_3 - x_1)\cdots(x_n - x_1)\begin{vmatrix} 1 & 1 & \cdots & 1 \\ x_2 & x_3 & \cdots & x_n \\ \vdots & \vdots & & \vdots \\ x_2^{n-2} & x_3^{n-2} & \cdots & x_n^{n-2} \end{vmatrix},$$

$n-1$阶范德蒙德行列式

所以

$$\begin{aligned} D_n &= (x_2 - x_1)(x_3 - x_1)\cdots(x_n - x_1)\prod_{n\geqslant i>j\geqslant 2}(x_i - x_j) \\ &= \prod_{n\geqslant i>j\geqslant 1}(x_i - x_j). \end{aligned}$$

推论 1 行列式任一行 (列) 的元素与另一行 (列) 的对应元素的代数余子式乘积之和等于零, 即

$$a_{i1}A_{j1} + a_{i2}A_{j2} + \cdots + a_{in}A_{jn} = 0, \quad i \neq j,$$

$$a_{1i}A_{1j} + a_{2i}A_{2j} + \cdots + a_{ni}A_{nj} = 0, \quad i \neq j.$$

证明 行列式 $D = \det(a_{ij})$ 按第 j 行展开, 有

$$a_{j1}A_{j1}+a_{j2}A_{j2}+\cdots+a_{jn}A_{jn}=\begin{vmatrix} a_{11} & \cdots & a_{1n} \\ \vdots & & \vdots \\ a_{i1} & \cdots & a_{in} \\ \vdots & & \vdots \\ a_{j1} & \cdots & a_{jn} \\ \vdots & & \vdots \\ a_{n1} & \cdots & a_{nn} \end{vmatrix},$$

而对于 $a_{i1}A_{j1}+a_{i2}A_{j2}+\cdots+a_{in}A_{jn}$, 其对应的行列式为

$$a_{i1}A_{j1}+a_{i2}A_{j2}+\cdots+a_{in}A_{jn}=\begin{vmatrix} a_{11} & \cdots & a_{1n} \\ \vdots & & \vdots \\ a_{i1} & \cdots & a_{in} \\ \vdots & & \vdots \\ a_{i1} & \cdots & a_{in} \\ \vdots & & \vdots \\ a_{n1} & \cdots & a_{nn} \end{vmatrix},$$

可知第 i 行和第 j 行相等, 根据行列式的推论 2 可得

$$a_{i1}A_{j1}+a_{i2}A_{j2}+\cdots+a_{in}A_{jn}=0, \quad i\neq j.$$

对于 $a_{1i}A_{1j}+a_{2i}A_{2j}+\cdots+a_{ni}A_{nj}$, 同理可推得相同的结论.

综上所述, 有

$$\begin{aligned} a_{i1}A_{j1}+a_{i2}A_{j2}+\cdots+a_{in}A_{jn}&=\begin{cases} D, & i=j, \\ 0, & i\neq j, \end{cases} \\ a_{1i}A_{1j}+a_{2i}A_{2j}+\cdots+a_{ni}A_{nj}&=\begin{cases} D, & i=j, \\ 0, & i\neq j. \end{cases} \end{aligned} \tag{2.10}$$

对于伴随矩阵, 有如下定理.

定理 2 设 $\boldsymbol{A}$ 是 n 阶方阵, 则

$$\boldsymbol{A}\boldsymbol{A}^*=\boldsymbol{A}^*\boldsymbol{A}=|\boldsymbol{A}|\boldsymbol{E}=\begin{pmatrix} |\boldsymbol{A}| & & & \\ & |\boldsymbol{A}| & & \\ & & \ddots & \\ & & & |\boldsymbol{A}| \end{pmatrix}.$$

证明 设 $\boldsymbol{A}=\begin{pmatrix} a_{11} & a_{12} & \cdots & a_{1n} \\ a_{21} & a_{22} & \cdots & a_{2n} \\ \vdots & \vdots & & \vdots \\ a_{n1} & a_{n2} & \cdots & a_{nn} \end{pmatrix}$, 则

$$\boldsymbol{A}^*=\begin{pmatrix} A_{11} & A_{21} & \cdots & A_{n1} \\ A_{12} & A_{22} & \cdots & A_{n2} \\ \vdots & \vdots & & \vdots \\ A_{1n} & A_{2n} & \cdots & A_{nn} \end{pmatrix},$$

故

$$\boldsymbol{A}\boldsymbol{A}^*=\begin{pmatrix} a_{11} & a_{12} & \cdots & a_{1n} \\ a_{21} & a_{22} & \cdots & a_{2n} \\ \vdots & \vdots & & \vdots \\ a_{n1} & a_{n2} & \cdots & a_{nn} \end{pmatrix}\begin{pmatrix} A_{11} & A_{21} & \cdots & A_{n1} \\ A_{12} & A_{22} & \cdots & A_{n2} \\ \vdots & \vdots & & \vdots \\ A_{1n} & A_{2n} & \cdots & A_{nn} \end{pmatrix}$$

$$=\begin{pmatrix} a_{11}A_{11}+\cdots+a_{1n}A_{1n} & a_{11}A_{21}+\cdots+a_{1n}A_{2n} & \cdots & a_{11}A_{n1}+\cdots+a_{1n}A_{nn} \\ a_{21}A_{11}+\cdots+a_{2n}A_{1n} & a_{21}A_{21}+\cdots+a_{2n}A_{2n} & \cdots & a_{21}A_{n1}+\cdots+a_{2n}A_{nn} \\ \vdots & \vdots & & \vdots \\ a_{n1}A_{11}+\cdots+a_{nn}A_{1n} & a_{n1}A_{21}+\cdots+a_{nn}A_{2n} & \cdots & a_{n1}A_{n1}+\cdots+a_{nn}A_{nn} \end{pmatrix}.$$

根据 (2.10) 可得

$$|\boldsymbol{A}|=a_{i1}A_{i1}+a_{i2}A_{i2}+\cdots+a_{in}A_{in}, \quad i=1,2,\cdots,n,$$

$$a_{i1}A_{j1}+a_{i2}A_{j2}+\cdots+a_{in}A_{jn}=0, \quad i\neq j,$$

故 $\boldsymbol{A}\boldsymbol{A}^*=\begin{pmatrix} |\boldsymbol{A}| & & & \\ & |\boldsymbol{A}| & & \\ & & \ddots & \\ & & & |\boldsymbol{A}| \end{pmatrix}=|\boldsymbol{A}|\boldsymbol{E}$.

数学家介绍

范德蒙德 (A. T. Vandermonde, 1735~1796), 35 岁以前, 是一位小提琴家. 35 岁以后才转而研究数学. 其第一篇数学论文 1770 年在法国科学院宣读. 他在 1771

年当选为巴黎科学院院士, 1782 年担任国立工艺博物馆指导, 1795 年被提名为国家研究院院士 (图 2.2).

图 2.2 范德蒙德

范德蒙德对高等代数学作出了贡献. 在高等代数中, 一次方程组 (即线性方程组) 发展成为线性代数理论; 而一、二次方程发展成为多项式理论. 前者是向量空间、线性变换、型论、不变量论和张量代数等内容的一门近世代数分支学科, 而后者是研究只含有一个未知量的任意次方程的一门近世代数分支学科. 1683 年关孝和 (日本人) 最早引入行列式概念 (一说为莱布尼茨 (G. W. Leibniz)). 关于行列式理论最系统的论述, 则是雅可比 (C. G. J. Jacobi) 在 1841 年发表的《论行列式的形成与性质》一文. 在逻辑上, 矩阵的概念先于行列式的概念; 而在历史上, 次序正相反. 范德蒙德不仅把行列式应用于解线性方程组, 而且对行列式理论本身进行了开创性研究, 是行列式的奠基者. 他给出了用二阶子式和它的余子式来展开行列式的法则, 还提出了专门的行列式符号. 19 世纪, 行列式和矩阵受到人们极大的关注, 出现了千余篇关于这两个课题的文章. 范德蒙德还首次构造了对称函数表. 至此, 人们对对称函数的兴趣就更加浓厚了, 许多著名数学家如华林 (E. Waring, 1736~1798)、欧拉 (L. Euler, 1707~1783)、拉格朗日 (J. L. Lagrange, 1736~1813)、柯西 (A. L. Cauchy, 1789~1857)、希尔奇 (M. Hirsch, 1765~1851) 等都在对称函数的研究中取得了重要结果.

图 2.3 拉普拉斯

拉普拉斯 (P. S. Laplace, 1749~1827), 法国分析学家、概率论学家和物理学家, 法国科学院院士 (图 2.3).

拉普拉斯在 1812 年发表了重要的《概率分析理论》一书, 在该书中总结了当时整个概率论的研究, 论述了概率在选举、审判、调查、气象等方面的应用, 导入拉普拉斯变换等. 他致力于挽救世袭制的没落: 当了六个星期的拿破仑的内政部长, 后来成为元老院的掌玺大臣, 并在拿破仑皇帝时期和路易十八时期两度获颁爵位, 后被选为法兰西学院院长. 拉普拉斯曾任拿破仑的老师, 所以和拿破仑结下了不解之缘.

拉普拉斯把注意力主要集中在天体力学的研究上面. 他把牛顿的万有引力定律应用到整个太阳系, 1773 年解决了一个当时著名的难题: 解释木星轨道为什么在不断地收缩，而同时土星的轨道又在不断地膨胀. 拉普拉斯用数学方法证明了行星平均运动的不变性，即行星的轨道大小只有周期性变化，并证明了其为偏心率和倾角的 3 次幂. 这就是著名的拉普拉斯定理. 此后他开始了太阳系稳定性问题的研究. 1784~1785 年，他求得天体对其外任一质点的引力分量可以用一个势函数来表示，这个势函数满足一个偏微分方程，即著名的拉普拉斯方程. 1785 年他被选为科学院院士. 1787 年发现月球的加速度同地球轨道的偏心率有关，从理论上解决了太阳系动态中观测到的最后一个反常问题. 他被誉为法国的牛顿和天体力学之父. 1814 年拉普拉斯提出科学假设，假定如果有一个智能生物能确定从最大天体到最轻原子的运动的现时状态，就能按照力学规律推算出整个宇宙的过去状态和未来状态. 后人把他所假定的智能生物称为拉普拉斯妖.

知识拓展

我们在 2.3.1 小节学习了二阶行列式的代数表达形式，这里介绍二阶行列式的几何意义和二阶行列式是有向面积来作为知识拓展.

1. 二阶行列式的几何意义

二阶行列式的代数式是 $\begin{vmatrix} a_1 & b_1 \\ a_2 & b_2 \end{vmatrix} = a_1b_2 - a_2b_1$，若从几何角度来看，$a_1b_2 - a_2b_1$ 可以表示为两个矩形的面积差，下面先假设 $a_1b_2 - a_2b_1 > 0$，如图 2.4.

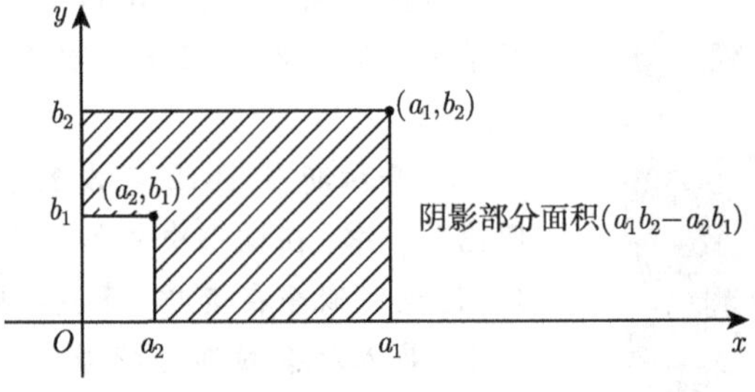

图 2.4　两个矩形的面积差

还可以把行列式的每列 (每行也是可以的) 抽出来，得到两个向量，$\boldsymbol{v}_1 = \begin{pmatrix} a_1 \\ a_2 \end{pmatrix}$，$\boldsymbol{v}_2 = \begin{pmatrix} b_1 \\ b_2 \end{pmatrix}$，如图 2.5.

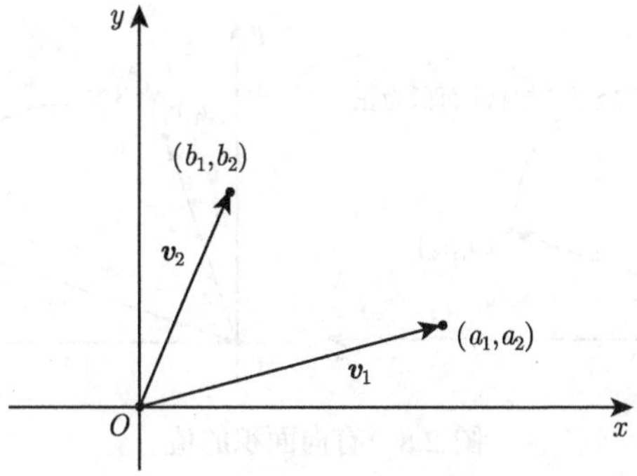

图 2.5 两个向量

两个向量可以组合成一个平行四边形, 如图 2.6.

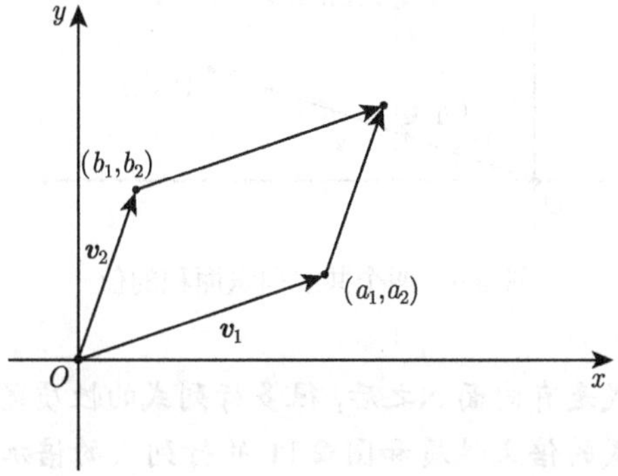

图 2.6 两个向量可以组合成一个平行四边形

二阶行列式的几何表示如图 2.7.

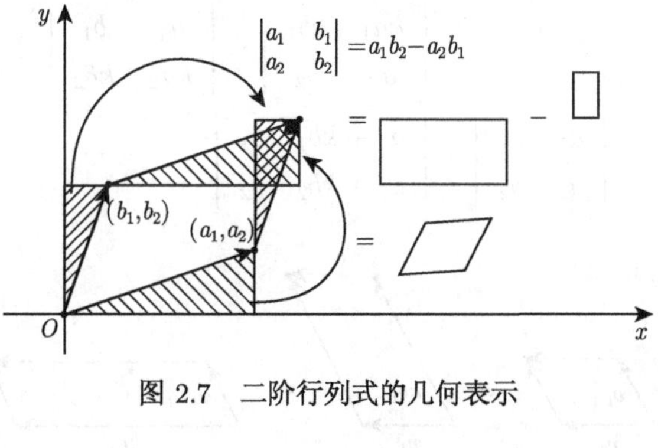

图 2.7 二阶行列式的几何表示

2. 有向面积

其实 $a_1b_2 - a_2b_1$ 可以为 $+, -, 0$, 即有向面积的值, 如图 2.8 和图 2.9 所示.

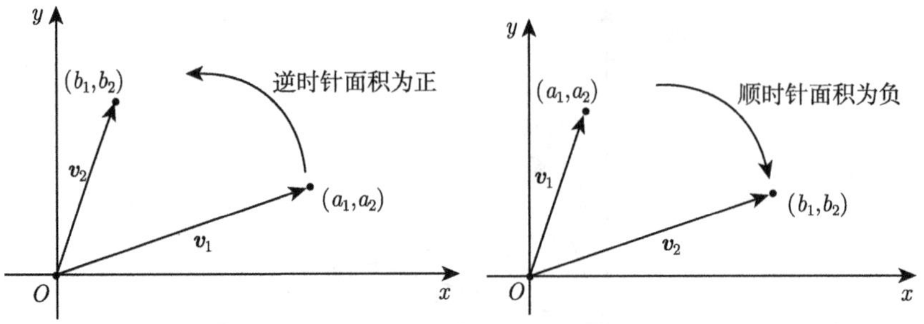

图 2.8　有向面积的值

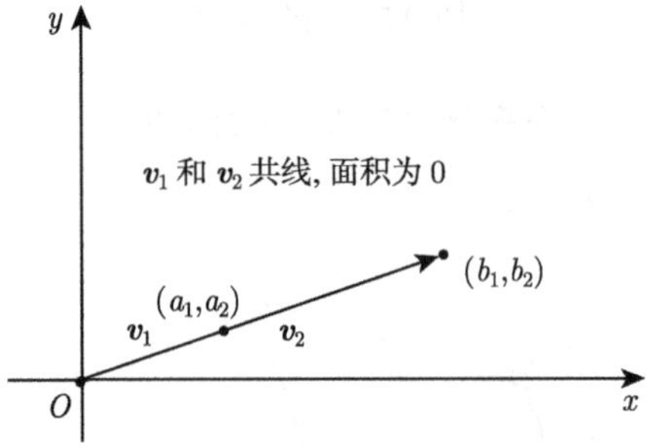

图 2.9　两个共线向量面积的值

知道了二阶行列式是有向面积之后, 很多行列式的性质的几何意义就很好理解了, 如图 2.10 的行列式的倍乘性质和图 2.11 的行列式的倍加性质.

$$k\begin{vmatrix} a_1 & b_1 \\ a_2 & b_2 \end{vmatrix} = \begin{vmatrix} ka_1 & b_1 \\ ka_2 & b_2 \end{vmatrix} = \begin{vmatrix} a_1 & kb_1 \\ a_2 & kb_2 \end{vmatrix}$$
$$= \begin{vmatrix} ka_1 & kb_1 \\ a_2 & b_2 \end{vmatrix} = \begin{vmatrix} a_1 & b_1 \\ ka_2 & kb_2 \end{vmatrix},$$
$$\begin{vmatrix} a_1 & b_1 \\ a_2 & b_2 \end{vmatrix} = \begin{vmatrix} a_1+kb_1 & b_1 \\ a_2+kb_2 & b_2 \end{vmatrix}.$$

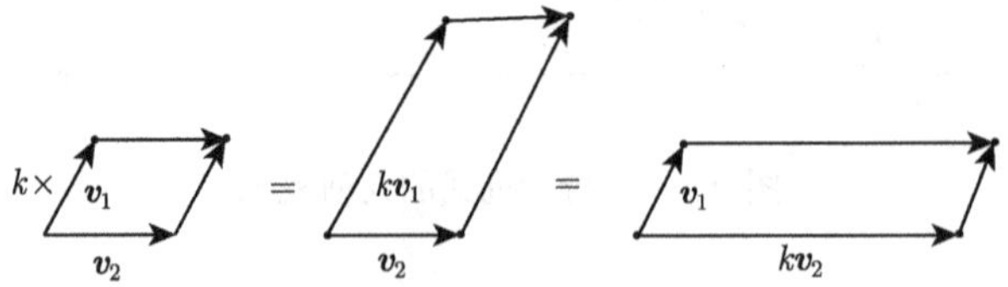

图 2.10　图解用数 k 乘以行列式的某一行 (列), 等于用数 k 乘此行列式

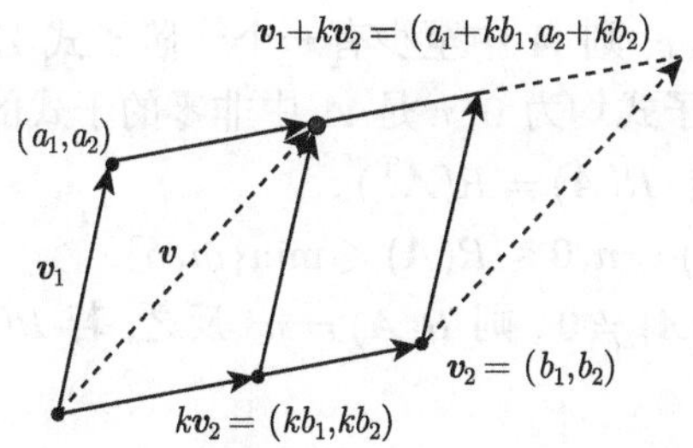

图 2.11 图解行列式的倍加不变性

2.5 矩阵的秩及其求法

2.5.1 k 阶子式

定义 1 设 $\boldsymbol{A}=(a_{ij})_{m\times n}$, 在 $\boldsymbol{A}$ 中任取 k 行 k 列交叉处元素按原相对位置组成的 $k(1\leqslant k\leqslant \min\{m,n\})$ 阶行列式, 称为 $\boldsymbol{A}$ 的一个 k 阶子式.

例如, $\boldsymbol{A}=\begin{pmatrix}1&2&3&-1\\4&6&5&-4\\1&0&-1&-1\end{pmatrix}$ 中的第一、三行, 第二、四列相交处的元素所构成的二阶子式为

$$D_2=\begin{vmatrix}2&-1\\0&-1\end{vmatrix},$$

而

$$D_3=\begin{vmatrix}1&2&3\\4&6&5\\1&0&-1\end{vmatrix}$$

为 $\boldsymbol{A}$ 的一个三阶子式.

显然, $m\times n$ 矩阵 $\boldsymbol{A}$ 共有 $\mathrm{C}_m^k\mathrm{C}_n^k$ 个 k 阶子式.

2.5.2 矩阵的秩

定义 2 设 $\boldsymbol{A}=(a_{ij})_{m\times n}$ 有 r 阶子式不为 0, 任何 $r+1$ 阶子式 (如果存在) 全为 0, 称 r 为矩阵 $\boldsymbol{A}$ 的秩, 记作 $R(\boldsymbol{A})$ 或秩 $(\boldsymbol{A})$.

根据行列式展开定理, 由所有 r+1 阶子式都等于零, 可推出所有更高阶的子式都等于零.

规定 零矩阵的秩为 0.

注　(1) 若 $R(\boldsymbol{A})=r$, 则 $\boldsymbol{A}$ 中至少有一个 r 阶子式 $D_r\neq 0$, 所有 $r+1$ 阶子式 $D_{r+1}=0$, 且更高阶子式均为 0, r 是 $\boldsymbol{A}$ 中非零的子式的最高阶数.

(2) 由行列式的性质, $R(\boldsymbol{A})=R(\boldsymbol{A}^{\mathrm{T}})$.

(3) $R(\boldsymbol{A})\leqslant m, R(\boldsymbol{A})\leqslant n, 0\leqslant R(\boldsymbol{A})\leqslant \min\{m,n\}$.

(4) 如果 $\boldsymbol{A}_{n\times n}$, 且 $|\boldsymbol{A}|\neq 0$, 则 $R(\boldsymbol{A})=n$. 反之, 若 $R(\boldsymbol{A})=n$, 则 $|\boldsymbol{A}|\neq 0$.

2.5.3　矩阵秩的求法

1. 子式判别法 (定义)

例 1　设 $\boldsymbol{B}=\begin{pmatrix}1&2&3&4\\0&2&7&0\\0&0&0&0\end{pmatrix}$ 为阶梯形矩阵, 求 $R(\boldsymbol{B})$.

解　由于 $\begin{vmatrix}1&2\\0&2\end{vmatrix}\neq 0$ 存在一个二阶子式不为 0, 而任何三阶子式全为 0, 则 $R(\boldsymbol{B})=2$.

已知

$$\boldsymbol{A}=\begin{pmatrix}1&2&3&0\\0&1&0&1\\0&0&1&0\end{pmatrix},\quad \boldsymbol{B}=\begin{pmatrix}1&2\\0&1\\0&0\end{pmatrix},\quad \boldsymbol{C}=\begin{pmatrix}1&1&0\\0&1&0\\0&0&1\end{pmatrix},$$

$$\boldsymbol{D}=\begin{pmatrix}1&2&5\\0&3&4\\0&0&0\end{pmatrix},\quad \boldsymbol{E}=\begin{pmatrix}2&1&2&3&5\\0&8&1&5&3\\0&0&0&7&2\\0&0&0&0&0\end{pmatrix},$$

用子式判别法也易求以下矩阵的秩，分别为

$$R(\boldsymbol{A})=3,\quad R(\boldsymbol{B})=2,\quad R(\boldsymbol{C})=3,\quad R(\boldsymbol{D})=2,\quad R(\boldsymbol{E})=3.$$

一般地, 行阶梯形矩阵的秩等于其 “台阶数”—— 非零行的行数.

例 2　设 $\boldsymbol{A}=\begin{pmatrix}a&1&1\\1&a&1\\1&1&a\end{pmatrix}$, 如果 $R(\boldsymbol{A})<3$, 求 a.

解　因为 $R(\boldsymbol{A})<3$, 所以 $|\boldsymbol{A}|=\begin{vmatrix}a&1&1\\1&a&1\\1&1&a\end{vmatrix}=(a+2)(a-1)^2=0$. 所以 $a=1$ 或 $a=-2$.

例 3 已知 $\boldsymbol{A}=\begin{pmatrix}K&1&1&1\\1&K&1&1\\1&1&K&1\\1&1&1&K\end{pmatrix}$, $R(\boldsymbol{A})=3$, 求 K.

解 $|\boldsymbol{A}|=(K+3)\begin{vmatrix}1&1&1&1\\1&K&1&1\\1&1&K&1\\1&1&1&K\end{vmatrix}=(K-1)^3(K+3)$, 显然, 当 $K=1$ 时, $R(\boldsymbol{A})=1$, 舍去, 故 $K=-3$.

2. 用初等变换法求矩阵的秩

定理 1 矩阵初等变换不改变矩阵的秩.

即若 $\boldsymbol{A}\to\boldsymbol{B}$, 则 $R(\boldsymbol{A})=R(\boldsymbol{B})$.

说明 (1) $r_i\leftrightarrow r_j$ 只改变子行列式的符号;

(2) $k\,r_i$ 是 $\boldsymbol{A}$ 中对应子式的 k 倍;

(3) r_i+kr_j 是行列式运算的性质.

由于初等变换不改变矩阵的秩, 而任一 $\boldsymbol{A}_{m\times n}$ 都等价于行阶梯形矩阵. 其秩等于它的非零行的行数, 即 $R(\boldsymbol{A})$. 所以可以用初等变换化 $\boldsymbol{A}$ 为阶梯形矩阵来求 $\boldsymbol{A}$ 的秩.

例 4 已知 $\boldsymbol{A}=\begin{pmatrix}1&0&2&-4\\2&1&3&-6\\-1&-1&-1&2\end{pmatrix}$, 求 $R(\boldsymbol{A})$.

解 由

$$\boldsymbol{A}\xrightarrow[-2r_1+r_2]{r_1+r_3}\begin{pmatrix}1&0&2&-4\\0&1&-1&2\\0&-1&1&-2\end{pmatrix}\xrightarrow{r_2+r_3}\begin{pmatrix}1&0&2&-4\\0&1&-1&2\\0&0&0&0\end{pmatrix},$$

易知 $R(\boldsymbol{A})=2$.

例 5 设 $\boldsymbol{A}=\begin{pmatrix}1&-1&1&2\\3&\lambda&-1&2\\5&3&\mu&6\end{pmatrix}$, 且 $R(\boldsymbol{A})=2$, 求 λ,μ.

解 $\boldsymbol{A}=\begin{pmatrix}1&-1&1&2\\3&\lambda&-1&2\\5&3&\mu&6\end{pmatrix}\xrightarrow[-5r_1+r_3]{-3r_1+r_2}\begin{pmatrix}1&-1&1&2\\0&\lambda+3&-4&-4\\0&8&\mu-5&-4\end{pmatrix}$

$$\xrightarrow{-r_2+r_3}\begin{pmatrix}1 & -1 & 1 & 2\\ 0 & \lambda+3 & -4 & -4\\ 0 & 5-\lambda & \mu-1 & 0\end{pmatrix}.$$

由于 $R(\boldsymbol{A})=2$, 故易得出 $5-\lambda=0\Rightarrow\lambda=5$, $\mu-1=0\Rightarrow\mu=1$.

设 $\boldsymbol{A}$ 为 n 阶方阵 (其 n 阶子式只有一个 $|\boldsymbol{A}|$).

若 $|\boldsymbol{A}|\neq 0\Leftrightarrow$ 有 n 阶非零子式 (最高阶的子式) $\Leftrightarrow R(\boldsymbol{A})=n$, 则称 $\boldsymbol{A}$ 是满秩阵 (**非奇异矩阵** (nonsingular matrix));

若 $|\boldsymbol{A}|=0\Leftrightarrow$ 非零子式的最高阶数 $<n\Leftrightarrow R(\boldsymbol{A})<n$, 则称 $\boldsymbol{A}$ 是降秩阵 (**奇异矩阵**(singular matrix)).

对于满秩矩阵 $\boldsymbol{A}$, 它的行最简形是 n 阶单位阵 $\boldsymbol{E}$. 换句话, 就是

$$R(\boldsymbol{A})=n\ \Leftrightarrow\ \boldsymbol{A}\sim\boldsymbol{E}_n.$$

例如,

$$\boldsymbol{A}=\begin{pmatrix}1 & 2 & 3\\ 2 & 1 & 2\\ 3 & 4 & 6\end{pmatrix}\xrightarrow[-3r_1+r_3]{-2r_1+r_2}\begin{pmatrix}1 & 2 & 3\\ 0 & -3 & -4\\ 0 & -2 & -3\end{pmatrix}\xrightarrow[r_3+r_2-r_2]{r_3+r_1-r_3}\begin{pmatrix}1 & 0 & 0\\ 0 & 1 & 1\\ 0 & 2 & 3\end{pmatrix}$$

$$\xrightarrow[-r_3+r_2]{-2r_2+r_3}\begin{pmatrix}1 & 0 & 0\\ 0 & 1 & 0\\ 0 & 0 & 1\end{pmatrix}=\boldsymbol{E},$$

所以 $R(\boldsymbol{A})=3$. 所以 $\boldsymbol{A}$ 为满秩方阵.

2.6　求解线性方程组的克拉默法则

2.6.1　知识回顾 —— 线性方程组

设线性方程组

$$\begin{cases}a_{11}x_1+a_{12}x_2+\cdots+a_{1n}x_n=b_1,\\ a_{21}x_1+a_{22}x_2+\cdots+a_{2n}x_n=b_2,\\ \qquad\qquad\cdots\cdots\\ a_{n1}x_1+a_{n2}x_2+\cdots+a_{nn}x_n=b_n.\end{cases}$$

若常数项 $b_1, b_2, \cdots, b_n$ 不全为零, 则称此方程组为非齐次线性方程组;

若常数项 $b_1, b_2, \cdots, b_n$ 全为零, 则称方程组为齐次线性方程组.

2.6.2 克拉默法则

定理 1 (克拉默法则 (Cramer's rule)) 如果线性方程组

$$\begin{cases} a_{11}x_1 + a_{12}x_2 + \cdots + a_{1n}x_n = b_1, \\ a_{21}x_1 + a_{22}x_2 + \cdots + a_{2n}x_n = b_2, \\ \cdots\cdots \\ a_{n1}x_1 + a_{n2}x_2 + \cdots + a_{nn}x_n = b_n \end{cases} \tag{2.11}$$

的系数行列式不等于零, 即

$$D = \begin{vmatrix} a_{11} & a_{12} & \cdots & a_{1n} \\ a_{21} & a_{22} & \cdots & a_{2n} \\ \vdots & \vdots & & \vdots \\ a_{n1} & a_{n2} & \cdots & a_{nn} \end{vmatrix} \neq 0,$$

那么线性方程组 (2.11) 有解, 并且解是唯一的, 解可以表示为

$$x_1 = \frac{D_1}{D}, \ x_2 = \frac{D_2}{D}, \ x_3 = \frac{D_3}{D}, \cdots, x_n = \frac{D_n}{D},$$

其中 D_j 是把系数行列式 D 中第 j 列的元素用方程组右端的常数项代替后所得到的 n 阶行列式, 即

$$D_j = \begin{vmatrix} a_{11} & \cdots & a_{1,j-1} & \boxed{b_1} & a_{1,j+1} & \cdots & a_{1n} \\ \vdots & & \vdots & \vdots & & & \vdots \\ a_{n1} & \cdots & a_{n,j-1} & b_n & a_{n,j+1} & \cdots & a_{nn} \end{vmatrix}.$$

证明 用 D 中第 j 列元素的代数余子式 $A_{1j}, A_{2j}, \cdots, A_{nj}$, 依次乘方程组 (2.11) 的 n 个方程, 得

$$\begin{cases} (a_{11}x_1 + a_{12}x_2 + \cdots + a_{1n}x_n) A_{1j} = b_1 A_{1j}, \\ (a_{21}x_1 + a_{22}x_2 + \cdots + a_{2n}x_n) A_{2j} = b_2 A_{2j}, \\ \cdots\cdots \\ (a_{n1}x_1 + a_{n2}x_2 + \cdots + a_{nn}x_n) A_{nj} = b_n A_{nj}. \end{cases}$$

再把 n 个方程依次相加, 得

$$\left(\sum_{k=1}^{n} a_{k1}A_{kj}\right) x_1 + \cdots + \left(\sum_{k=1}^{n} a_{kj}A_{kj}\right) x_j + \cdots + \left(\sum_{k=1}^{n} a_{kn}A_{kj}\right) x_n = \sum_{k=1}^{n} b_k A_{kj}.$$

由代数余子式的性质知, $x_i\,(i\neq j)$ 的系数均为 0; 上式中 x_j 的系数等于 D, 又等式右端为 D_j. 于是

$$Dx_j = D_j \quad (j=1,2,\cdots,n). \tag{2.12}$$

当 $D\neq 0$ 时, 方程组 (2.12) 有唯一的一个解

$$x_1=\frac{D_1}{D},\ x_2=\frac{D_2}{D},\ x_3=\frac{D_3}{D},\cdots,x_n=\frac{D_n}{D},$$

由于方程组 (2.11) 与方程组 (2.12) 等价, 故

$$x_1=\frac{D_1}{D},\ x_2=\frac{D_2}{D},\ x_3=\frac{D_3}{D},\cdots,x_n=\frac{D_n}{D}$$

也是方程组的 (2.11) 解.

注　(1) 它适用于方程的个数与未知数的个数相等的线性方程组;

(2) 它揭示了方程组的解与系数和常数项之间的关系, 对于一般的方程组的研究具有重要的理论作用.

2.6.3　重要定理

已知齐次线性方程组

$$\begin{cases} a_{11}x_1+a_{12}x_2+\cdots+a_{1n}x_n=0,\\ a_{21}x_1+a_{22}x_2+\cdots+a_{2n}x_n=0,\\ \qquad\cdots\cdots\\ a_{n1}x_1+a_{n2}x_2+\cdots+a_{nn}x_n=0, \end{cases} \tag{2.13}$$

可得如下定理.

定理 2　如果齐次线性方程组 (2.13) 的系数行列式 $D\neq 0$, 则齐次线性方程组 (2.13) 只有零解.

定理 2′　如果齐次线性方程组 (2.13) 有非零解, 则它的系数行列式 $D=0$. 反之, 若系数行列式 $D=0$, 则 (2.13) 有非零解.

例 1　用克拉默法则解方程组

$$\begin{cases} 2x_1+x_2-5x_3+x_4=8,\\ x_1-3x_2-6x_4=9,\\ 2x_2-x_3+2x_4=-5,\\ x_1+4x_2-7x_3+6x_4=0. \end{cases}$$

解 由题意知

$$D=\begin{vmatrix}2&1&-5&1\\1&-3&0&-6\\0&2&-1&2\\1&4&-7&6\end{vmatrix}=27\neq 0,$$

故该线性方程组有唯一解. 又

$$D_1=\begin{vmatrix}8&1&-5&1\\9&-3&0&-6\\-5&2&-1&2\\0&4&-7&6\end{vmatrix}=81,\quad D_2=\begin{vmatrix}2&8&-5&1\\1&9&0&-6\\0&-5&-1&2\\1&0&-7&6\end{vmatrix}=-108,$$

$$D_3=\begin{vmatrix}2&1&8&1\\1&-3&9&-6\\0&2&-5&2\\1&4&0&6\end{vmatrix}=-27,\quad D_4=\begin{vmatrix}2&1&-5&8\\1&-3&0&9\\0&2&-1&-5\\1&4&-7&0\end{vmatrix}=27,$$

所以

$$x_1=\frac{D_1}{D}=\frac{81}{27}=3,\qquad x_2=\frac{D_2}{D}=\frac{-108}{27}=-4,$$

$$x_3=\frac{D_3}{D}=\frac{-27}{27}=-1,\quad x_4=\frac{D_4}{D}=\frac{27}{27}=1.$$

例 2 问 λ 取何值时, 齐次线性方程组

$$\begin{cases}(1-\lambda)x_1-2x_2+4x_3=0,\\2x_1+(3-\lambda)x_2+x_3=0,\\x_1+x_2+(1-\lambda)x_3=0\end{cases}$$

有非零解?

解 $D=\begin{vmatrix}1-\lambda&-2&4\\2&3-\lambda&1\\1&1&1-\lambda\end{vmatrix}=\begin{vmatrix}1-\lambda&-3+\lambda&4\\2&1-\lambda&1\\1&0&1-\lambda\end{vmatrix}$

$$=(1-\lambda)^3+(\lambda-3)-4(1-\lambda)-2(1-\lambda)(-3+\lambda)$$
$$=(1-\lambda)^3+2(1-\lambda)^2+\lambda-3$$
$$=-\lambda(3-\lambda)(2-\lambda).$$

因为齐次线性方程组有非零解, 则 $D=0$, 所以当 $\lambda=0,\lambda=2$ 或 $\lambda=3$ 时齐次线性方程组有非零解.

2.6.4 小结与思考

(1) 用克拉默法则解方程组的两个条件:

① 方程个数等于未知量个数;

② 系数行列式不等于零.

(2) 克拉默法则建立了线性方程组的解和已知的系数与常数项之间的关系. 它主要适用于理论推导.

当线性方程组的系数行列式为零时, 能否用克拉默法则解方程组? 为什么? 此时方程组的解为何?

答: 不能, 此时方程组的解为无解或有无穷多解.

数学家介绍

图 2.12 克拉默

克拉默 (G. Cramer, 1704~1752), 瑞士数学家 (图 2.12). 18 岁即获得博士学位. 20 岁开始, 在日内瓦加尔文学院担任数学教职. 30 岁成为几何学教授, 46 岁任哲学教授. 他的主要著作是《代数曲线的分析引论》(1750), 首先定义了正则、非正则、超越曲线和无理曲线等概念, 第一次正式引入坐标系的纵轴 (Y 轴), 然后讨论曲线变换, 并依据曲线方程的阶数将曲线进行分类. 为了确定经过 5 个点的一般二次曲线的系数, 应用了著名的 "克拉默法则", 即由线性方程组的系数确定方程组解的表达式. 该法则于 1729 年由英国数学家麦克劳林得到, 1748 年发表, 但克拉默的优越符号使之流传.

他自 1727 年进行为期两年的旅行访学. 在巴塞尔与约翰 · 伯努利、欧拉等学习交流, 结为挚友. 后又到英国、荷兰、法国等地拜见许多数学名家, 回国后在与他们的长期通信中, 加强了数学家之间的联系, 也为数学宝库留下大量有价值的文献. 他一生未婚, 专心治学, 平易近人且德高望重, 先后当选为伦敦皇家学会、柏林研究院和法国、意大利等学会的成员.

2.7 矩阵分块法

2.7.1 课题引入

假设受存储器或矩阵维数的限制, 你所用的矩阵软件不能处理超过 32 行、32 列的矩阵, 而某项工程涉及 50×50 的矩阵 $\boldsymbol{A}, \boldsymbol{B}$. 描述一下使用你所用的矩阵软件完成下列任务:

(1) 计算 $\boldsymbol{A}+\boldsymbol{B}$; (2) 计算 $\boldsymbol{AB}$.

2.7.2 分块矩阵的概念

处理有特点的大矩阵时需要进行分块.

分法 将矩阵用若干纵线和横线分成若干小矩阵, 每个小矩阵称为原矩阵的子块.

定义 1 以子块为元素的矩阵称为分块阵.

常用分块方式如下.

1. 分成四块

$$\boldsymbol{A}=\left(\begin{array}{ccc:c} a_{11} & a_{12} & a_{13} & a_{14} \\ a_{21} & a_{22} & a_{23} & a_{24} \\ \hdashline a_{31} & a_{32} & a_{33} & a_{34} \end{array}\right)=\begin{pmatrix} \boldsymbol{A}_{11} & \boldsymbol{A}_{12} \\ \boldsymbol{A}_{21} & \boldsymbol{A}_{22} \end{pmatrix},$$

其中 $\boldsymbol{A}_{ij}$ 视为一个子块.

例 1 将矩阵 $\boldsymbol{A}=\begin{pmatrix} 1 & 0 & 0 & 3 \\ 0 & 1 & 0 & -1 \\ 0 & 0 & 1 & 0 \\ 0 & 0 & 0 & 1 \end{pmatrix}$ 分成四块.

解 方法一

$$\boldsymbol{A}=\left(\begin{array}{ccc:c} 1 & 0 & 0 & 3 \\ 0 & 1 & 0 & -1 \\ 0 & 0 & 1 & 0 \\ \hdashline 0 & 0 & 0 & 1 \end{array}\right)=\begin{pmatrix} \boldsymbol{I}_3 & \boldsymbol{A}_1 \\ \boldsymbol{O} & \boldsymbol{I}_1 \end{pmatrix},$$

其中 $\boldsymbol{I}_3=\begin{pmatrix} 1 & 0 & 0 \\ 0 & 1 & 0 \\ 0 & 0 & 1 \end{pmatrix}$, $\boldsymbol{A}_1=\begin{pmatrix} 3 \\ -1 \\ 0 \end{pmatrix}$, $\boldsymbol{O}=(0\ \ 0\ \ 0)$, $\boldsymbol{I}_1=(1)$.

方法二

$$\boldsymbol{A}=\left(\begin{array}{cc|cc}1&0&0&3\\0&1&0&-1\\\hline 0&0&1&0\\0&0&0&1\end{array}\right)=\begin{pmatrix}\boldsymbol{I}_2&\boldsymbol{A}_2\\\boldsymbol{O}&\boldsymbol{I}_2\end{pmatrix},$$

其中 $\boldsymbol{I}_2=\begin{pmatrix}1&0\\0&1\end{pmatrix}$，$\boldsymbol{A}_2=\begin{pmatrix}0&3\\0&-1\end{pmatrix}$，$\boldsymbol{O}=\begin{pmatrix}0&0\\0&0\end{pmatrix}$.

2. **按行分块**

例如, $\boldsymbol{A}=\left(\begin{array}{cccc}a_{11}&a_{12}&a_{13}&a_{14}\\\hline a_{21}&a_{22}&a_{23}&a_{24}\\\hline a_{31}&a_{32}&a_{33}&a_{34}\end{array}\right)=\begin{pmatrix}\boldsymbol{\beta}_1\\\boldsymbol{\beta}_2\\\boldsymbol{\beta}_3\end{pmatrix}$.

例 2　将矩阵 $\boldsymbol{A}=\begin{pmatrix}3&0&-1&5&9&-2\\-5&2&4&0&-3&1\\-8&-6&3&1&7&-4\end{pmatrix}$ 按行分块.

解　$\boldsymbol{A}=\left(\begin{array}{cccccc}3&0&-1&5&9&-2\\\hline -5&2&4&0&-3&1\\\hline -8&-6&3&1&7&-4\end{array}\right)=\begin{pmatrix}\boldsymbol{\alpha}_1^{\mathrm T}\\\boldsymbol{\alpha}_2^{\mathrm T}\\\boldsymbol{\alpha}_3^{\mathrm T}\end{pmatrix}$,

其中

$$\begin{aligned}\boldsymbol{\alpha}_1^{\mathrm T}&=(3\quad 0\quad -1\quad 5\quad 9\quad -2),\\\boldsymbol{\alpha}_2^{\mathrm T}&=(-5\quad 2\quad 4\quad 0\quad -3\quad 1),\\\boldsymbol{\alpha}_3^{\mathrm T}&=(-8\quad -6\quad 4\quad 1\quad 7\quad -4).\end{aligned}$$

3. **按列分块**

例如, $\boldsymbol{A}=\left(\begin{array}{c|c|c|c}a_{11}&a_{12}&a_{13}&a_{14}\\a_{21}&a_{22}&a_{23}&a_{24}\\a_{31}&a_{32}&a_{33}&a_{34}\end{array}\right)=(\boldsymbol{\alpha}_1\quad\boldsymbol{\alpha}_2\quad\boldsymbol{\alpha}_3\quad\boldsymbol{\alpha}_4)$.

例 3　将矩阵 $\boldsymbol{A}=\begin{pmatrix}3&0&-1&5&9&-2\\-5&2&4&0&-3&1\\-8&-6&3&1&7&-4\end{pmatrix}$ 按列分块.

解　$\boldsymbol{A}=\left(\begin{array}{c|c|c|c|c|c}3&0&-1&5&9&-2\\-5&2&4&0&-3&1\\-8&-6&3&1&7&-4\end{array}\right)\triangleq(\boldsymbol{\alpha}_1\ \boldsymbol{\alpha}_2\ \boldsymbol{\alpha}_3\ \boldsymbol{\alpha}_4\ \boldsymbol{\alpha}_5\ \boldsymbol{\alpha}_6)$,

其中

$$\alpha_1=\begin{pmatrix}3\\-5\\-8\end{pmatrix},\quad \alpha_2=\begin{pmatrix}0\\2\\-6\end{pmatrix},\quad \alpha_3=\begin{pmatrix}-1\\4\\3\end{pmatrix},$$

$$\alpha_4=\begin{pmatrix}5\\0\\1\end{pmatrix},\quad \alpha_5=\begin{pmatrix}9\\-3\\7\end{pmatrix},\quad \alpha_6=\begin{pmatrix}-2\\1\\-4\end{pmatrix}.$$

4. **分块对角矩阵**

按分块对角矩阵分块, 其一般形式为

$$A=\begin{pmatrix}A_1 & & & \\ & A_2 & & \\ & & \ddots & \\ & & & A_s\end{pmatrix},$$

分块上、下三角矩阵的一般形式分别为

$$A=\begin{pmatrix}A_1 & & * & \\ & A_2 & & * \\ & & \ddots & \\ & & & A_s\end{pmatrix},\quad A=\begin{pmatrix}A_1 & & & \\ & A_2 & & \\ * & & \ddots & \\ & * & & A_s\end{pmatrix}.$$

例 4 将矩阵 $A=\begin{pmatrix}1&2&0&0&0\\3&4&0&0&0\\0&0&2&0&0\\0&0&0&1&2\\0&0&0&2&3\end{pmatrix}$ 按分块对角阵分块.

解 $$A=\left(\begin{array}{cc:c:cc}1&2&0&0&0\\3&4&0&0&0\\ \hdashline 0&0&2&0&0\\ \hdashline 0&0&0&1&2\\0&0&0&2&3\end{array}\right)=\begin{pmatrix}A_{11}&&\\&A_{22}&\\&&A_{33}\end{pmatrix}.$$

2.7.3 分块矩阵的运算规则

(1) 将同型矩阵 A, B 进行相同分块, 加法为对应子块相加.

$$A+B=(A_{ij})_{s\times t}+(B_{ij})_{s\times t}=(A_{ij}+B_{ij})_{s\times t}.$$

例 5　已知 $\boldsymbol{A}=\begin{pmatrix}1&0&0&0&0\\0&1&0&0&0\\1&1&2&2&3\\1&1&2&3&4\end{pmatrix}, \boldsymbol{B}=\begin{pmatrix}1&2&3&4&5\\6&7&8&0&0\\1&1&0&0&0\\1&1&0&0&0\end{pmatrix}$, 利用分块矩阵的运算规则计算 $\boldsymbol{A}+\boldsymbol{B}$.

解　将 $\boldsymbol{A}$ 和 $\boldsymbol{B}$ 做如下同样的分块:

$$\boldsymbol{A}=\left(\begin{array}{cc|ccc}1&0&0&0&0\\0&1&0&0&0\\\hline 1&1&2&2&3\\1&1&2&3&9\end{array}\right),\quad \boldsymbol{B}=\left(\begin{array}{cc|ccc}1&2&3&4&5\\6&7&8&0&0\\\hline 1&1&0&0&0\\1&1&0&0&0\end{array}\right),$$

则 $\boldsymbol{A}+\boldsymbol{B}=\begin{pmatrix}2&2&3&4&5\\6&8&8&0&0\\2&2&2&2&3\\2&2&2&3&9\end{pmatrix}$.

(2) 将矩阵 $\boldsymbol{A}$ 进行分块, 数 k 乘以 $\boldsymbol{A}$ 等于数 k 乘以每一子块, 即

$$k\boldsymbol{A}=k(\boldsymbol{A}_{ij})_{s\times t}=(k\boldsymbol{A}_{ij})_{s\times t}.$$

例 6　已知 $\boldsymbol{A}=\begin{pmatrix}1&0&0&0&0\\0&1&0&0&0\\1&1&2&2&3\\1&1&2&3&9\end{pmatrix}$, 利用分块矩阵的运算规则计算 $3\boldsymbol{A}$.

解　将 $\boldsymbol{A}$ 做如下分块:

$$\boldsymbol{A}=\left(\begin{array}{cc|ccc}1&0&0&0&0\\0&1&0&0&0\\\hline 1&1&2&2&3\\1&1&2&3&9\end{array}\right),$$

则 $3\boldsymbol{A}=\begin{pmatrix}3&0&0&0&0\\0&3&0&0&0\\3&3&6&6&9\\3&3&6&9&27\end{pmatrix}$.

(3) 分块矩阵乘法: $\boldsymbol{AB}=\boldsymbol{C}$, 其中, $\boldsymbol{A}$ 为 $m\times p$ 矩阵, $\boldsymbol{B}$ 为 $p\times n$ 矩阵, 且 $\boldsymbol{A}$ 的列数 $=\boldsymbol{B}$ 的行数; $\boldsymbol{A}$ 的列的分法 $=\boldsymbol{B}$ 的行的分法.

已知 $A=\begin{pmatrix} A_{11} & \cdots & A_{1t} \\ \vdots & & \vdots \\ A_{s1} & \cdots & A_{st} \end{pmatrix}$, $B=\begin{pmatrix} B_{11} & \cdots & B_{1r} \\ \vdots & & \vdots \\ B_{t1} & \cdots & B_{tr} \end{pmatrix}$, 则

$$\begin{aligned} C_{ij} &= A_{i1}B_{1j}+A_{i2}B_{2j}+\cdots+A_{it}B_{tj} \\ &= \sum_{k=1}^{t} A_{ik}B_{kj}, \quad i=1,\cdots,s; \quad j=1,\cdots,r. \end{aligned}$$

例 7 利用分块矩阵的运算规则计算 $\begin{pmatrix} 1 & 0 & 0 & 0 \\ 0 & 1 & 0 & 0 \\ 0 & 0 & 3 & 2 \\ 0 & 0 & 0 & 3 \end{pmatrix}\begin{pmatrix} 2 & 0 \\ 0 & 2 \\ 1 & 0 \\ 0 & 7 \end{pmatrix}$.

解 将矩阵分块后再计算, 得

$$\left(\begin{array}{cc:cc} 1 & 0 & 0 & 0 \\ 0 & 1 & 0 & 0 \\ \hdashline 0 & 0 & 3 & 2 \\ 0 & 0 & 0 & 3 \end{array}\right)\left(\begin{array}{cc} 2 & 0 \\ 0 & 2 \\ \hdashline 1 & 0 \\ 0 & 7 \end{array}\right) = \begin{pmatrix} E & O \\ O & A_{22} \end{pmatrix}\begin{pmatrix} 2E \\ B_{21} \end{pmatrix} = \begin{pmatrix} 2E \\ A_{22}B_{21} \end{pmatrix},$$

其中, $2E=\begin{pmatrix} 2 & 0 \\ 0 & 2 \end{pmatrix}$, $A_{22}B_{21}=\begin{pmatrix} 3 & 14 \\ 0 & 21 \end{pmatrix}$, 所以

$$\begin{pmatrix} 2E \\ A_{22}B_{21} \end{pmatrix} = \begin{pmatrix} 2 & 0 \\ 0 & 2 \\ 3 & 14 \\ 0 & 21 \end{pmatrix}.$$

例 8 利用分块矩阵的运算规则计算 AB, 其中

$$A=\begin{pmatrix} 1 & 0 & 0 & 0 \\ 0 & 1 & 0 & 0 \\ -1 & 2 & 1 & 0 \\ 1 & 1 & 0 & 1 \end{pmatrix}, \quad B=\begin{pmatrix} 1 & 0 & 1 & 0 \\ -1 & 2 & 0 & 1 \\ 1 & 0 & 4 & 1 \\ -1 & -1 & 2 & 0 \end{pmatrix}.$$

解 将 A 和 B 做如下同样的分块:

$$A=\left(\begin{array}{cc:cc} 1 & 0 & 0 & 0 \\ 0 & 1 & 0 & 0 \\ \hdashline -1 & 2 & 1 & 0 \\ 1 & 1 & 0 & 1 \end{array}\right) = \begin{pmatrix} E & O \\ A_{21} & E \end{pmatrix},$$

$$
\boldsymbol{B}=\left(\begin{array}{cc:cc}1 & 0 & 1 & 0\\ -1 & 2 & 0 & 1\\ \hdashline 1 & 0 & 4 & 1\\ -1 & -1 & 2 & 0\end{array}\right)=\begin{pmatrix}\boldsymbol{B}_{11} & \boldsymbol{E}\\ \boldsymbol{B}_{21} & \boldsymbol{B}_{22}\end{pmatrix},
$$

则

$$
\boldsymbol{AB}=\begin{pmatrix}\boldsymbol{E} & \boldsymbol{O}\\ \boldsymbol{A}_{21} & \boldsymbol{E}\end{pmatrix}\begin{pmatrix}\boldsymbol{B}_{11} & \boldsymbol{E}\\ \boldsymbol{B}_{21} & \boldsymbol{B}_{22}\end{pmatrix}=\begin{pmatrix}\boldsymbol{B}_{11} & \boldsymbol{E}\\ \boldsymbol{A}_{21}\boldsymbol{B}_{11}+\boldsymbol{B}_{21} & \boldsymbol{A}_{21}+\boldsymbol{B}_{22}\end{pmatrix}.
$$

又

$$
\begin{aligned}
\boldsymbol{A}_{21}\boldsymbol{B}_{11}+\boldsymbol{B}_{21}&=\begin{pmatrix}-1 & 2\\ 1 & 1\end{pmatrix}\begin{pmatrix}1 & 0\\ -1 & 2\end{pmatrix}+\begin{pmatrix}1 & 0\\ -1 & -1\end{pmatrix}\\
&=\begin{pmatrix}-3 & 4\\ 0 & 2\end{pmatrix}+\begin{pmatrix}1 & 0\\ -1 & -1\end{pmatrix}=\begin{pmatrix}-2 & 4\\ -1 & 1\end{pmatrix},\\
\boldsymbol{A}_{21}+\boldsymbol{B}_{22}&=\begin{pmatrix}-1 & 2\\ 1 & 1\end{pmatrix}+\begin{pmatrix}4 & 1\\ 2 & 0\end{pmatrix}=\begin{pmatrix}3 & 3\\ 3 & 1\end{pmatrix},
\end{aligned}
$$

于是

$$
\boldsymbol{AB}=\begin{pmatrix}\boldsymbol{B}_{11} & \boldsymbol{E}\\ \boldsymbol{A}_{21}\boldsymbol{B}_{11}+\boldsymbol{B}_{21} & \boldsymbol{A}_{21}+\boldsymbol{B}_{22}\end{pmatrix}=\left(\begin{array}{cc:cc}1 & 0 & 1 & 0\\ -1 & 2 & 0 & 1\\ \hdashline -2 & 4 & 3 & 3\\ -1 & 1 & 3 & 1\end{array}\right).
$$

(4) 分块矩阵转置

若 $\boldsymbol{A}=\begin{pmatrix}\boldsymbol{A}_{11} & \boldsymbol{A}_{12} & \cdots & \boldsymbol{A}_{1t}\\ \vdots & \vdots & & \vdots\\ \boldsymbol{A}_{s1} & \boldsymbol{A}_{s2} & \cdots & \boldsymbol{A}_{st}\end{pmatrix}$, 则 $\boldsymbol{A}^{\mathrm{T}}=\begin{pmatrix}\boldsymbol{A}_{11}^{\mathrm{T}} & \cdots & \boldsymbol{A}_{s1}^{\mathrm{T}}\\ \boldsymbol{A}_{12}^{\mathrm{T}} & \cdots & \boldsymbol{A}_{s2}^{\mathrm{T}}\\ \vdots & & \vdots\\ \boldsymbol{A}_{1t}^{\mathrm{T}} & \cdots & \boldsymbol{A}_{st}^{\mathrm{T}}\end{pmatrix}$.

例 9　利用分块矩阵求转置的方法求 $\boldsymbol{A}^{\mathrm{T}}$, 其中

$$
\boldsymbol{A}=\begin{pmatrix}1 & 0 & 0 & 0 & 0\\ 0 & 1 & 0 & 0 & 0\\ 1 & 1 & 2 & 2 & 3\\ 1 & 1 & 2 & 3 & 9\end{pmatrix}.
$$

解 将矩阵 $\boldsymbol{A}$ 分块为

$$\boldsymbol{A}=\left(\begin{array}{cc:ccc}1&0&0&0&0\\0&1&0&0&0\\\hdashline 1&1&2&2&3\\1&1&2&3&9\end{array}\right),$$

则 $\boldsymbol{A}^{\mathrm{T}}=\left(\begin{array}{cc:cc}1&0&1&1\\0&1&1&1\\\hdashline 0&0&2&2\\0&0&2&3\\0&0&3&9\end{array}\right)$.

(5) 方阵的幂及行列式: 当 $\boldsymbol{A}_i(i=1,2,\cdots,s)$ 是方阵时,

$$\begin{pmatrix}\boldsymbol{A}_1&&&\\&\boldsymbol{A}_2&&\\&&\ddots&\\&&&\boldsymbol{A}_s\end{pmatrix}^m=\begin{pmatrix}\boldsymbol{A}_1^m&&&\\&\boldsymbol{A}_2^m&&\\&&\ddots&\\&&&\boldsymbol{A}_s^m\end{pmatrix}\quad(m\in\mathbf{N}),$$

则

$$\begin{vmatrix}\boldsymbol{A}_1&&&\\&\boldsymbol{A}_2&&\\&&\ddots&\\&&&\boldsymbol{A}_s\end{vmatrix}=|\boldsymbol{A}_1||\boldsymbol{A}_2|\cdots|\boldsymbol{A}_s|.$$

(6) 分块三角阵

$$\boldsymbol{A}=\begin{pmatrix}\boldsymbol{A}_1&&*&\\&\boldsymbol{A}_2&&*\\&&\ddots&\\&&&\boldsymbol{A}_s\end{pmatrix},$$

当 $\boldsymbol{A}_i$ 是方阵时, $\boldsymbol{A}$ 的行列式为

$$|\boldsymbol{A}|=|\boldsymbol{A}_1||\boldsymbol{A}_2|\cdots|\boldsymbol{A}_s|.$$

现在就可以解决本节开始提出的问题了, 具体为:

(1) 计算 $\boldsymbol{A}+\boldsymbol{B}$.

$$\boldsymbol{A}=\begin{pmatrix} \boldsymbol{A}1_{20\times 20} & \boldsymbol{A}2_{20\times 30} \\ \boldsymbol{A}3_{30\times 20} & \boldsymbol{A}4_{30\times 30} \end{pmatrix}, \boldsymbol{B}=\begin{pmatrix} \boldsymbol{B}1_{20\times 20} & \boldsymbol{B}2_{20\times 30} \\ \boldsymbol{B}3_{30\times 20} & \boldsymbol{B}4_{30\times 30} \end{pmatrix},$$

$$\boldsymbol{A}+\boldsymbol{B}=\begin{pmatrix} \boldsymbol{A}1+\boldsymbol{B}1 & \boldsymbol{A}2+\boldsymbol{B}2 \\ \boldsymbol{A}3+\boldsymbol{B}3 & \boldsymbol{A}4+\boldsymbol{B}4 \end{pmatrix}$$

(2) 计算 AB.

$$AB=\begin{pmatrix} A1B1+A2B3 & A1B2+A2B4 \\ A3B1+A4B3 & A3B2+A4B4 \end{pmatrix}$$

2.8 逆 矩 阵

2.8.1 知识回顾 —— 矩阵运算

- 矩阵运算
  - 线性运算
    - 加法运算
    - 数乘运算
  - 乘法运算
    - 1. 不满足交换律
    - 2. 不满足消去律
    - 3. 存在非零的零因子
  - 转置运算
    - (1) $(\boldsymbol{A}^{\mathrm{T}})^{\mathrm{T}}=\boldsymbol{A}$;
    - (2) $(\boldsymbol{B}+\boldsymbol{C})^{\mathrm{T}}=\boldsymbol{B}^{\mathrm{T}}+\boldsymbol{C}^{\mathrm{T}}$;
    - (3) $(k\boldsymbol{A})^{\mathrm{T}}=k\boldsymbol{A}^{\mathrm{T}}$;
    - (4) $(\boldsymbol{A}\boldsymbol{B})^{\mathrm{T}}=\boldsymbol{B}^{\mathrm{T}}\boldsymbol{A}^{\mathrm{T}}$.

2.8.2 课题引入

前面我们在学习矩阵乘法时, 提到了《摩西密码》中维克多将 “ACCOMPLISH THE TASK” 按列写成 4×5 矩阵

$$\boldsymbol{X}=\begin{pmatrix} 1 & 13 & 19 & 8 & 1 \\ 3 & 16 & 8 & 5 & 19 \\ 3 & 12 & 0 & 0 & 11 \\ 15 & 9 & 20 & 20 & 27 \end{pmatrix},$$

然后加密:

$$C = AX = \begin{pmatrix} 1 & -1 & -1 & 1 \\ 3 & 0 & -3 & 4 \\ 3 & -2 & 2 & -1 \\ -1 & 1 & 2 & -2 \end{pmatrix}\begin{pmatrix} 1 & 13 & 19 & 8 & 1 \\ 3 & 16 & 8 & 5 & 19 \\ 3 & 12 & 0 & 0 & 11 \\ 15 & 9 & 20 & 20 & 27 \end{pmatrix},$$

最后发给了安妮.

问题的提出 现在的问题是安妮如何得到这条信息 (明文)? 转化为数学问题即: $AX = C$ 是否可以像一元一次代数方程 $ax = c$ 一样求解?

对方阵 A 是否存在矩阵 A^{-1}, 使 $A^{-1}A = I$? 若是, 则 $AX = C$ 有唯一解 $X = A^{-1}C$.

2.8.3 逆矩阵的定义

定义 1 对于 n 阶矩阵 A, 如果有一个 n 阶矩阵 B 使得 $AB = BA = E$, 则称矩阵 A 是可逆的, 并把矩阵 B 称为 A 的**逆矩阵**(inverse matrix), 且 A 的逆矩阵记作 A^{-1}.

例 1 设 $A = \begin{pmatrix} 1 & -1 \\ 1 & 1 \end{pmatrix}$, $B = \begin{pmatrix} \frac{1}{2} & \frac{1}{2} \\ -\frac{1}{2} & \frac{1}{2} \end{pmatrix}$, 判断 B 是否是 A 的逆矩阵.

解 因为 $AB = BA = E$, 所以 B 是 A 的一个逆矩阵.

例 2 设 $A = \begin{pmatrix} 3 & 1 \\ 2 & 1 \end{pmatrix}$, $B = \begin{pmatrix} 2 & -1 \\ -2 & 3 \end{pmatrix}$, $C = \begin{pmatrix} 1 & -1 \\ -2 & 3 \end{pmatrix}$, 验证: B 和 C 是否均是 A 的逆矩阵.

解

$$AB = \begin{pmatrix} 3 & 1 \\ 2 & 1 \end{pmatrix}\begin{pmatrix} 2 & -1 \\ -2 & 3 \end{pmatrix} = \begin{pmatrix} 4 & 0 \\ 2 & 1 \end{pmatrix}, \text{✗}$$

$$AC = \begin{pmatrix} 3 & 1 \\ 2 & 1 \end{pmatrix}\begin{pmatrix} 1 & -1 \\ -2 & 3 \end{pmatrix} = \begin{pmatrix} 1 & 0 \\ 0 & 1 \end{pmatrix}, \text{✓}$$

$$CA = \begin{pmatrix} 1 & -1 \\ -2 & 3 \end{pmatrix}\begin{pmatrix} 3 & 1 \\ 2 & 1 \end{pmatrix} = \begin{pmatrix} 1 & 0 \\ 0 & 1 \end{pmatrix}. \text{✓}$$

由以上计算易得 C 是 A 的逆矩阵, B 不是 A 的逆矩阵.

接下来, 从以下三个问题来研究可逆矩阵:

(1) 是否所有的方阵都有可逆矩阵 (即存在性)?

(2) 如果存在, 是否唯一?

(3) 如何判定存在矩阵是否可逆? 如何求?

先回答第一个问题: 存在性.

若 $\boldsymbol{A}=\begin{pmatrix}1&0\\0&0\end{pmatrix}$, 对任意 $\boldsymbol{B}=\begin{pmatrix}b_{11}&b_{21}\\b_{12}&b_{22}\end{pmatrix}$, 有

$$\boldsymbol{BA}=\begin{pmatrix}b_{11}&b_{21}\\b_{12}&b_{22}\end{pmatrix}\begin{pmatrix}1&0\\0&0\end{pmatrix}=\begin{pmatrix}b_{11}&0\\b_{12}&0\end{pmatrix}\neq\begin{pmatrix}1&0\\0&1\end{pmatrix},$$

故 $\boldsymbol{A}$ 不可逆.

结论　并非所有的方阵都有可逆矩阵.

然后, 回答第二个问题: 如果存在, 是否唯一?

若 $\boldsymbol{B}$ 和 $\boldsymbol{C}$ 是 $\boldsymbol{A}$ 的逆矩阵, 即均满足

$$\boldsymbol{AB}=\boldsymbol{BA}=\boldsymbol{E},\quad \boldsymbol{AC}=\boldsymbol{CA}=\boldsymbol{E},$$

则 $\boldsymbol{B}=\boldsymbol{BE}=\boldsymbol{B}(\boldsymbol{AC})=(\boldsymbol{BA})\boldsymbol{C}=\boldsymbol{EC}=\boldsymbol{C}$.

结论　如果方阵存在可逆矩阵, 它一定是唯一的.

定理 1　如果 n 阶方阵 $\boldsymbol{A}$ 可逆, 则它的逆矩阵是唯一的.

最后回答问题 (3): 如何判定存在矩阵是否可逆? 如何求?

定理 2　$\boldsymbol{A}$ 是可逆方阵的充分必要条件是 $|\boldsymbol{A}|\neq 0$. 而且当 $\boldsymbol{A}$ 可逆时, $\boldsymbol{A}^{-1}=\dfrac{1}{|\boldsymbol{A}|}\boldsymbol{A}^*$, 其中 $\boldsymbol{A}^*$ 是方阵 $\boldsymbol{A}$ 的伴随阵. 即 $\boldsymbol{A}$ 可逆 $\Leftrightarrow |\boldsymbol{A}|\neq 0$.

证明　必要性. 设 $\boldsymbol{AB}=\boldsymbol{E}$, 由行列式乘法定理

$$|\boldsymbol{A}|\,|\boldsymbol{B}|=|\boldsymbol{E}|=1\Rightarrow|\boldsymbol{A}|\neq 0.$$

充分性. 设 $|\boldsymbol{A}|\neq 0$, 由 $\boldsymbol{A}\left(\dfrac{1}{|\boldsymbol{A}|}\boldsymbol{A}^*\right)=\left(\dfrac{1}{|\boldsymbol{A}|}\boldsymbol{A}^*\right)\boldsymbol{A}=\boldsymbol{E}$ 可得

$$\boldsymbol{A}\left(\frac{1}{|\boldsymbol{A}|}\boldsymbol{A}^*\right)=\left(\frac{1}{|\boldsymbol{A}|}\boldsymbol{A}^*\right)\boldsymbol{A}=\boldsymbol{E},$$

进而得

$$\boldsymbol{A}^{-1}=\frac{1}{|\boldsymbol{A}|}\boldsymbol{A}^*.$$

说明　这个定理给出了矩阵可逆的一个充要条件:

(1) 矩阵 $\boldsymbol{A}$ 可逆 $\Leftrightarrow |\boldsymbol{A}|\neq 0$;

(2) 定理 2 给出了计算逆矩阵的一个方法:

① 计算 $|\boldsymbol{A}|$;　② 计算 $\boldsymbol{A}^*$;　③ 写出 $\boldsymbol{A}^{-1}$, $\boldsymbol{A}^{-1}=\dfrac{1}{|\boldsymbol{A}|}\boldsymbol{A}^*$.

而且根据这个充要条件, 可以将定义中的条件改进为

若 $\boldsymbol{AB}=\boldsymbol{E}$(或 $\boldsymbol{BA}=\boldsymbol{E}$), 则 $\boldsymbol{B}=\boldsymbol{A}^{-1}$.

例 3 已知 $\boldsymbol{A}=\begin{pmatrix} a & b \\ c & d \end{pmatrix}$, 且 $\boldsymbol{A}$ 可逆, 即 $|\boldsymbol{A}|=ad-bc$, 求 $\boldsymbol{A}$ 的逆矩阵.

一调一反①

解 因为 $\boldsymbol{A}^*=\begin{pmatrix} d & -b \\ -c & a \end{pmatrix}$, 所以

$$\boldsymbol{A}^{-1}=\frac{1}{|\boldsymbol{A}|}\begin{pmatrix} \boldsymbol{A}_{11} & \boldsymbol{A}_{21} \\ \boldsymbol{A}_{12} & \boldsymbol{A}_{22} \end{pmatrix}=\frac{1}{ad-bc}\begin{pmatrix} d & -b \\ -c & a \end{pmatrix}.$$

注 此例的结果应作为公式记住.

例如, $\boldsymbol{A}=\begin{pmatrix} 2 & 1 \\ 1 & 0 \end{pmatrix}$, $|\boldsymbol{A}|=-1\neq 0 \Rightarrow \boldsymbol{A}$ 可逆,

$$\boldsymbol{A}^{-1}=-\begin{pmatrix} 0 & -1 \\ -1 & 2 \end{pmatrix}=\begin{pmatrix} 0 & 1 \\ 1 & -2 \end{pmatrix}.$$

例 4 设 $\boldsymbol{A}=\begin{pmatrix} 1 & 2 & 3 \\ 2 & 2 & 1 \\ 3 & 4 & 3 \end{pmatrix}$, 验证 $\boldsymbol{A}$ 可逆, 且求 $\boldsymbol{A}^{-1}$.

解 因为

$$|\boldsymbol{A}|=\begin{vmatrix} 1 & 2 & 3 \\ 2 & 2 & 1 \\ 3 & 4 & 3 \end{vmatrix}=\begin{vmatrix} 1 & 2 & 3 \\ 0 & -2 & -5 \\ 0 & -2 & -6 \end{vmatrix}=\begin{vmatrix} 1 & 2 & 3 \\ 0 & -2 & -5 \\ 0 & 0 & -1 \end{vmatrix}=2\neq 0,$$

所以 $\boldsymbol{A}$ 可逆.

$$A_{11}=\begin{vmatrix} 2 & 1 \\ 4 & 3 \end{vmatrix}=2,\quad A_{21}=-\begin{vmatrix} 2 & 3 \\ 4 & 3 \end{vmatrix}=6,\quad A_{31}=\begin{vmatrix} 2 & 3 \\ 2 & 1 \end{vmatrix}=-4,$$

$$A_{12}=-\begin{vmatrix} 2 & 1 \\ 3 & 3 \end{vmatrix}=-3,\quad A_{22}=\begin{vmatrix} 1 & 3 \\ 3 & 3 \end{vmatrix}=-6,\quad A_{32}=-\begin{vmatrix} 1 & 3 \\ 2 & 1 \end{vmatrix}=5,$$

$$A_{13}=\begin{vmatrix} 2 & 2 \\ 3 & 4 \end{vmatrix}=2,\quad A_{23}=-\begin{vmatrix} 1 & 2 \\ 3 & 4 \end{vmatrix}=2,\quad A_{33}=\begin{vmatrix} 1 & 2 \\ 2 & 2 \end{vmatrix}=-2,$$

① 与矩阵 $\boldsymbol{A}$ 比较看出来, 主对角线的元素交换位置, 副对角线的元素加一个负号, 简称"一调一反".

故

$$A^{-1}=\frac{1}{|A|}A^*=\frac{1}{2}\begin{pmatrix}2&6&-4\\-3&-6&5\\2&2&-2\end{pmatrix}=\begin{pmatrix}1&3&-2\\-\frac{3}{2}&-3&\frac{5}{2}\\1&1&-1\end{pmatrix}.$$

例 5　设 $A=\begin{pmatrix}5&0&0\\0&3&1\\0&2&1\end{pmatrix}$, 求 A^{-1}.

解　对 A 做如下形式的分块后, 得到分块对角阵:

$$A=\left(\begin{array}{c:cc}5&0&0\\\hdashline 0&3&1\\0&2&1\end{array}\right)=\begin{pmatrix}A_1&\\&A_2\end{pmatrix},$$

其中 $|A_1|\neq 0$, $A_1^{-1}=\frac{1}{5}$, $|A_2|=\begin{vmatrix}3&1\\2&1\end{vmatrix}=1\neq 0$, $A_2^{-1}=\begin{pmatrix}1&-1\\-2&3\end{pmatrix}$, 因此

$$A^{-1}=\begin{pmatrix}A_1&\\&A_2\end{pmatrix}^{-1}=\begin{pmatrix}A_1^{-1}&\\&A_2^{-1}\end{pmatrix}=\left(\begin{array}{c:cc}\frac{1}{5}&0&0\\\hdashline 0&1&-1\\0&-2&3\end{array}\right).$$

说明　(1) 由例 5 可以看出, 用分块法把求三阶矩阵的逆阵问题化为求二阶矩阵的逆阵问题, 使计算简便多了;

(2) 例 5 表明, 记住二阶矩阵的逆阵是必要的.

定义 2　当 $|A|=0$ 时, 称 A 为奇异矩阵 (退化矩阵); 否则称 A 为非奇异矩阵 (非退化矩阵).

由定理 2 可知, 可逆矩阵就是非奇异矩阵.

推论 1　设 A, B 是 n 阶方阵, 如果 $AB=E$ 或 $BA=E$, 则 $B=A^{-1}$.

利用推论去讨论逆矩阵比较方便, 例如, 证明逆矩阵的存在性以及验证逆矩阵的正确性等.

例 6　设 A 满足 $A^2-5A+4E=O$, 证明 A 和 $A-3E$ 均可逆, 并求出它们的逆.

证明　由 $A^2-5A+4E=O$, 得

$$4E=5A-A^2=A(5E-A).$$

因此,

$$E = A \cdot \frac{1}{4}(5E - A),$$
$$A^2 - 5A + 4E = O,$$

得

$$(A^2 - 3A) - 2(A - 3E) = 2E,$$
$$(A - 3E)A - 2(A - 3E) = 2E,$$
$$(A - 3E)(A - 2E) = 2E,$$
$$(A - 3E) \cdot \frac{1}{2}(A - 2E) = E,$$

所以 A 和 $A - 3E$ 均可逆, 且它们的逆分别为 $\frac{1}{4}(5E - A)$ 和 $\frac{1}{2}(A - 2E)$.

例 7 设 A 是非零矩阵且满足 $A^3 = O$, 证明 $E - A$ 和 $E + A$ 均可逆, 并求出它们的逆.

证明 由 $A^3 = O$, 得

$$E = E - O = E - A^3 = (E - A)(E + A + A^2),$$
$$E = E + O = E + A^3 = (E + A)(E - A + A^2),$$

所以 $E - A$ 和 $E + A$ 均可逆, 且它们的逆分别为 $E + A + A^2$ 和 $E - A + A^2$.

2.8.4 逆矩阵的性质

性质 1 若 A 可逆, 则 A^{-1} 亦可逆, 且 $(A^{-1})^{-1} = A$.

证明 由 $A^{-1}A = AA^{-1} = E$, 知 A^{-1} 可逆, 且 $(A^{-1})^{-1} = A$.

性质 2 若 A 可逆, 数 $\lambda \neq 0$, 则 λA 可逆, 且 $(\lambda A)^{-1} = \frac{1}{\lambda}A^{-1}$.

证明 因为 $(\lambda A)\left(\frac{1}{\lambda}A^{-1}\right) = \left(\lambda \cdot \frac{1}{\lambda}\right)(AA^{-1}) = E$, 所以 λA 可逆且 $(\lambda A)^{-1} = \frac{1}{\lambda}A^{-1}$.

性质 3 若 A, B 为同阶方阵且均可逆, 则 AB 亦可逆, 且 $(AB)^{-1} = B^{-1}A^{-1}$.

证明 因为

$$(AB)\left(B^{-1}A^{-1}\right) = A\left(BB^{-1}\right)A^{-1} = AEA^{-1} = AA^{-1} = E,$$

所以 $(AB)^{-1} = B^{-1}A^{-1}$.

推广: $(A_1A_2\cdots A_m)^{-1} = A_m^{-1}\cdots A_2^{-1}A_1^{-1}$.

性质 4 若 A 可逆, 则 A^{T} 亦可逆, 且 $(A^{\mathrm{T}})^{-1} = \left(A^{-1}\right)^{\mathrm{T}}$.

证明 因为 $E^{-1} = E^{\mathrm{T}} = E$,所以$A^{\mathrm{T}}\left(A^{-1}\right)^{\mathrm{T}} = \left(A^{-1}A\right)^{\mathrm{T}}$,从而$(A^{\mathrm{T}})^{-1} = \left(A^{-1}\right)^{\mathrm{T}}$.

性质 5　若 $\boldsymbol{A}$ 可逆, 则有 $\left|\boldsymbol{A}^{-1}\right| = |\boldsymbol{A}|^{-1}$.

证明　因为 $\boldsymbol{A}\boldsymbol{A}^{-1} = \boldsymbol{E}$, 所以 $|\boldsymbol{A}|\left|\boldsymbol{A}^{-1}\right| = 1$, 因此 $\left|\boldsymbol{A}^{-1}\right| = |\boldsymbol{A}|^{-1}$.

性质 6　若 $\boldsymbol{A}_i(i = 1, 2, \cdots, t)$ 可逆, 则分块对角阵可逆, 有

$$\begin{pmatrix} \boldsymbol{A}_1 & & & \\ & \boldsymbol{A}_2 & & \\ & & \ddots & \\ & & & \boldsymbol{A}_t \end{pmatrix}^{-1} = \begin{pmatrix} \boldsymbol{A}_1^{-1} & & & \\ & \boldsymbol{A}_2^{-1} & & \\ & & \ddots & \\ & & & \boldsymbol{A}_t^{-1} \end{pmatrix}.$$

证明　因为 $\boldsymbol{A}_i\boldsymbol{A}_i^{-1} = \boldsymbol{E}$, 其中 $i = 1, 2, \cdots, n$, 所以

$$\begin{pmatrix} \boldsymbol{A}_1 & & & \\ & \boldsymbol{A}_2 & & \\ & & \ddots & \\ & & & \boldsymbol{A}_t \end{pmatrix}\begin{pmatrix} \boldsymbol{A}_1^{-1} & & & \\ & \boldsymbol{A}_2^{-1} & & \\ & & \ddots & \\ & & & \boldsymbol{A}_t^{-1} \end{pmatrix}$$

$$= \begin{pmatrix} \boldsymbol{A}_1\boldsymbol{A}_1^{-1} & & & \\ & \boldsymbol{A}_2\boldsymbol{A}_2^{-1} & & \\ & & \ddots & \\ & & & \boldsymbol{A}_t\boldsymbol{A}_t^{-1} \end{pmatrix} = \begin{pmatrix} \boldsymbol{E}_1 & & & \\ & \boldsymbol{E}_2 & & \\ & & \ddots & \\ & & & \boldsymbol{E}_t \end{pmatrix} = \boldsymbol{E}.$$

从而 $\begin{pmatrix} \boldsymbol{A}_1 & & & \\ & \boldsymbol{A}_2 & & \\ & & \ddots & \\ & & & \boldsymbol{A}_t \end{pmatrix}^{-1} = \begin{pmatrix} \boldsymbol{A}_1^{-1} & & & \\ & \boldsymbol{A}_2^{-1} & & \\ & & \ddots & \\ & & & \boldsymbol{A}_t^{-1} \end{pmatrix}.$

推广: $\begin{pmatrix} \lambda_1 & & & \\ & \lambda_2 & & \\ & & \ddots & \\ & & & \lambda_n \end{pmatrix}^{-1} = \begin{pmatrix} \lambda_1^{-1} & & & \\ & \lambda_2^{-1} & & \\ & & \ddots & \\ & & & \lambda_n^{-1} \end{pmatrix}, \ \lambda_1\lambda_2\cdots\lambda_n \neq 0.$

例 8　设 $\boldsymbol{A}$ 和 $\boldsymbol{B}$ 满足 $\boldsymbol{A}^*\boldsymbol{B}\boldsymbol{A} = 2\boldsymbol{B}\boldsymbol{A} - 8\boldsymbol{E}$, 其中 $\boldsymbol{A} = \operatorname{diag}(1, -2, 1)$, 求 $\boldsymbol{B}$.

解　因为 $\boldsymbol{A}^*\boldsymbol{B}\boldsymbol{A} = 2\boldsymbol{B}\boldsymbol{A} - 8\boldsymbol{E}$, 所以

$$(\boldsymbol{A}^* - 2\boldsymbol{E})\boldsymbol{B}\boldsymbol{A} = -8\boldsymbol{E}.$$

因此

$$\boldsymbol{B}\boldsymbol{A} = (\boldsymbol{A}^* - 2\boldsymbol{E})^{-1}(-8\boldsymbol{E}) = -8(\boldsymbol{A}^* - 2\boldsymbol{E})^{-1}.$$

所以

$$B = -8(A^* - 2E)^{-1}A^{-1}.$$

又 $A = \mathrm{diag}(1, -2, 1)$, 则

$$|A| = 1 \cdot (-2) \cdot 1 = -2, \quad A^{-1} = \mathrm{diag}\left(1, -\frac{1}{2}, 1\right),$$

因此

$$A^* = |A|\,A^{-1} = -2\mathrm{diag}\left(1, -\frac{1}{2}, 1\right) = \mathrm{diag}(-2, 1, -2).$$

所以

$$(A^* - 2E)^{-1} = \begin{pmatrix} -4 & & \\ & -1 & \\ & & -4 \end{pmatrix}^{-1} = \begin{pmatrix} -\frac{1}{4} & & \\ & -1 & \\ & & -\frac{1}{4} \end{pmatrix},$$

故

$$\begin{aligned} B &= -8(A^* - 2E)^{-1}A^{-1} \\ &= -8\begin{pmatrix} -\frac{1}{4} & & \\ & -1 & \\ & & -\frac{1}{4} \end{pmatrix}\begin{pmatrix} 1 & & \\ & -\frac{1}{2} & \\ & & 1 \end{pmatrix} = \begin{pmatrix} 2 & & \\ & -4 & \\ & & 2 \end{pmatrix}. \end{aligned}$$

例 9 设 A 为 $n\,(n \geqslant 2)$ 阶方阵, 证明

(1) 若 $|A| = 0$, 则 $|A^*| = 0$;

(2) $|A^*| = |A|^{n-1}$.

证明 (1) 若 $A = O$, 则 $A^* = O, |A^*| = 0$.

若 $A \neq O$, 假设 $|A^*| \neq 0$, 则 A^* 可逆. 又

$$A^*A = |A|E \Rightarrow A = |A|(A^*)^{-1} = 0 \cdot (A^*)^{-1} = O,$$

这与 $A \neq O$ 矛盾, 故假设不成立, 即 $|A^*| = 0$.

(2) 若 $|A| = 0$, 则 $|A^*| = 0, |A^*| = |A|^{n-1}$.

若 $|A| \neq 0$, 所以 $A^*A = |A|E \Rightarrow |A^*||A| = |A|^n \Rightarrow |A^*| = |A|^{n-1}$.

2.9 初等变换与逆矩阵的初等变换求法

2.9.1 知识回顾 —— 初等变换

定义 1 对矩阵施行以下三种行变换之一:

(1) 交换矩阵的某两行;

(2) 以数 $k \neq 0$ 乘矩阵的某一行;

(3) 把矩阵的某一行 (列) 的 k 倍加到另一行上,

称为初等行变换.

交换第 i 行与第 j 行记为 $r_i \leftrightarrow r_j$. 例如,

$$\begin{pmatrix} 1 & 5 & -1 & -1 \\ 1 & -2 & 1 & 3 \\ 3 & 8 & -1 & 1 \\ 1 & -9 & 3 & 7 \end{pmatrix} \xrightarrow{r_2 \leftrightarrow r_4} \begin{pmatrix} 1 & 5 & -1 & -1 \\ 1 & -9 & 3 & 7 \\ 3 & 8 & -1 & 1 \\ 1 & -2 & 1 & 3 \end{pmatrix}.$$

用数 k 乘以第 i 行记为 kr_i. 例如,

$$\begin{pmatrix} 1 & 5 & -1 & -1 \\ 1 & -2 & 1 & 3 \\ 3 & 8 & -1 & 1 \\ 1 & -9 & 3 & 7 \end{pmatrix} \xrightarrow{4r_2} \begin{pmatrix} 1 & 5 & -1 & -1 \\ 4 & -8 & 4 & 12 \\ 3 & 8 & -1 & 1 \\ 1 & -9 & 3 & 7 \end{pmatrix}.$$

第 i 行的 k 倍加到第 j 行记为 $kr_i + r_j$. 例如,

$$\begin{pmatrix} 1 & 5 & -1 & -1 \\ 1 & -2 & 1 & 3 \\ 3 & 8 & -1 & 1 \\ 1 & -9 & 3 & 7 \end{pmatrix} \xrightarrow{-3r_1 + r_3} \begin{pmatrix} 1 & 5 & -1 & -1 \\ 1 & -2 & 1 & 3 \\ 0 & -7 & 2 & 4 \\ 1 & -9 & 3 & 7 \end{pmatrix}.$$

2.9.2 初等矩阵

定义 2 对单位矩阵 $\boldsymbol{E}(\boldsymbol{I})$ 施以一次初等变换得到的矩阵称为**初等矩阵** (elementary matrix).

初等矩阵有下列三种: $\boldsymbol{E}(i,j), \boldsymbol{E}(i(k)), \boldsymbol{E}(j,i(k))$.

例如, 下面是 3 个 4 阶初等矩阵:

$$\boldsymbol{E} = \begin{pmatrix} 1 & 0 & 0 & 0 \\ 0 & 1 & 0 & 0 \\ 0 & 0 & 1 & 0 \\ 0 & 0 & 0 & 1 \end{pmatrix} \xrightarrow{r_2 \leftrightarrow r_4} \begin{pmatrix} 1 & 0 & 0 & 0 \\ 0 & 0 & 0 & 1 \\ 0 & 0 & 1 & 0 \\ 0 & 1 & 0 & 0 \end{pmatrix} = \boldsymbol{E}(2,4),$$

$$\boldsymbol{E} = \begin{pmatrix} 1 & 0 & 0 & 0 \\ 0 & 1 & 0 & 0 \\ 0 & 0 & 1 & 0 \\ 0 & 0 & 0 & 1 \end{pmatrix} \xrightarrow{4r_3} \begin{pmatrix} 1 & 0 & 0 & 0 \\ 0 & 1 & 0 & 0 \\ 0 & 0 & 4 & 0 \\ 0 & 0 & 0 & 1 \end{pmatrix} = \boldsymbol{E}(3(4)),$$

$$\boldsymbol{E}=\begin{pmatrix}1&0&0&0\\0&1&0&0\\0&0&1&0\\0&0&0&1\end{pmatrix}\xrightarrow{kr_4+r_2}\begin{pmatrix}1&0&0&0\\0&1&0&k\\0&0&1&0\\0&0&0&1\end{pmatrix}=\boldsymbol{E}(2,4(k)).$$

2.9.3 初等矩阵的可逆性

初等矩阵都是可逆的, 且它们的逆矩阵仍是初等矩阵.

这是因为, 初等矩阵的行列式要么为 1, 要么为 -1, 要么为 $k(k\neq 0)$.

定理 1 初等矩阵都是可逆的, 且其逆矩阵仍是同一种初等矩阵.

$$\boldsymbol{E}(i,j)^{-1}=\boldsymbol{E}(i,j),\quad \boldsymbol{E}(i(k))^{-1}=\boldsymbol{E}\left(i\left(\frac{1}{k}\right)\right),\quad \boldsymbol{E}(i,j(k))^{-1}=\boldsymbol{E}(i,j(-k)).$$

为什么? 回想它们的逆变换, 再验证如下:

$$\begin{pmatrix}1&0&0\\0&0&1\\0&1&0\end{pmatrix}\begin{pmatrix}1&0&0\\0&0&1\\0&1&0\end{pmatrix}=?$$

$$\begin{pmatrix}1&0&0\\0&k&0\\0&0&1\end{pmatrix}\begin{pmatrix}1&0&0\\0&\frac{1}{k}&0\\0&0&1\end{pmatrix}=?$$

$$\begin{pmatrix}1&0&0\\0&1&0\\k&0&1\end{pmatrix}\begin{pmatrix}1&0&0\\0&1&0\\-k&0&1\end{pmatrix}=?$$

对于满秩矩阵 $\boldsymbol{A}$, 它的行最简形是 n 阶单位阵 $\boldsymbol{E}$, 因为

$$R(\boldsymbol{A})=n \Leftrightarrow \boldsymbol{A}\sim\boldsymbol{E}_n.$$

例如,

$$\boldsymbol{A}=\begin{pmatrix}1&2&3\\2&1&2\\3&4&6\end{pmatrix}\xrightarrow[-3r_1+r_3]{-2r_1+r_2}\begin{pmatrix}1&2&3\\0&-3&-4\\0&-2&-3\end{pmatrix}\xrightarrow[r_3+r_2-r_2]{r_3+r_1-r_3}\begin{pmatrix}1&0&0\\0&1&1\\0&2&3\end{pmatrix}$$

$$\xrightarrow[-r_3+r_2]{-2r_2+r_3}\begin{pmatrix}1&0&0\\0&1&0\\0&0&1\end{pmatrix}=\boldsymbol{E}.$$

2.9.4　初等行变换法求逆矩阵

问题　矩阵初等行变换前后两个矩阵之间的关系是什么？

$\boldsymbol{A}\to\boldsymbol{B}$: 如何把 $\boldsymbol{A},\boldsymbol{B}$ 用等号联系起来？

若 $\boldsymbol{A}=\begin{pmatrix} a_{11} & a_{12} & a_{13} \\ a_{21} & a_{22} & a_{23} \\ a_{31} & a_{32} & a_{33} \end{pmatrix} \xrightarrow{r_1\leftrightarrow r_3} \begin{pmatrix} a_{31} & a_{32} & a_{33} \\ a_{21} & a_{22} & a_{23} \\ a_{11} & a_{12} & a_{13} \end{pmatrix}=\boldsymbol{B}$, 则

$$\boldsymbol{B}=\underbrace{\begin{pmatrix} 0 & 0 & 1 \\ 0 & 1 & 0 \\ 1 & 0 & 0 \end{pmatrix}}\begin{pmatrix} a_{11} & a_{12} & a_{13} \\ a_{21} & a_{22} & a_{23} \\ a_{31} & a_{32} & a_{33} \end{pmatrix}.$$

把单位矩阵作同样变换得到的矩阵放在 **A** 的左边！

若 $\boldsymbol{A}=\begin{pmatrix} a_{11} & a_{12} & a_{13} \\ a_{21} & a_{22} & a_{23} \\ a_{31} & a_{32} & a_{33} \end{pmatrix} \xrightarrow{kr_2} \begin{pmatrix} a_{11} & a_{12} & a_{13} \\ ka_{21} & ka_{22} & ka_{23} \\ a_{31} & a_{32} & a_{33} \end{pmatrix}=\boldsymbol{B}$, 则

$$\boldsymbol{B}=\underbrace{\begin{pmatrix} 1 & 0 & 0 \\ 0 & k & 0 \\ 0 & 0 & 1 \end{pmatrix}}\begin{pmatrix} a_{11} & a_{12} & a_{13} \\ a_{21} & a_{22} & a_{23} \\ a_{31} & a_{32} & a_{33} \end{pmatrix}.$$

把单位矩阵作同样变换得到的矩阵放在 **A** 的左边！

若 $\boldsymbol{A}=\begin{pmatrix} a_{11} & a_{12} & a_{13} \\ a_{21} & a_{22} & a_{23} \\ a_{31} & a_{32} & a_{33} \end{pmatrix} \xrightarrow{kr_1+r_3} \begin{pmatrix} a_{11} & a_{12} & a_{13} \\ a_{21} & a_{22} & a_{23} \\ a_{31}+ka_{11} & a_{32}+ka_{12} & a_{33}+ka_{13} \end{pmatrix}$
$=\boldsymbol{B}$, 则

$$\boldsymbol{B}=\underbrace{\begin{pmatrix} 1 & 0 & 0 \\ 0 & 1 & 0 \\ k & 0 & 1 \end{pmatrix}}\begin{pmatrix} a_{11} & a_{12} & a_{13} \\ a_{21} & a_{22} & a_{23} \\ a_{31} & a_{32} & a_{33} \end{pmatrix}.$$

把单位矩阵作同样变换得到的矩阵放在 **A** 的左边！

定理 2 (左行原则)　对一个矩阵施行一次初等行变换, 相当于在它的左边乘以一个相应的初等矩阵.

例如, 对于 $\boldsymbol{A}=\begin{pmatrix}1&0&0\\-\dfrac{3}{2}&0&\dfrac{1}{2}\\0&1&0\end{pmatrix}$,

$$\boldsymbol{E}_1\boldsymbol{A}=\begin{pmatrix}1&0&0\\0&2&0\\0&0&1\end{pmatrix}\begin{pmatrix}1&0&0\\-\dfrac{3}{2}&0&\dfrac{1}{2}\\0&1&0\end{pmatrix}=\begin{pmatrix}1&0&0\\-3&0&1\\0&1&0\end{pmatrix},$$

$$\boldsymbol{E}_2(\boldsymbol{E}_1\boldsymbol{A})=\begin{pmatrix}1&0&0\\0&0&1\\0&1&0\end{pmatrix}\begin{pmatrix}1&0&0\\-3&0&1\\0&1&0\end{pmatrix}=\begin{pmatrix}1&0&0\\0&1&0\\-3&0&1\end{pmatrix},$$

$$\boldsymbol{E}_3(\boldsymbol{E}_2\boldsymbol{E}_1\boldsymbol{A})=\begin{pmatrix}1&0&0\\0&1&0\\3&0&1\end{pmatrix}\begin{pmatrix}1&0&0\\0&1&0\\-3&0&1\end{pmatrix}=\begin{pmatrix}1&0&0\\0&1&0\\0&0&1\end{pmatrix},$$

即 $\boldsymbol{E}_3\boldsymbol{E}_2\boldsymbol{E}_1\boldsymbol{A}=\boldsymbol{I}_3$, 且可得可逆矩阵必可分解为有限个初等矩阵的乘积, 于是有定理 3.

定理 3 任一可逆矩阵必可分解为有限个初等矩阵的乘积. 从而, 矩阵可逆的充要条件是它可分解为有限初等矩阵的乘积.

设 $\boldsymbol{A}$ 是可逆矩阵, 则 $\boldsymbol{A}^{-1}$ 也是可逆矩阵, 且 $\boldsymbol{A}^{-1}$ 可分解为初等矩阵的乘积: $\boldsymbol{A}^{-1}=\boldsymbol{P}_l\cdots\boldsymbol{P}_2\boldsymbol{P}_1$. 所以

$$\boldsymbol{A}^{-1}\boldsymbol{A}=\boldsymbol{E}\Leftrightarrow\boldsymbol{P}_l\cdots\boldsymbol{P}_2\boldsymbol{P}_1\boldsymbol{A}=\boldsymbol{E}.$$

上式用左行原则又可得如下结论.

推论 1 $\boldsymbol{A}$ 可逆的充要条件是 $\boldsymbol{A}\stackrel{r}{\longleftrightarrow}\boldsymbol{E}$, 即有初等矩阵 $\boldsymbol{P}_1,\boldsymbol{P}_2,\cdots,\boldsymbol{P}_l$ 使得 $\boldsymbol{P}_l\cdots\boldsymbol{P}_2\boldsymbol{P}_1\boldsymbol{A}=\boldsymbol{E},\boldsymbol{A}^{-1}=\boldsymbol{P}_l\cdots\boldsymbol{P}_2\boldsymbol{P}_1=\boldsymbol{P}_l\cdots\boldsymbol{P}_2\boldsymbol{P}_1\boldsymbol{E}$.

证明前的思考:

$$\boldsymbol{A}\boldsymbol{A}^{-1}=\boldsymbol{E}\Leftrightarrow\boldsymbol{A}\boldsymbol{P}_l\cdots\boldsymbol{P}_2\boldsymbol{P}_1=\boldsymbol{E}.$$

证明 考虑对 $(\boldsymbol{A}\mid\boldsymbol{E})$ 作行变换.

作一次行变换 $\quad\boldsymbol{P}_1(\boldsymbol{A}\mid\boldsymbol{E})=(\boldsymbol{P}_1\boldsymbol{A}\mid\boldsymbol{P}_1\boldsymbol{E})$,

再作一次行变换 $\quad\boldsymbol{P}_2\boldsymbol{P}_1(\boldsymbol{A}\mid\boldsymbol{E})=(\boldsymbol{P}_2\boldsymbol{P}_1\boldsymbol{A}\mid\boldsymbol{P}_2\boldsymbol{P}_1\boldsymbol{E})$,

$\quad\vdots\qquad\qquad\qquad\vdots$

继续 $\quad\boldsymbol{P}_l\cdots\boldsymbol{P}_2\boldsymbol{P}_1(\boldsymbol{A}|\boldsymbol{E})=(\underbrace{\boldsymbol{P}_l\cdots\boldsymbol{P}_2\boldsymbol{P}_1\boldsymbol{A}}_{\boldsymbol{E}}\mid\underbrace{\boldsymbol{P}_l\cdots\boldsymbol{P}_2\boldsymbol{P}_1\boldsymbol{E}}_{\boldsymbol{A}^{-1}})$.

推论 1 得证.

例 1　已知 $\boldsymbol{A}=\begin{pmatrix}1&2&3\\2&1&2\\1&3&4\end{pmatrix}$, 求 $\boldsymbol{A}^{-1}$.

解　因为

$$(\boldsymbol{A}|\boldsymbol{E})=\left(\begin{array}{ccc|ccc}1&2&3&1&0&0\\2&1&2&0&1&0\\1&3&4&0&0&1\end{array}\right)\xrightarrow[-r_1+r_3]{-2r_1+r_2}\left(\begin{array}{ccc|ccc}1&2&3&1&0&0\\0&-3&-4&-2&1&0\\0&1&1&-1&0&1\end{array}\right)$$

$$\xrightarrow{r_2\leftrightarrow r_3}\left(\begin{array}{ccc|ccc}1&2&3&1&0&0\\0&1&1&-1&0&1\\0&-3&-4&-2&1&0\end{array}\right)\xrightarrow{3r_2+r_3}\left(\begin{array}{ccc|ccc}1&2&3&1&0&0\\0&1&1&-1&0&1\\0&0&-1&-5&1&3\end{array}\right)$$

$$\xrightarrow[3r_3+r_1]{r_3+r_2}\left(\begin{array}{ccc|ccc}1&2&0&-14&3&9\\0&1&0&-6&1&4\\0&0&-1&-5&1&3\end{array}\right)\xrightarrow[-r_3]{-2r_2+r_1}\left(\begin{array}{ccc|ccc}1&0&0&-2&1&1\\0&1&0&-6&1&4\\0&0&1&5&-1&-3\end{array}\right),$$

所以 $\boldsymbol{A}^{-1}=\begin{pmatrix}-2&1&1\\-6&1&4\\5&-1&-3\end{pmatrix}$.

矩阵方程有以下三种常用的形式:

(1) $\boldsymbol{AX}=\boldsymbol{B}\xrightarrow{|\boldsymbol{A}|\neq0}\boldsymbol{X}=\boldsymbol{A}^{-1}\boldsymbol{B}$;

(2) $\boldsymbol{XA}=\boldsymbol{B}\xrightarrow{|\boldsymbol{A}|\neq0}\boldsymbol{X}=\boldsymbol{BA}^{-1}$;

(3) $\boldsymbol{AXB}=\boldsymbol{C}\xrightarrow{|\boldsymbol{A}|\neq0,|\boldsymbol{B}|\neq0}\boldsymbol{X}=\boldsymbol{A}^{-1}\boldsymbol{CB}^{-1}$.

例 2　设 $\boldsymbol{A}$, $\boldsymbol{X}$ 满足关系式 $\boldsymbol{AX}=2\boldsymbol{X}+\boldsymbol{A}$, 其中 $\boldsymbol{A}=\begin{pmatrix}3&0&1\\1&1&0\\0&1&4\end{pmatrix}$, 求矩阵 $\boldsymbol{X}$.

解　由题意得

$$\boldsymbol{AX}=2\boldsymbol{X}+\boldsymbol{A}\Rightarrow(\boldsymbol{A}-2\boldsymbol{E})\boldsymbol{X}=\boldsymbol{A}\xrightarrow{|\boldsymbol{A}-2\boldsymbol{E}|=-1\neq0}\boldsymbol{X}=(\boldsymbol{A}-2\boldsymbol{E})^{-1}\boldsymbol{A}.$$

因此

$$(\boldsymbol{A}-2\boldsymbol{E})^{-1}=\begin{pmatrix}2&-1&-1\\2&-2&-1\\-1&1&1\end{pmatrix},$$

则

$$X=(A-2E)^{-1}A=\begin{pmatrix}2&-1&-1\\2&-2&-1\\-1&1&1\end{pmatrix}\begin{pmatrix}3&0&1\\1&1&0\\0&1&4\end{pmatrix}=\begin{pmatrix}5&-2&-2\\4&-3&-2\\-2&2&3\end{pmatrix}.$$

例 3 设 $\boldsymbol{A}=\begin{pmatrix}1&0&1\\0&2&0\\-1&0&1\end{pmatrix}$ 且 $\boldsymbol{AB}+\boldsymbol{E}=\boldsymbol{A}^2+\boldsymbol{B}$, 求矩阵 $\boldsymbol{B}$.

解 由题意得

$$\begin{aligned}&\boldsymbol{AB}+\boldsymbol{E}=\boldsymbol{A}^2+\boldsymbol{B}\\ \Rightarrow\ &\boldsymbol{AB}-\boldsymbol{B}=\boldsymbol{A}^2-\boldsymbol{E}\\ \Rightarrow\ &(\boldsymbol{A}-\boldsymbol{E})\,\boldsymbol{B}=\boldsymbol{A}^2-\boldsymbol{E}=(\boldsymbol{A}-\boldsymbol{E})\,(\boldsymbol{A}+\boldsymbol{E}).\end{aligned}$$

因为 $|\boldsymbol{A}-\boldsymbol{E}|=1\neq 0$, 所以

$$\boldsymbol{B}=(\boldsymbol{A}-\boldsymbol{E})^{-1}(\boldsymbol{A}-\boldsymbol{E})(\boldsymbol{A}+\boldsymbol{E})=\boldsymbol{A}+\boldsymbol{E}=\begin{pmatrix}2&0&1\\0&3&0\\-1&0&2\end{pmatrix}.$$

例 4 设三阶方阵 $\boldsymbol{A}$ 满足关系式 $\boldsymbol{A}^{-1}\boldsymbol{BA}=6\boldsymbol{A}+\boldsymbol{BA}$ 且 $\boldsymbol{A}=\begin{pmatrix}\frac{1}{3}&0&0\\0&\frac{1}{4}&0\\0&0&\frac{1}{7}\end{pmatrix}$, 求矩阵 $\boldsymbol{B}$.

解 由题意得 $\boldsymbol{A}^{-1}\boldsymbol{BA}-\boldsymbol{BA}=6\boldsymbol{A}\Rightarrow\left(\boldsymbol{A}^{-1}-\boldsymbol{E}\right)\boldsymbol{BA}=6\boldsymbol{A}$.

因为

$$\boldsymbol{A}^{-1}=\begin{pmatrix}3&0&0\\0&4&0\\0&0&7\end{pmatrix},\quad \boldsymbol{A}^{-1}-\boldsymbol{E}=\begin{pmatrix}2&0&0\\0&3&0\\0&0&6\end{pmatrix},$$

所以

$$\boldsymbol{B}=6\left(\boldsymbol{A}^{-1}-\boldsymbol{E}\right)^{-1}=6\begin{pmatrix}\frac{1}{2}&0&0\\0&\frac{1}{3}&0\\0&0&\frac{1}{6}\end{pmatrix}=\begin{pmatrix}3&0&0\\0&2&0\\0&0&1\end{pmatrix}.$$

说明　设对角矩阵 $\boldsymbol{\Lambda} = \operatorname{diag}(\lambda_1, \lambda_2, \cdots, \lambda_n)$, 若 $\lambda_1\lambda_2\cdots\lambda_n \neq 0$, 则 $\boldsymbol{\Lambda}$ 可逆且

$$\boldsymbol{\Lambda}^{-1} = \operatorname{diag}\left(\frac{1}{\lambda_1}, \frac{1}{\lambda_2}, \cdots, \frac{1}{\lambda_n}\right).$$

习　题　2

A　类　题

1. 设 $\boldsymbol{A} = \begin{pmatrix} 1 & 2 \\ -1 & 3 \end{pmatrix}$, $\boldsymbol{B} = \begin{pmatrix} 3 & -2 \\ 2 & 1 \end{pmatrix}$, 求 $3\boldsymbol{A} + 2\boldsymbol{B}$.

2. 设矩阵 $\boldsymbol{A} = \begin{pmatrix} -1 & 5 \\ 1 & 3 \end{pmatrix}$, $\boldsymbol{B} = \begin{pmatrix} 3 & 1 \\ -2 & 0 \end{pmatrix}$, 求 $3\boldsymbol{A} - \boldsymbol{B}$.

3. 设下列矩阵 $\boldsymbol{A}$ 是在 3 家不同商店购买 3 种不同糖果的价格 (单位：元):

$$\boldsymbol{A} = \begin{matrix} & \text{糖果A} & \text{糖果B} & \text{糖果C} \\ \text{第一商店} & 10 & 20 & 20 \\ \text{第二商店} & 25 & 30 & 20 \\ \text{第三商店} & 30 & 40 & 35 \end{matrix}.$$

问题 a　若糖果的价格加倍, 糖果的价格矩阵是什么？

问题 b　若糖果价格上涨 50%, 每块糖果的税为 5 元, 那么糖果的价格矩阵是什么？

4. 假设我们已知下列矩阵:

(1) 矩阵 $\boldsymbol{A}$ 给出 3 种作业中的每一种, 为了进行输入/输出 (I/O)、执行程序及系统总开销所需的机时;

(2) 矩阵 $\boldsymbol{B}$ 给出了在两种不同收费方式下, 不同的计算机活动 (每个单位时间) 所需要的费用;

(3) 矩阵 $\boldsymbol{C}$(实际上为一向量) 给出每种类型的工作有多少, 矩阵 $\boldsymbol{D}$ 给出每天使用每种收费方式的机时的比.

$\boldsymbol{A}$（机时）

	I/O	执行	系统
作业A	5	20	10
作业B	4	25	8
作业C	10	10	5

$\boldsymbol{B}$（计时收费）

	方式 I	方式 II
I/O	2	3
执行	6	5
系统	3	4

$\boldsymbol{C}$

	每种类型的作业数量
作业A	4
作业B	5
作业C	3

$\boldsymbol{D}$

	机时比
方式 I	0.3
方式 II	0.7

利用 $\boldsymbol{A}, \boldsymbol{B}, \boldsymbol{C}$ 和 $\boldsymbol{D}$, 按照下列要求求出矩阵乘积, 并且:

(1) 计算矩阵乘积 $\boldsymbol{AB}$.

(2) 对每种收费方式, 求出每一种作业所需的总费用.

(3) 计算为完成所有作业的 (所有作业已概括在矩阵 $\boldsymbol{C}$ 中) 输入/输出、执行程序及系统开销所需的总机时.

(4) 在方式 I 和方式 II 下, 求所有作业所需总开销.

(5) 计算输出/输入、执行程序和系统总开销所需每个单位机时的平均费用.

5. 某公司经销 A, B, C, D 共 4 种品牌的电脑, 其型号有 I, II, III, IV 4 种, 某天该公司销售情况如表 2.5 所示.

假设不同品牌的电脑的平均利润是 A 为 1000 元/台, B 为 1200 元/台, C 为 800 元/台, D 为 800 元/台, 求Ⅱ型号电脑在这天获得的总利润是多少?

表 2.5 某天某公司的销售情况 (单位: 台)

型号	品牌			
	A	B	C	D
Ⅰ	2	3	1	0
Ⅱ	1	2	5	3
Ⅲ	2	4	4	1
Ⅳ	3	0	1	1

6. 设 $\boldsymbol{A}=\begin{pmatrix}1&1&1\\1&1&-1\\1&-1&1\end{pmatrix}$, $\boldsymbol{B}=\begin{pmatrix}1&2&3\\-1&-2&4\\0&5&1\end{pmatrix}$, 求 $3\boldsymbol{AB}-2\boldsymbol{A}$ 及 $\boldsymbol{A}^{\mathrm{T}}\boldsymbol{B}$.

7. 计算下列矩阵乘积:

(1) $\begin{pmatrix}4&3&1\\1&-2&3\\5&7&0\end{pmatrix}\begin{pmatrix}7\\2\\1\end{pmatrix}$; (2) $(1\ \ 2\ \ 3)\begin{pmatrix}3\\2\\1\end{pmatrix}$;

(3) $\begin{pmatrix}2\\1\\3\end{pmatrix}(-1\ \ 2)$; (4) $\begin{pmatrix}2&1&4&0\\1&-1&3&4\end{pmatrix}\begin{pmatrix}1&3&1\\0&-1&2\\1&-3&1\\4&0&-2\end{pmatrix}$;

(5) $(x_1\ \ x_2\ \ x_3)\begin{pmatrix}a_{11}&a_{12}&a_{13}\\a_{12}&a_{22}&a_{23}\\a_{13}&a_{23}&a_{33}\end{pmatrix}\begin{pmatrix}x_1\\x_2\\x_3\end{pmatrix}$.

8. 设 $\boldsymbol{A}=\begin{pmatrix}1&2\\1&3\end{pmatrix}$, $\boldsymbol{B}=\begin{pmatrix}1&0\\1&2\end{pmatrix}$, 问: (1) $\boldsymbol{AB}=\boldsymbol{BA}$ 吗?

(2) $(\boldsymbol{A}+\boldsymbol{B})^2=\boldsymbol{A}^2+2\boldsymbol{AB}+\boldsymbol{B}^2$ 吗?

(3) $(\boldsymbol{A}+\boldsymbol{B})(\boldsymbol{A}-\boldsymbol{B})=\boldsymbol{A}^2-\boldsymbol{B}^2$ 吗?

9. 举反例说明下列命题是错误的:

(1) 若 $\boldsymbol{A}^2=\boldsymbol{O}$, 则 $\boldsymbol{A}=\boldsymbol{O}$;

(2) 若 $\boldsymbol{A}^2=\boldsymbol{A}$, 则 $\boldsymbol{A}=\boldsymbol{O}$ 或 $\boldsymbol{A}=\boldsymbol{E}$;

(3) 若 $\boldsymbol{AX}=\boldsymbol{AY}$, 且 $\boldsymbol{A}\neq\boldsymbol{O}$, 则 $\boldsymbol{X}=\boldsymbol{Y}$.

10. 设 $\boldsymbol{A}=\begin{pmatrix}1 & 0\\ \lambda & 1\end{pmatrix}$, 求 $\boldsymbol{A}^2,\boldsymbol{A}^3,\cdots,\boldsymbol{A}^k$.

11. 求 $\begin{pmatrix}1 & 1\\ 0 & 0\end{pmatrix}^n$.

12. 设 $\boldsymbol{A},\boldsymbol{B}$ 为 n 阶矩阵, 且 $\boldsymbol{A}$ 为对称矩阵, 证明 $\boldsymbol{B}^{\mathrm{T}}\boldsymbol{AB}$ 也是对称矩阵.

13. 设 $\boldsymbol{A},\boldsymbol{B}$ 都是 n 阶对称矩阵, 证明 $\boldsymbol{AB}$ 是对称矩阵的充分必要条件是 $\boldsymbol{AB}=\boldsymbol{BA}$.

14. 计算下列各行列式.

(1) $\begin{vmatrix}2 & 0 & 1\\ 1 & -4 & -1\\ -1 & 8 & 3\end{vmatrix}$; (2) $\begin{vmatrix}1 & 1 & 1\\ a & b & c\\ a^2 & b^2 & c^2\end{vmatrix}$;

(3) $\begin{vmatrix}-ab & ac & ae\\ bd & -cd & de\\ bf & cf & -ef\end{vmatrix}$; (4) $\begin{vmatrix}4 & 1 & 2 & 4\\ 1 & 2 & 0 & 2\\ 10 & 5 & 2 & 0\\ 0 & 1 & 1 & 7\end{vmatrix}$.

15. 计算下列各行列式 (D_k 为 k 阶行列式).

(1) $D_n=\begin{vmatrix}a & \cdots & 1\\ \vdots & & \vdots\\ 1 & \cdots & a\end{vmatrix}$, 其中对角线上元素都是 a, 未写出的元素都是 0;

(2) $D_n=\begin{vmatrix}x & a & \cdots & a\\ a & x & \cdots & a\\ \vdots & \vdots & & \vdots\\ a & a & \cdots & x\end{vmatrix}$;

(3) $D_{n+1}=\begin{vmatrix}a^n & (a-1)^n & \cdots & (a-n)^n\\ a^{n-1} & (a-1)^{n-1} & \cdots & (a-n)^{n-1}\\ \vdots & \vdots & & \vdots\\ a & a-1 & \cdots & a-n\\ 1 & 1 & \cdots & 1\end{vmatrix}$; (提示: 利用范德蒙德行列式的结果.)

(4) $D_{2n}=\begin{vmatrix} a_n & & & & & & b_n \\ & \ddots & & 0 & & \iddots & \\ & & a_1 & & b_1 & & \\ 0 & & & & & & 0 \\ & & c_1 & & d_1 & & \\ & \iddots & & 0 & & \ddots & \\ c_n & & & & & & d_n \end{vmatrix}$;

(5) $D_n=\det(a_{ij})$, 其中$a_{ij}=|i-j|$;

(6) $D_n=\begin{vmatrix} 1+a_1 & 1 & \cdots & 1 \\ 1 & 1+a_2 & \cdots & 1 \\ \vdots & \vdots & \ddots & \vdots \\ 1 & 1 & \cdots & 1+a_n \end{vmatrix}$, 其中$a_1a_2\cdots a_n\neq 0$.

16. 用克拉默法则解下列方程组:

$$\begin{cases} x_1+x_2+x_3+x_4=5, \\ x_1+2x_2-x_3+4x_4=-2, \\ 2x_1-3x_2-x_3-5x_4=-2, \\ 3x_1+x_2+2x_3+11x_4=0. \end{cases}$$

17. 问 λ,μ 取何值时, 齐次线性方程组 $\begin{cases} \lambda x_1+x_2+x_3=0, \\ x_1+\mu x_2+x_3=0, \\ x_1+2\mu x_2+x_3=0 \end{cases}$ 有非零解?

18. 求下列矩阵的逆矩阵:

(1) $\begin{pmatrix} 1 & 2 \\ 2 & 5 \end{pmatrix}$; (2) $\begin{pmatrix} \cos\theta & -\sin\theta \\ \sin\theta & \cos\theta \end{pmatrix}$; (3) $\begin{pmatrix} 1 & 2 & -1 \\ 3 & 4 & -2 \\ 5 & -4 & 1 \end{pmatrix}$;

(4) $\boldsymbol{A}=\begin{pmatrix} a_1 & 0 & \cdots & 0 \\ 0 & a_2 & \cdots & 0 \\ \vdots & \vdots & & \vdots \\ 0 & 0 & \cdots & a_n \end{pmatrix}$ $(a_1a_2\cdots a_n\neq 0)$; (5) $\begin{pmatrix} 5 & 2 & 0 & 0 \\ 2 & 1 & 0 & 0 \\ 0 & 0 & 8 & 3 \\ 0 & 0 & 5 & 2 \end{pmatrix}$.

19. 解下列矩阵方程:

(1) $\begin{pmatrix} 2 & 5 \\ 1 & 3 \end{pmatrix}\boldsymbol{X}=\begin{pmatrix} 4 & -6 \\ 2 & 1 \end{pmatrix}$; (2) $\boldsymbol{X}\begin{pmatrix} 2 & 1 & -1 \\ 2 & 1 & 0 \\ 1 & -1 & 1 \end{pmatrix}=\begin{pmatrix} 1 & -1 & 3 \\ 4 & 3 & 2 \end{pmatrix}$;

(3) $\begin{pmatrix} 1 & 4 \\ -1 & 2 \end{pmatrix}\boldsymbol{X}\begin{pmatrix} 2 & 0 \\ -1 & 1 \end{pmatrix}=\begin{pmatrix} 3 & 1 \\ 0 & -1 \end{pmatrix}$;

(4) $\begin{pmatrix} 0 & 1 & 0 \\ 1 & 0 & 0 \\ 0 & 0 & 1 \end{pmatrix} \boldsymbol{X} \begin{pmatrix} 1 & 0 & 0 \\ 0 & 0 & 1 \\ 0 & 1 & 0 \end{pmatrix} = \begin{pmatrix} 1 & -4 & 3 \\ 2 & 0 & -1 \\ 1 & -2 & 0 \end{pmatrix}$.

20. 利用逆矩阵解下列线性方程组:

(1) $\begin{cases} x_1+2x_2+3x_3=1, \\ 2x_1+2x_2+5x_3=2, \\ 3x_1+5x_2+x_3=3; \end{cases}$　　(2) $\begin{cases} x_1-x_2-x_3=2, \\ 2x_1-x_2-3x_3=1, \\ 3x_1+2x_2-5x_3=0. \end{cases}$

21. 设 $\boldsymbol{A}$ 为三阶矩阵, $|\boldsymbol{A}|=\dfrac{1}{2}$, 求 $|(2\boldsymbol{A})^{-1}-5\boldsymbol{A}^*|$.

22. 设矩阵 $\boldsymbol{A}$ 可逆, 证明其伴随阵 $\boldsymbol{A}^*$ 也可逆, 且 $(\boldsymbol{A}^*)^{-1}=(\boldsymbol{A}^{-1})^*$.

23. 设 $\boldsymbol{A}=\begin{pmatrix} 0 & 3 & 3 \\ 1 & 1 & 0 \\ -1 & 2 & 3 \end{pmatrix}$, $\boldsymbol{AB}=\boldsymbol{A}+2\boldsymbol{B}$, 求 $\boldsymbol{B}$.

24. 设 $\boldsymbol{P}^{-1}\boldsymbol{AP}=\boldsymbol{\Lambda}$, 其中 $\boldsymbol{P}=\begin{pmatrix} -1 & -4 \\ 1 & 1 \end{pmatrix}$, $\boldsymbol{\Lambda}=\begin{pmatrix} -1 & 0 \\ 0 & 2 \end{pmatrix}$, 求 $\boldsymbol{A}^{11}$.

25. 设 $\boldsymbol{AP}=\boldsymbol{P\Lambda}$, 其中 $\boldsymbol{P}=\begin{pmatrix} 1 & 1 & 1 \\ 1 & 0 & -2 \\ 1 & -1 & 1 \end{pmatrix}$, $\boldsymbol{\Lambda}=\begin{pmatrix} -1 & & \\ & 1 & \\ & & 5 \end{pmatrix}$, 求 $\varphi(\boldsymbol{A})=\boldsymbol{A}^8(5\boldsymbol{E}-6\boldsymbol{A}+\boldsymbol{A}^2)$.

26. 设矩阵 $\boldsymbol{A}, \boldsymbol{B}$ 及 $\boldsymbol{A}+\boldsymbol{B}$ 都可逆, 证明 $\boldsymbol{A}^{-1}+\boldsymbol{B}^{-1}$ 也可逆, 并求其逆阵.

27. 计算 $\begin{pmatrix} 1 & 2 & 1 & 0 \\ 0 & 1 & 0 & 1 \\ 0 & 0 & 2 & 1 \\ 0 & 0 & 0 & 3 \end{pmatrix}\begin{pmatrix} 1 & 0 & 3 & 1 \\ 0 & 1 & 2 & -1 \\ 0 & 0 & -2 & 3 \\ 0 & 0 & 0 & -3 \end{pmatrix}$.

28. 设 $\boldsymbol{A}=\begin{pmatrix} 3 & 4 & 0 & 0 \\ 4 & -3 & 0 & 0 \\ 0 & 0 & 2 & 0 \\ 0 & 0 & 2 & 2 \end{pmatrix}$, 求 $\boldsymbol{A}^4$ 及 $|\boldsymbol{A}^8|$.

29. 设 n 阶矩阵 $\boldsymbol{A}$ 及 s 阶矩阵 $\boldsymbol{B}$ 都可逆, 求

(1) $\begin{pmatrix} \boldsymbol{O} & \boldsymbol{A} \\ \boldsymbol{B} & \boldsymbol{O} \end{pmatrix}^{-1}$;　　(2) $\begin{pmatrix} \boldsymbol{A} & \boldsymbol{O} \\ \boldsymbol{C} & \boldsymbol{B} \end{pmatrix}^{-1}$.

30. 求下列矩阵的秩, 并求一个最高阶非零子式.

(1) $\begin{pmatrix} 3 & 1 & 0 & 2 \\ 1 & -1 & 2 & -1 \\ 1 & 3 & -4 & 4 \end{pmatrix}$;　　(2) $\begin{pmatrix} 3 & 2 & -1 & -3 & -2 \\ 2 & -1 & 3 & 1 & -3 \\ 7 & 0 & 5 & -1 & -8 \end{pmatrix}$;

(3) $\begin{pmatrix} 2 & 1 & 8 & 3 & 7 \\ 2 & -3 & 0 & 7 & -5 \\ 3 & -2 & 5 & 8 & 0 \\ 1 & 0 & 3 & 2 & 0 \end{pmatrix}$.

B 类 题

1. 应用矩阵编制希尔密码 (简单的数学建模).

密码学在经济和军事方面起着极其重要的作用. 现代密码学涉及很多高深的数学知识 (这里无法展开介绍). 密码学中将信息代码称为**密码**, 尚未转换成密码的文字信息称为**明文**, 由密码表示的信息称为**密文**. 从明文到密文的过程称为**加密**, 反之为**解密**. 1929 年, 希尔通过线性变换对待传输信息进行加密处理, 提出了在密码史上有重要地位的希尔加密算法. 下面我们略去一些实际应用中的细节, 只介绍最基本的思想 (图 2.13).

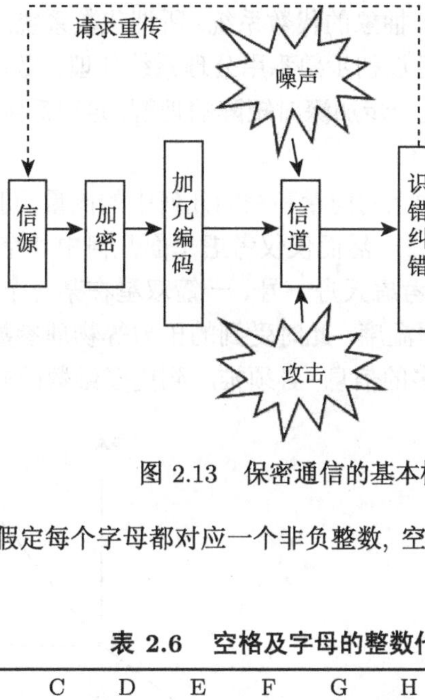

图 2.13 保密通信的基本模型

【模型假设】假定每个字母都对应一个非负整数, 空格和 26 个英文字母依次对应整数 0~26(表 2.6).

表 2.6 空格及字母的整数代码表

空格	A	B	C	D	E	F	G	H	I	J	K	L	M
0	1	2	3	4	5	6	7	8	9	10	11	12	13
N	O	P	Q	R	S	T	U	V	W	X	Y	Z	
14	15	16	17	18	19	20	21	22	23	24	25	26	

【模型准备】若要发出信息 action, 现需要利用矩阵乘法给出加密方法和加密后得到的密文, 并给出相应的解密方法.

第 3 章　向 量 空 间

向量空间 (vector space) 又称线性空间 (linear space). 本章的特点及要求如下.

向量空间是线性代数最基本的、最重要的概念之一, 是进一步学习数学必备的内容.

向量空间的产生有着丰富的数学背景, 又在许多领域 (包括数学本身) 中有着广泛的应用. 例如, 在线性方程组的解结构和量子力学、自然科学、工程技术 (机器人设计与操控、卫星定位和飞船设计)、经济管理的各个领域都有重要应用.

向量空间是我们遇到的第一抽象的代数系统. 所谓代数系统, 就是带有运算的集合. 通过对本章的学习, 读者可以初步熟悉用公理系统处理代数问题的思维方法、逻辑推理的方法. 读者还可以进一步加深对矩阵的理解, 这对后续内容的学习会有很大的帮助.

中学数学中已经接触过平面上的向量和空间几何中的向量, 可以分别称为二维向量 (图 3.1) 和三维向量 (图 3.2). 然而仅仅考虑平面几何中和空间几何中的向量是不够的. 例如, 在太空运行中考虑天舟一号、一箭双星在某一个时刻的状态必须知道目前处于什么位置、其表面温度、此时受到的压力等物理参数的情况, 这时二维和三维向量就无法表达这么多的信息, 必须推广到更多维数的向量.

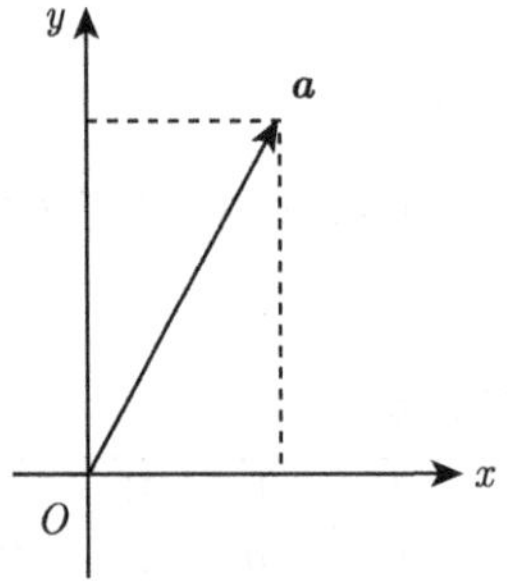

图 3.1　二维向量 $\boldsymbol{a}=(x,y)$

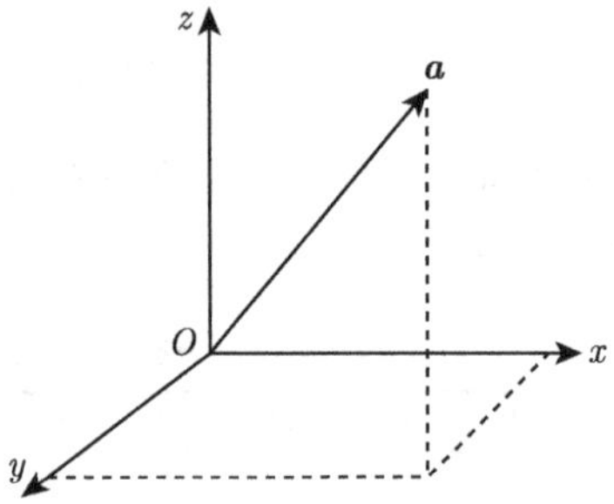

图 3.2　三维向量 $\boldsymbol{a}=(x,y,z)$

3.1　向量及其线性组合

3.1.1　课题引入

为了确定小鸟的飞行状态 (图 3.3), 需要以下若干个参数:

小鸟身体的质量 m, 小鸟身体的仰角 φ, 鸟翼的转角 ψ, 鸟翼的振动频率 t, 小鸟身体的水平转角 θ, 小鸟重心在空间的位置参数 $P(x,y,z)$, 还有 $\cdots\cdots$ 所以, 为确定小鸟的飞行状态, 会产生一组有序数组

图 3.3 飞行的小鸟

$$\boldsymbol{\alpha}=(m,\varphi,\psi,t,\theta,x,y,z,\cdots).$$

3.1.2 向量的定义

定义 1 n 个数 $a_1,a_2,\cdots,a_n$ 组成的有序数组 $(a_1,a_2,\cdots,a_n)$ (n 维行向量) 或 $\begin{pmatrix}a_1\\a_2\\\vdots\\a_n\end{pmatrix}$ (n 维列向量), 称为一个 **n 维向量**, 简称为**向量** (vector), 其中, 数 $a_1,a_2,\cdots,a_n$ 称为这个向量的**分量**, a_i 称为这个向量的第 i 个分量 (component) 或坐标.

例如,

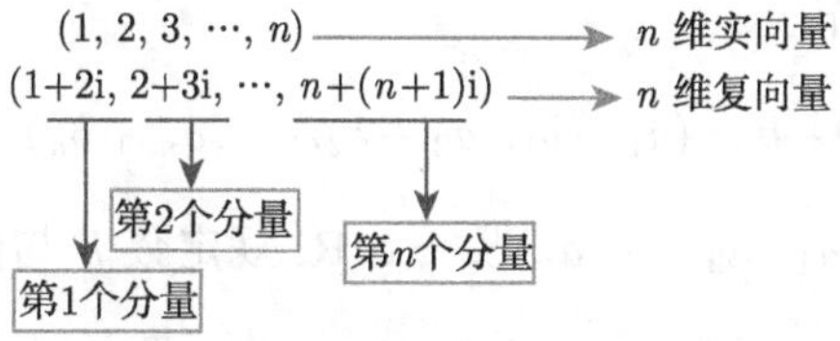

分量都是实数的向量称为**实向量**; 分量是复数的向量称为**复向量**.

注 (1) 向量一般用黑体小写英文字母 $\boldsymbol{a},\boldsymbol{b}$ 等或黑体小写希腊字母 $\boldsymbol{\alpha},\boldsymbol{\beta}$ 等表示, 其中 n 为向量的维数. 一般所说的向量都是指列向量, 行向量可看作列向量的转置. 如, $\boldsymbol{a}=(a_1,a_2,\cdots,a_n)^{\mathrm{T}}$, $\boldsymbol{\beta}=(b_1,b_2,\cdots,b_n)^{\mathrm{T}}$.

(2) 行向量和列向量总被看作两个不同的向量.

(3) 当没有明确说明时, 都当作实的列向量.

相似于矩阵的学习, 下面分别介绍两种特殊向量、向量同型与相等, 以及向量的加、减、数乘运算.

3.1.3 两种特殊向量

元素全为零的向量称为**零向量** (null vector), 如

$$\mathbf{0}=(0,\cdots,0)^{\mathrm{T}}.$$

长度为 1 的向量称为**单位向量** (identity vector), 如

$$e_1=\begin{pmatrix}\dfrac{4}{3\sqrt{2}}\\-\dfrac{1}{3\sqrt{2}}\\\dfrac{1}{3\sqrt{2}}\end{pmatrix},\quad e_2=\begin{pmatrix}\dfrac{1}{3}\\\dfrac{2}{3}\\-\dfrac{2}{3}\end{pmatrix},\quad e_3=\begin{pmatrix}0\\\dfrac{1}{\sqrt{2}}\\\dfrac{1}{\sqrt{2}}\end{pmatrix},$$

$$e_4=\begin{pmatrix}1\\0\\0\end{pmatrix},\quad e_5=\begin{pmatrix}0\\1\\0\end{pmatrix},\quad e_6=\begin{pmatrix}0\\0\\1\end{pmatrix}.$$

3.1.4 向量同型与相等

定义 2　维数相同的列 (行) 向量称为向量同型.

定义 3　设 n 维向量 $\boldsymbol{a}=(a_1,a_2,\cdots,a_n)^{\mathrm{T}}$, $\boldsymbol{b}=(b_1,b_2,\cdots,b_n)^{\mathrm{T}}$, 则当且仅当 $a_i=b_i\ (i=1,2,\cdots,n)$ 时, 称向量 $\boldsymbol{a}$ 与 $\boldsymbol{b}$ 相等, 记作 $\boldsymbol{a}=\boldsymbol{b}$.

3.1.5 向量的加、减、数乘运算

定义 4　设 n 维向量 $\boldsymbol{a}=(a_1,a_2,\cdots,a_n)^{\mathrm{T}}$, $\boldsymbol{b}=(b_1,b_2,\cdots,b_n)^{\mathrm{T}}$, 规定向量 $\boldsymbol{a}$ 与 $\boldsymbol{b}$ 的和为 $\boldsymbol{a}+\boldsymbol{b}$, 记作

$$\boldsymbol{a}+\boldsymbol{b}=(a_1+b_1,\ a_2+b_2,\cdots,a_n+b_n)^{\mathrm{T}}.$$

定义 5　设 $\boldsymbol{a}=(a_1,\ a_2,\cdots,a_n)^{\mathrm{T}}$, $k\in\mathbf{R}$, 规定数 k 与向量 $\boldsymbol{a}$ 的数乘为

$$k\boldsymbol{a}=(ka_1,\ ka_2,\cdots,ka_n)^{\mathrm{T}}.$$

特别地, 取 $k=-1$, 有

$$-\boldsymbol{a}=(-a_1,\ -a_2,\cdots,-a_n)^{\mathrm{T}},$$

称其为 $\boldsymbol{a}$ 的负向量.

此外 $\boldsymbol{a}+(-\boldsymbol{b})$ 写作 $\boldsymbol{a}-\boldsymbol{b}$, 称为 $\boldsymbol{a}$ 与 $\boldsymbol{b}$ 的差.

注　向量的加减法、数乘运算都按照矩阵的运算法则进行.

运算规律　由上述定义, 对任意的 n 维向量 $\boldsymbol{a},\boldsymbol{b},\boldsymbol{c}$ 及实数 k,l, 向量加法与数乘运算满足下列八条性质:

(1) $\boldsymbol{a}+\boldsymbol{b}=\boldsymbol{b}+\boldsymbol{a}$;

(2) $(\boldsymbol{a}+\boldsymbol{b})+\boldsymbol{c}=\boldsymbol{a}+(\boldsymbol{b}+\boldsymbol{c})$;

(3) $\boldsymbol{a}+\boldsymbol{0}=\boldsymbol{a}$;

(4) $\boldsymbol{a}+(-\boldsymbol{a})=\boldsymbol{0}$;

(5) $1\boldsymbol{a}=\boldsymbol{a}$;

(6) $k(l\boldsymbol{a})=(kl)\boldsymbol{a}$;

(7) $k(\boldsymbol{a}+\boldsymbol{b})=k\boldsymbol{a}+k\boldsymbol{b}$;

(8) $(k+l)\boldsymbol{a}=k\boldsymbol{a}+l\boldsymbol{a}$.

例 1 设 $\boldsymbol{\alpha}=\begin{pmatrix}4\\7\\-3\\2\end{pmatrix}$, $\boldsymbol{\beta}=\begin{pmatrix}11\\-12\\8\\58\end{pmatrix}$, 求 $\boldsymbol{\gamma}$ 使其满足 $3\boldsymbol{\gamma}-2\boldsymbol{\alpha}=2(\boldsymbol{\beta}-\boldsymbol{\gamma})$.

解 由于 $3\boldsymbol{\gamma}-2\boldsymbol{\alpha}=2(\boldsymbol{\beta}-\boldsymbol{\gamma})$, 于是 $3\boldsymbol{\gamma}+2\boldsymbol{\gamma}=2\boldsymbol{\alpha}+2\boldsymbol{\beta}$, 进而

$$5\boldsymbol{\gamma}=2\boldsymbol{\alpha}+2\boldsymbol{\beta}\Rightarrow\boldsymbol{\gamma}=\frac{1}{5}(2\boldsymbol{\alpha}+2\boldsymbol{\beta})=\frac{2}{5}(\boldsymbol{\alpha}+\boldsymbol{\beta})=\begin{pmatrix}6\\-2\\2\\24\end{pmatrix}.$$

3.2 向量组、矩阵、线性方程组

3.2.1 向量组的定义

定义 1 若干个同维数的列向量 (或行向量) 所组成的集合称为**向量组**, 记作 $A:\boldsymbol{\alpha}_1,\boldsymbol{\alpha}_2,\cdots,\boldsymbol{\alpha}_n$ 或 $\{\boldsymbol{\alpha}_i|i=1,2,\cdots,n\}$.

例 1 对于一个 $m\times n$ 矩阵 $\boldsymbol{A}$, 有 n 个 m 维列向量 $\boldsymbol{\alpha}_1,\boldsymbol{\alpha}_2,\cdots,\boldsymbol{\alpha}_n$, 如下:

$$\boldsymbol{A}=\begin{array}{c}\begin{matrix}\boldsymbol{\alpha}_1 & \boldsymbol{\alpha}_2 & \cdots & \boldsymbol{\alpha}_j & \cdots & \boldsymbol{\alpha}_n\end{matrix}\\ \begin{pmatrix}a_{11} & a_{12} & \cdots & a_{1j} & \cdots & a_{1n}\\ a_{21} & a_{22} & \cdots & a_{2j} & \cdots & a_{2n}\\ \vdots & \vdots & & \vdots & & \vdots\\ a_{m1} & a_{m2} & \cdots & a_{mj} & \cdots & a_{mn}\end{pmatrix}\end{array}.$$

向量组 $A:\boldsymbol{\alpha}_1,\boldsymbol{\alpha}_2,\cdots,\boldsymbol{\alpha}_n$ 称为矩阵 $\boldsymbol{A}$ 的列向量组.

类似地, 矩阵 $\boldsymbol{A}$ 有 m 个 n 维行向量 $\boldsymbol{\alpha}_1^{\mathrm{T}},\boldsymbol{\alpha}_2^{\mathrm{T}},\cdots,\boldsymbol{\alpha}_m^{\mathrm{T}}$, 如下:

$$\boldsymbol{A}=\begin{pmatrix} a_{11} & a_{12} & \cdots & a_{1n} \\ a_{21} & a_{22} & \cdots & a_{2n} \\ \vdots & \vdots & & \vdots \\ a_{i1} & a_{i2} & \cdots & a_{in} \\ \vdots & \vdots & & \vdots \\ a_{m1} & a_{m2} & \cdots & a_{mn} \end{pmatrix}\begin{matrix} \boldsymbol{\alpha}_1^{\mathrm{T}} \\ \boldsymbol{\alpha}_2^{\mathrm{T}} \\ \vdots \\ \boldsymbol{\alpha}_i^{\mathrm{T}} \\ \vdots \\ \boldsymbol{\alpha}_m^{\mathrm{T}} \end{matrix}.$$

向量组 $A:\boldsymbol{a}_1^{\mathrm{T}},\ \boldsymbol{a}_2^{\mathrm{T}},\cdots,\boldsymbol{a}_m^{\mathrm{T}}$ 为矩阵 $\boldsymbol{A}$ 的行向量组.

3.2.2　向量与向量组之间的关系——线性表示

定义 2 (向量的线性表示)　对于向量组 $A:\boldsymbol{\alpha}_1,\ \boldsymbol{\alpha}_2,\cdots,\boldsymbol{\alpha}_n$, 表达式

$$k_1\boldsymbol{\alpha}_1+k_2\boldsymbol{\alpha}_2+\cdots+k_n\boldsymbol{\alpha}_n\quad (k_i\in\mathbf{R},\ i=1,2,\cdots,n)$$

称为向量组 A 的一个**线性组合** (linearly combination). 又如果 $\boldsymbol{\beta}$ 是向量组 A 的一个线性组合, 即存在数 $\lambda_1,\lambda_2,\cdots,\lambda_n$, 使

$$\boldsymbol{\beta}=\lambda_1\boldsymbol{\alpha}_1+\lambda_2\boldsymbol{\alpha}_2+\cdots+\lambda_n\boldsymbol{\alpha}_n,$$

则称向量 $\boldsymbol{\beta}$ 可由向量组 A **线性表示** (linearly representation).

通常写成

$$\boldsymbol{\beta}=(\boldsymbol{\alpha}_1,\boldsymbol{\alpha}_2,\cdots,\boldsymbol{\alpha}_n)\begin{pmatrix}\lambda_1\\ \lambda_2\\ \vdots\\ \lambda_n\end{pmatrix}.$$

注　(1) 零向量可由任一向量组线性表示:

$$0=\mathbf{0}\boldsymbol{\alpha}_1+0\boldsymbol{\alpha}_2+\cdots+0\boldsymbol{\alpha}_m.$$

(2) 向量组 $\boldsymbol{\alpha}_1,\boldsymbol{\alpha}_2,\cdots,\boldsymbol{\alpha}_m$ 中每个向量都可由向量组本身线性表示:

$$\boldsymbol{\alpha}_i=0\boldsymbol{\alpha}_1+\cdots+0\boldsymbol{\alpha}_{i-1}+1\boldsymbol{\alpha}_i+0\boldsymbol{\alpha}_{i+1}+\cdots+0\boldsymbol{\alpha}_m\quad (i=1,2,\cdots,m).$$

(3) 任一 n 元向量 $\boldsymbol{\alpha}=(a_1,a_2,\cdots,a_n)^{\mathrm{T}}$, 都可由 n 元标准向量组 $\boldsymbol{e}_1=(1,0,\cdots,0)^{\mathrm{T}},\ \boldsymbol{e}_2=(0,1,\cdots,0)^{\mathrm{T}},\cdots,\boldsymbol{e}_n=(0,0,\cdots,1)^{\mathrm{T}}$ 线性表示, 即

$$\boldsymbol{\alpha}=a_1\boldsymbol{e}_1+a_2\boldsymbol{e}_2+\cdots\cdots+a_n\boldsymbol{e}_n.$$

3.2.3 线性方程组的向量表示

n 元线性方程组

$$\begin{cases} a_{11}x_1 + a_{12}x_2 + \cdots + a_{1n}x_n = b_1, \\ a_{21}x_1 + a_{22}x_2 + \cdots + a_{2n}x_n = b_2, \\ \qquad\cdots\cdots \\ a_{n1}x_1 + a_{n2}x_2 + \cdots + a_{nn}x_n = b_n \end{cases} \tag{3.1}$$

可以用向量形式表示为

$$x_1\boldsymbol{\alpha}_1 + x_2\boldsymbol{\alpha}_2 + \cdots + x_n\boldsymbol{\alpha}_n = \boldsymbol{\beta}, \tag{3.2}$$

其中

$$\boldsymbol{\alpha}_1 = \begin{pmatrix} a_{11} \\ a_{21} \\ \vdots \\ a_{n1} \end{pmatrix},\ \boldsymbol{\alpha}_2 = \begin{pmatrix} a_{12} \\ a_{22} \\ \vdots \\ a_{n2} \end{pmatrix}, \cdots,\ \boldsymbol{\alpha}_n = \begin{pmatrix} a_{1n} \\ a_{2n} \\ \vdots \\ a_{nn} \end{pmatrix},\ \boldsymbol{\beta} = \begin{pmatrix} b_1 \\ b_2 \\ \vdots \\ b_n \end{pmatrix}.$$

对应 (3.2) 的齐次方程组可用向量形式表示为

$$x_1\boldsymbol{\alpha}_1 + x_2\boldsymbol{\alpha}_2 + \cdots + x_n\boldsymbol{\alpha}_n = \boldsymbol{0}.$$

定理 1 向量 $\boldsymbol{\beta}$ 可由向量组 $A: \boldsymbol{\alpha}_1, \boldsymbol{\alpha}_2, \cdots, \boldsymbol{\alpha}_n$ 线性表示

$\Leftrightarrow$ (按定义) 存在数 $\lambda_1, \lambda_2, \cdots, \lambda_n$ 使

$$\lambda_1\boldsymbol{\alpha}_1 + \lambda_2\boldsymbol{\alpha}_2 + \cdots + \lambda_n\boldsymbol{\alpha}_n = \boldsymbol{\beta}$$

$\Leftrightarrow$ (转换为方程组) 方程组 $x_1\boldsymbol{\alpha}_1 + x_2\boldsymbol{\alpha}_2 + \cdots + x_n\boldsymbol{\alpha}_n = \boldsymbol{\beta}$, 即 $\boldsymbol{A}x = \boldsymbol{\beta}$ $(\boldsymbol{A} = (\boldsymbol{\alpha}_1, \boldsymbol{\alpha}_2, \cdots, \boldsymbol{\alpha}_n))$ 有解

$\Leftrightarrow$ (用矩阵的秩) 用矩阵的秩 $R(\boldsymbol{A}) = R(\boldsymbol{A}|\boldsymbol{\beta})$.

另外, 由定理 1 可知, 如果解唯一, 则表示方法唯一. 如果解不唯一, 则表示方法也不唯一.

例 2 设向量组

$$\boldsymbol{\alpha}_1 = \begin{pmatrix} 2 \\ -4 \\ 3 \end{pmatrix},\quad \boldsymbol{\alpha}_2 = \begin{pmatrix} -1 \\ 5 \\ -2 \end{pmatrix},\quad \boldsymbol{\alpha}_3 = \begin{pmatrix} 0 \\ -8 \\ 1 \end{pmatrix},\quad \boldsymbol{\alpha}_4 = \begin{pmatrix} 2 \\ 3 \\ 2 \end{pmatrix},$$

证明 $\boldsymbol{\beta}=\begin{pmatrix}-1\\5\\-2\end{pmatrix}$ 可由 $\boldsymbol{\alpha}_1,\boldsymbol{\alpha}_2,\boldsymbol{\alpha}_3,\boldsymbol{\alpha}_4$ 线性表示.

证明　首先, 显然 $\boldsymbol{\beta}=0\boldsymbol{\alpha}_1+1\boldsymbol{\alpha}_2+0\boldsymbol{\alpha}_3+0\boldsymbol{\alpha}_4$. 故 $\boldsymbol{\beta}=\begin{pmatrix}-1\\5\\-2\end{pmatrix}$ 可由 $\boldsymbol{\alpha}_1,\boldsymbol{\alpha}_2,\boldsymbol{\alpha}_3,\boldsymbol{\alpha}_4$ 线性表示.

其次, 由定义 2 可得 $\boldsymbol{\beta}=k_1\boldsymbol{\alpha}_1+k_2\boldsymbol{\alpha}_2+k_3\boldsymbol{\alpha}_3+k_4\boldsymbol{\alpha}_4$, 即

$$\begin{pmatrix}-1\\5\\-2\end{pmatrix}=k_1\begin{pmatrix}2\\-4\\3\end{pmatrix}+k_2\begin{pmatrix}-1\\5\\-2\end{pmatrix}+k_3\begin{pmatrix}0\\-8\\1\end{pmatrix}+k_4\begin{pmatrix}2\\3\\2\end{pmatrix},$$

则

$$\begin{cases}2k_1-k_2+2k_4=-1,\\-4k_1+5k_2-8k_3+3k_4=5,\\3k_1-2k_2+k_3+2k_4=-2,\end{cases}$$

故

$$\boldsymbol{B}=\begin{pmatrix}2&-1&0&2&-1\\-4&5&-8&3&5\\3&-2&1&2&-2\end{pmatrix}\xrightarrow[-r_1+r_3]{2r_1+r_2}\begin{pmatrix}2&-1&0&2&-1\\0&3&-8&7&3\\1&-1&1&0&-1\end{pmatrix}$$

$$\xrightarrow[-2r_1+r_3]{r_1\leftrightarrow r_3}\begin{pmatrix}1&-1&1&0&-1\\0&3&-8&7&3\\0&1&-2&2&1\end{pmatrix}\xrightarrow[-3r_2+r_3]{r_2\leftrightarrow r_3}\begin{pmatrix}1&-1&1&0&-1\\0&1&-2&2&1\\0&0&-2&1&0\end{pmatrix}.$$

向量 $\boldsymbol{\beta}$ 可由向量组 $\boldsymbol{\alpha}_1,\boldsymbol{\alpha}_2,\boldsymbol{\alpha}_3,\boldsymbol{\alpha}_4$ 线性表示的充要条件是四元线性方程组 $\boldsymbol{\beta}=k_1\boldsymbol{\alpha}_1+k_2\boldsymbol{\alpha}_2+k_3\boldsymbol{\alpha}_3+k_4\boldsymbol{\alpha}_4$ 有解.

由于 $R(\boldsymbol{B})=R(\overline{\boldsymbol{B}})=3<4$, 故该线性方程组有无穷解, 自由未知量的个数为 $4-3=1$, 于是有

$$\begin{cases}k_1=-\dfrac{3}{2}k,\\k_2=-k+1,\\k_3=\dfrac{1}{2}k,\\k_4=k.\end{cases}$$

当 $k=1$ 时, $\boldsymbol{\beta}=-\dfrac{3}{2}\boldsymbol{\alpha}_1+0\boldsymbol{\alpha}_2+\dfrac{1}{2}\boldsymbol{\alpha}_3+\boldsymbol{\alpha}_4$.

例 3 (线性表示薛定谔的既死又活猫) 薛定谔的既死又活猫可以用上面介绍的向量的线性表示来描述, 即 50%活猫 + 50%死猫的状态 (背景介绍: 一只猫被关在一个密闭的盒子里, 盒子里有一些放射性物质. 放射性物质有 50%的概率衰变, 这时有一个装置就会使锤子砸碎毒药瓶, 将猫毒死; 放射性物质有 50%的概率未衰变, 猫便能活下来. 问题是, 当我们没有打开盒子之前, 这只猫处在什么状态? 似乎唯一的可能就是, 它和放射性物质一样处在叠加态, 这只猫当时陷于一种死 / 活的混合状态).

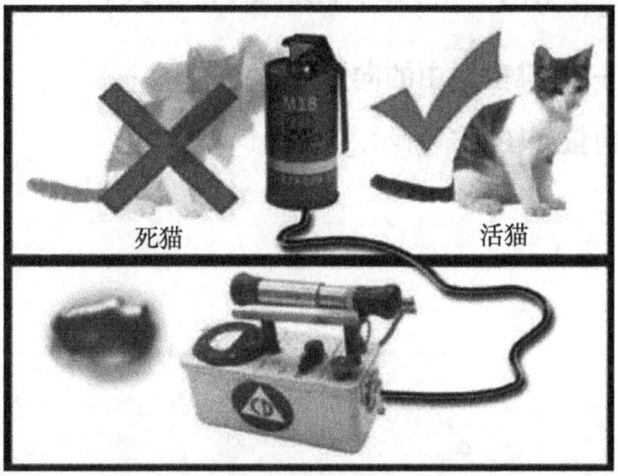

图 3.4 薛定谔的猫 (假想实验)

解 令猫既死又活的向量为 $\begin{pmatrix}50\%\\50\%\end{pmatrix}$, 活猫的向量为 $\begin{pmatrix}1\\0\end{pmatrix}$, 死猫的向量为 $\begin{pmatrix}0\\1\end{pmatrix}$, 则有

$$\begin{pmatrix}50\%\\50\%\end{pmatrix}=50\%\begin{pmatrix}1\\0\end{pmatrix}+50\%\begin{pmatrix}0\\1\end{pmatrix}.$$

线性表出的意义在于 (排除冗余): 若向量 $\boldsymbol{\beta}$ 可由向量组 $\boldsymbol{\alpha}_1,\boldsymbol{\alpha}_2,\cdots,\boldsymbol{\alpha}_n$ 线性表出, 则在由向量组 $\boldsymbol{\beta},\boldsymbol{\alpha}_1,\boldsymbol{\alpha}_2,\cdots,\boldsymbol{\alpha}_n$ 所确定的线性方程组中, $\boldsymbol{\beta}$ 所对应的方程可由其他方程线性表出, 这时 $\boldsymbol{\beta}$ 所对应的方程在决定方程组的解的过程中不起作用, 因此它是多余的方程.

例如, 设有方程组

$$\begin{cases}2x_1-x_2+3x_3=1,\\4x_1-2x_2+5x_3=4,\\2x_1-x_2+4x_3=-1,\end{cases}$$

则方程组所对应的向量组 (按行看) 为

$$\boldsymbol{\alpha}_1=(2,-1,3,1),\quad \boldsymbol{\alpha}_2=(4,-2,5,4),\quad \boldsymbol{\alpha}_3=(2,-1,4,-1).$$

因为 $\boldsymbol{\alpha}_3=3\boldsymbol{\alpha}_1-\boldsymbol{\alpha}_2$, 则方程组的第三个方程是多余的, 去掉它也不影响方程组的解. 事实上, 第三个方程等于第一个方程的 3 倍减去第二个方程, 所以满足第一、第二个方程的解一定满足第三个方程, 即方程组的解完全由前两个方程确定, 第三个方程是多余的.

3.3 向量组的线性相关性

3.3.1 知识回顾——三维空间中的向量

三维空间中的向量如图 3.5 所示.

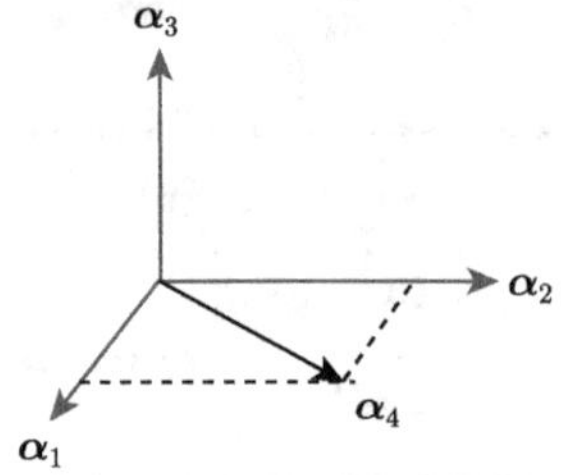

图 3.5 三维空间中的向量

设 $\boldsymbol{\alpha}_4$ 可表示为 $\boldsymbol{\alpha}_4=k_1\boldsymbol{\alpha}_1+k_2\boldsymbol{\alpha}_2$, 其中 k_1,k_2 不全为 0, 说明 $\boldsymbol{\alpha}_1,\boldsymbol{\alpha}_2,\boldsymbol{\alpha}_4$ 这三个向量在一个平面内 (共面).

$\boldsymbol{\alpha}_1,\boldsymbol{\alpha}_2,\boldsymbol{\alpha}_3$ 这三个向量任何一个都不能由其他两个向量线性表示, 说明它们是异面的.

3.3.2 线性相关与线性无关及其性质

我们把上面这种向量之间的最基本的关系 (共面) 予以推广, 并换一种叫法.

定义 1 如果存在不全为零的数 $k_1,k_2,\cdots,k_m$, 使得

$$k_1\boldsymbol{\alpha}_1+k_2\boldsymbol{\alpha}_2+\cdots+k_m\boldsymbol{\alpha}_m=\mathbf{0},$$

则称该向量组**线性相关**(linearly dependent). 否则, 如果设

$$k_1\boldsymbol{\alpha}_1+k_2\boldsymbol{\alpha}_2+\cdots+k_m\boldsymbol{\alpha}_m=\mathbf{0}$$

只有当 $k_1=k_2=\cdots=k_m=0$ 时才成立, 则称该向量组**线性无关**(linearly independent).

注 (1) 任何含有零向量的向量组都线性相关.

(2) 仅含两个向量的向量组, 它线性相关的充分必要条件是两向量的对应分量成比例. 其几何意义是两向量共线.

(3) 三个向量线性相关的几何意义是三向量共面.

(4) 任何一个向量组不是线性相关就是线性无关.

例 1 判断下列向量组的相关性:

(1) $\boldsymbol{v}_1=\begin{pmatrix}1\\3\end{pmatrix}$, $\boldsymbol{v}_2=\begin{pmatrix}2\\6\end{pmatrix}$; (2) $\boldsymbol{v}_1=\begin{pmatrix}1\\3\end{pmatrix}$, $\boldsymbol{v}_2=\begin{pmatrix}4\\6\end{pmatrix}$;

(3) $\boldsymbol{v}_1=\begin{pmatrix}2\\2\\4\end{pmatrix}$, $\boldsymbol{v}_2=\begin{pmatrix}5\\4\\1\end{pmatrix}$, $\boldsymbol{v}_3=\begin{pmatrix}3\\1\\8\end{pmatrix}$, $\boldsymbol{v}_4=\begin{pmatrix}7\\2\\8\end{pmatrix}$;

(4) $\boldsymbol{v}_1=\begin{pmatrix}2\\2\\4\end{pmatrix}$, $\boldsymbol{v}_2=\begin{pmatrix}0\\0\\0\end{pmatrix}$, $\boldsymbol{v}_3=\begin{pmatrix}3\\1\\8\end{pmatrix}$.

结论 由注 (2) 知, 例 1 之 (1) 中的向量组是线性相关的和 (2) 中的向量组是线性无关的; 由注 (1) 知, 例 1 之 (4) 中的向量组是线性相关的; 例 1 之 (3) 中的向量组是线性相关的 (理由见推论 1).

由 (3) 可得如下推论.

推论 1 $n+1$ 个 n 维向量一定线性相关.

把向量组排成矩阵, 如果矩阵的秩小于向量的个数 (转化为方程来看就是未知数的个数大于方程的个数, 齐次线性方程组一定有非零解) 就线性相关, 否则, 如果矩阵的秩等于向量的个数就线性无关. 于是可得命题 1 和命题 2.

命题 1 向量组 $A:\boldsymbol{\alpha}_1,\boldsymbol{\alpha}_2,\cdots,\boldsymbol{\alpha}_n$ 线性相关的充要条件是 $R(\boldsymbol{A})<n$

$\Leftrightarrow$ (按定义) 存在数 $\lambda_1,\lambda_2,\cdots,\lambda_n$ 使

$$\lambda_1\boldsymbol{\alpha}_1+\lambda_2\boldsymbol{\alpha}_2+\cdots+\lambda_n\boldsymbol{\alpha}_n=\mathbf{0}$$

$\Leftrightarrow$ (转换为方程组) 齐次线性方程组

$$x_1\boldsymbol{\alpha}_1+x_2\boldsymbol{\alpha}_2+\cdots+x_n\boldsymbol{\alpha}_n=\mathbf{0},$$

即 $\boldsymbol{Ax}=\mathbf{0}(\boldsymbol{A}=(\boldsymbol{\alpha}_1,\boldsymbol{\alpha}_2,\cdots,\boldsymbol{\alpha}_n))$ 有非零解.

命题 2 向量组线性无关 $\Leftrightarrow R(\boldsymbol{A})=n$.

命题 1 和命题 2 可简单概括为

向量组线性相关 $\Leftrightarrow$ 齐次线性方程组有非零解 $\Leftrightarrow R(\boldsymbol{A})<n$;

向量组线性无关 $\Leftrightarrow$ 齐次线性方程组只有零解 $\Leftrightarrow R(\boldsymbol{A})=n$.

推论 2　n 个 n 维向量线性相关 $\Leftrightarrow |\boldsymbol{A}|=0$.

推论 3　n 个 n 维向量线性无关 $\Leftrightarrow |\boldsymbol{A}|\neq 0$ (克拉默法则).

例 2　已知 $\boldsymbol{\alpha}_1=\begin{pmatrix}1\\1\\1\end{pmatrix}$, $\boldsymbol{\alpha}_2=\begin{pmatrix}0\\2\\5\end{pmatrix}$, $\boldsymbol{\alpha}_3=\begin{pmatrix}2\\4\\7\end{pmatrix}$, 问向量组 $\boldsymbol{\alpha}_1,\boldsymbol{\alpha}_2,\boldsymbol{\alpha}_3$ 和 $\boldsymbol{\alpha}_1,\boldsymbol{\alpha}_2$ 的线性相关性如何?

解　由题意得 $(\boldsymbol{\alpha}_1,\boldsymbol{\alpha}_2,\boldsymbol{\alpha}_3)=\begin{pmatrix}1&0&2\\1&2&4\\1&5&7\end{pmatrix}\to\begin{pmatrix}1&0&2\\0&2&2\\0&0&0\end{pmatrix}$.

$R(\boldsymbol{\alpha}_1,\boldsymbol{\alpha}_2,\boldsymbol{\alpha}_3)=2\Rightarrow\boldsymbol{\alpha}_1,\boldsymbol{\alpha}_2,\boldsymbol{\alpha}_3$ 线性相关.

$R(\boldsymbol{\alpha}_1,\boldsymbol{\alpha}_2)=2\Rightarrow\boldsymbol{\alpha}_1,\boldsymbol{\alpha}_2$ 线性无关.

例 3　判断向量组 $\boldsymbol{\alpha}_1=(1,2,3)^{\mathrm{T}}$, $\boldsymbol{\alpha}_2=(1,-4,1)^{\mathrm{T}}$, $\boldsymbol{\alpha}_3=(1,14,7)^{\mathrm{T}}$ 的相关性.

解　若存在数 k_1,k_2,k_3, 使

$$k_1\boldsymbol{a}_1+k_2\boldsymbol{a}_2+k_3\boldsymbol{a}_3=\boldsymbol{0}, \tag{3.3}$$

即

$$\begin{cases}k_1+k_2+k_3=0,\\2k_1-4k_2+14k_3=0,\\3k_1+k_2+7k_3=0,\end{cases}$$

因为其系数行列式

$$D=\begin{vmatrix}1&1&1\\2&-4&14\\3&1&7\end{vmatrix}=0,$$

于是方程组有非零解, 即有不全为零的数使 (3.3) 成立, 所以 $\boldsymbol{\alpha}_1,\boldsymbol{\alpha}_2,\boldsymbol{\alpha}_3$ 线性相关.

例 4　试判断下列向量组的线性相关性 $\boldsymbol{\alpha}_1=\left(1,a,a^2,a^3\right)$, $\boldsymbol{\alpha}_2=(1,b,b^2,b^3)$, $\boldsymbol{\alpha}_3=\left(1,c,c^2,c^3\right)$, $\boldsymbol{\alpha}_4=\left(1,d,d^2,d^3\right)$ (a,b,c,d 各不相同).

解　该方程组的系数行列式为

$$\begin{vmatrix}1&1&1&1\\a&b&c&d\\a^2&b^2&c^2&d^2\\a^3&b^3&c^3&d^3\end{vmatrix}=(b-a)(c-a)(c-b)(d-a)(d-b)(d-c).$$

由于 a, b, c, d 各不相同, 所以行列式不等于零即方程组只有零解, 从而 $\boldsymbol{\alpha}_1, \boldsymbol{\alpha}_2, \boldsymbol{\alpha}_3, \boldsymbol{\alpha}_4$ 线性无关.

3.3.3 向量组线性相关的判定定理

定理 1 n 维向量组 $\boldsymbol{\alpha}_1, \boldsymbol{\alpha}_2, \cdots, \boldsymbol{\alpha}_s (s \geqslant 2)$ 线性相关的充要条件是其中必有一个向量可由其余向量线性表示.

证明 必要性. 若 $\boldsymbol{\alpha}_1, \boldsymbol{\alpha}_2, \cdots, \boldsymbol{\alpha}_s$ 线性相关, 即存在不全为零的数 $k_1, k_2, \cdots, k_s$, 使得

$$k_1\boldsymbol{\alpha}_1 + k_2\boldsymbol{\alpha}_2 + \cdots + k_s\boldsymbol{\alpha}_s = \mathbf{0}.$$

不妨设 $k_i \neq 0\ (1 \leqslant i \leqslant s)$, 于是

$$\boldsymbol{\alpha}_i = -\frac{k_1}{k_i}\boldsymbol{\alpha}_1 - \frac{k_2}{k_i}\boldsymbol{\alpha}_2 - \cdots - \frac{k_{i-1}}{k_i}\boldsymbol{\alpha}_{i-1} - \frac{k_{i+1}}{k_i}\boldsymbol{\alpha}_{i+1} - \cdots - \frac{k_s}{k_i}\boldsymbol{\alpha}_s,$$

即 $\boldsymbol{\alpha}_i$ 可由其余的向量 $\boldsymbol{\alpha}_1, \cdots, \boldsymbol{\alpha}_{i-1}, \boldsymbol{\alpha}_{i+1}, \cdots, \boldsymbol{\alpha}_s$ 线性表示.

充分性. 若有一个向量 $\boldsymbol{\alpha}_i$ 可由其余的向量线性表示, 即

$$\boldsymbol{\alpha}_i = l_1\boldsymbol{\alpha}_1 + \cdots + l_{i-1}\boldsymbol{\alpha}_{i-1} + l_{i+1}\boldsymbol{\alpha}_{i+1} + \cdots + l_s\boldsymbol{\alpha}_s,$$

那么由系数 $l_1, \cdots, l_{i-1}, -1, l_{i+1}, \cdots, l_s$ 不全为零, 得向量组 $\boldsymbol{\alpha}_1, \boldsymbol{\alpha}_2, \cdots, \boldsymbol{\alpha}_s$ 线性相关.

推论 4 n 维向量组 $\boldsymbol{\alpha}_1, \boldsymbol{\alpha}_2, \cdots, \boldsymbol{\alpha}_s (s \geqslant 2)$ 线性无关的充要条件是向量组中任何一个向量都不能由其余 $s-1$ 个向量线性表示.

关于线性相 (无) 关的几个简单结论:

(1) 单独一个向量线性相关当且仅当它是零向量; 单独一个向量线性无关当且仅当它是非零向量.

(2) 包含零向量的向量组一定线性相关.

(3) 两向量线性相关 $\Leftrightarrow$ 两向量对应分量成比例.

(4) 线性相关的向量组添加向量仍相关; 线性无关的向量组减少向量亦无关.

(5) 线性无关的向量组添加分量仍无关; 线性相关的向量组减少分量仍相关.

(6) 若向量组的一个部分组线性相关, 则整个向量组也线性相关; 一个向量组若线性无关, 则它的任何一个部分组都线性无关.

例 5 设向量组 $\boldsymbol{\alpha}_1, \boldsymbol{\alpha}_2, \boldsymbol{\alpha}_3$ 线性无关, 证明 $\boldsymbol{\alpha}_1 + 2\boldsymbol{\alpha}_2, 2\boldsymbol{\alpha}_2 + 3\boldsymbol{\alpha}_3, 3\boldsymbol{\alpha}_1 + 4\boldsymbol{\alpha}_3$ 也线性无关.

证明 设 $k_1(\boldsymbol{\alpha}_1 + 2\boldsymbol{\alpha}_2) + k_2(2\boldsymbol{\alpha}_2 + 3\boldsymbol{\alpha}_3) + k_3(3\boldsymbol{\alpha}_1 + 4\boldsymbol{\alpha}_3) = \mathbf{0}$, 得

$$(k_1 + 3k_3)\boldsymbol{\alpha}_1 + (2k_1 + 2k_2)\boldsymbol{\alpha}_2 + (3k_2 + 4k_3)\boldsymbol{\alpha}_3 = \mathbf{0}.$$

因为 $\boldsymbol{\alpha}_1,\boldsymbol{\alpha}_2,\boldsymbol{\alpha}_3$ 线性无关, 所以 $\begin{cases} k_1+3k_3=0, \\ 2k_1+2k_2=0, \\ 3k_2+4k_3=0, \end{cases}$ 因此

$$D=\begin{vmatrix} 1 & 0 & 3 \\ 2 & 2 & 0 \\ 0 & 3 & 4 \end{vmatrix}=8+18=26\neq 0.$$

由克拉默法则, 方程组仅有零解, $k_1=0,k_2=0,k_3=0$, 即 $\boldsymbol{\alpha}_1+2\boldsymbol{\alpha}_2,2\boldsymbol{\alpha}_2+3\boldsymbol{\alpha}_3,3\boldsymbol{\alpha}_1+4\boldsymbol{\alpha}_3$ 线性无关.

3.4　向量组的极大无关性

3.4.1　课题引入

请观察向量组 (3.4)—(3.6). 易知 (3.4) 和 (3.5) 线性无关, (3.6) 线性相关, (3.4) 有两个向量, (3.5) 有三个向量. 接下来继续思考如下两个更深层次的问题.

$$\left\{\begin{pmatrix}1\\0\\0\end{pmatrix},\begin{pmatrix}2\\3\\0\end{pmatrix}\right\}. \tag{3.4}$$

$$\left\{\begin{pmatrix}1\\0\\0\end{pmatrix},\begin{pmatrix}2\\3\\0\end{pmatrix},\begin{pmatrix}4\\5\\6\end{pmatrix}\right\}. \tag{3.5}$$

$$\left\{\begin{pmatrix}1\\0\\0\end{pmatrix},\begin{pmatrix}2\\3\\0\end{pmatrix},\begin{pmatrix}4\\5\\6\end{pmatrix},\begin{pmatrix}7\\8\\9\end{pmatrix}\right\}. \tag{3.6}$$

问题

(1) 对一个向量组 $\boldsymbol{\alpha}_1,\boldsymbol{\alpha}_2,\cdots,\boldsymbol{\alpha}_m$, 在其线性无关的部分组中, 哪一个线性无关的部分组另添加一个向量可线性相关?

(2) 对一个向量组 $\boldsymbol{\alpha}_1,\boldsymbol{\alpha}_2,\cdots,\boldsymbol{\alpha}_m$, 在其线性相关的部分组中, 哪一个线性相关的部分组减少一个向量就线性无关?

在具体回答这个问题 (即我们来研究向量组之间的关系) 之前, 我们先学习两个向量组等价的相关知识.

3.4.2 两个向量组等价的定义和性质

定义 1 如果向量组 $B:\boldsymbol{\beta}_1,\boldsymbol{\beta}_2,\cdots,\boldsymbol{\beta}_q$ 中的每个向量都可由向量组 $A:\boldsymbol{\alpha}_1,\boldsymbol{\alpha}_2,\cdots,\boldsymbol{\alpha}_p$ 线性表示, 则称向量组 B 可由向量组 A 线性表示.

设 B 由 A 表示如下:

$$\begin{cases}\boldsymbol{\beta}_1=c_{11}\boldsymbol{\alpha}_1+c_{21}\boldsymbol{\alpha}_2+\cdots+c_{p1}\boldsymbol{\alpha}_p,\\ \boldsymbol{\beta}_2=c_{12}\boldsymbol{\alpha}_1+c_{22}\boldsymbol{\alpha}_2+\cdots+c_{p2}\boldsymbol{\alpha}_p,\\ \qquad\cdots\cdots\\ \boldsymbol{\beta}_q=c_{1q}\boldsymbol{\alpha}_1+c_{2q}\boldsymbol{\alpha}_2+\cdots+c_{pq}\boldsymbol{\alpha}_p\end{cases}$$

一个向量组表示另一向量组就是矩阵乘法的关系!

$$\Leftrightarrow \text{(改写为矩阵)}\ (\boldsymbol{\beta}_1,\boldsymbol{\beta}_2,\cdots,\boldsymbol{\beta}_q)=(\boldsymbol{\alpha}_1,\boldsymbol{\alpha}_2,\cdots,\boldsymbol{\alpha}_p)\begin{pmatrix}c_{11}&c_{12}&\cdots&c_{1q}\\c_{21}&c_{22}&\cdots&c_{2q}\\\vdots&\vdots&&\vdots\\c_{p1}&c_{p2}&\cdots&c_{pq}\end{pmatrix}$$

$\Leftrightarrow$ (转换为矩阵方程) $\boldsymbol{A}\boldsymbol{x}=\boldsymbol{B}$ 有解

$\Leftrightarrow$ (用矩阵的秩) $R(\boldsymbol{A})=R(\boldsymbol{A}|\boldsymbol{B})$.

定义 2 如果向量组 $A:\boldsymbol{\alpha}_1,\boldsymbol{\alpha}_2,\cdots,\boldsymbol{\alpha}_p$ 与向量组 $B:\boldsymbol{\beta}_1,\boldsymbol{\beta}_2,\cdots,\boldsymbol{\beta}_q$ 可以相互表示, 则称这两个**向量组等价**.

即如果向量组 $A:\boldsymbol{\alpha}_1,\boldsymbol{\alpha}_2,\cdots,\boldsymbol{\alpha}_p$ 中的每一个向量 $\boldsymbol{\alpha}_i(i=1,2,\cdots,p)$ 都可以由向量组 $B:\boldsymbol{\beta}_1,\boldsymbol{\beta}_2,\cdots,\boldsymbol{\beta}_q$ 线性表示, 即

$$\boldsymbol{\alpha}_i=k_{i1}\boldsymbol{\beta}_1+k_{i2}\boldsymbol{\beta}_2+\cdots+k_{iq}\boldsymbol{\beta}_q,\quad i=1,2,\cdots,p, \tag{3.7}$$

那么就称向量组 A 可以由向量组 B 线性表示. 若同时向量组 B 也可以由向量组 A 线性表示, 即

$$\boldsymbol{\beta}_i=l_{i1}\boldsymbol{\alpha}_1+l_{i2}\boldsymbol{\alpha}_2+\cdots+l_{ip}\boldsymbol{\alpha}_p,\quad i=1,2,\cdots,q, \tag{3.8}$$

就称向量组 A 与向量组 B 等价.

注 两个向量组等价, 所含向量个数未必相等.

例如, 由定义 2, 易知向量组 (1) $\boldsymbol{\alpha}_1=\begin{pmatrix}1\\0\end{pmatrix}$, $\boldsymbol{\alpha}_2=\begin{pmatrix}0\\1\end{pmatrix}$; 与向量组 (2) $\boldsymbol{\beta}_1=\begin{pmatrix}1\\2\end{pmatrix}$, $\boldsymbol{\beta}_2=\begin{pmatrix}1\\1\end{pmatrix}$, $\boldsymbol{\beta}_3=\begin{pmatrix}2\\2\end{pmatrix}$ 等价.

推论 1 向量组 A 与向量组 B 等价 $\Leftrightarrow$ (用矩阵的秩)

$$R(\boldsymbol{A})=R(\boldsymbol{A}|\boldsymbol{B})=R(\boldsymbol{B}).$$

推论 2 向量组 A 可由 B 线性表示, 则 $R(\boldsymbol{A}) \leqslant R(\boldsymbol{B})$.

注意推论 2 是一个充分不必要条件.

"向量组的等价关系" 也是等价关系. 因为等价具有如下性质:

(1) **反身性** 任一向量组与其自身等价, 即

$$\{\boldsymbol{\alpha}_1, \boldsymbol{\alpha}_2, \cdots, \boldsymbol{\alpha}_s\} \cong \{\boldsymbol{\alpha}_1, \boldsymbol{\alpha}_2, \cdots, \boldsymbol{\alpha}_s\}.$$

(2) **对称性** 如果 $\{\boldsymbol{\alpha}_1, \boldsymbol{\alpha}_2, \cdots, \boldsymbol{\alpha}_s\} \cong \{\boldsymbol{\beta}_1, \boldsymbol{\beta}_2, \cdots, \boldsymbol{\beta}_t\}$, 则 $\{\boldsymbol{\beta}_1, \boldsymbol{\beta}_2, \cdots, \boldsymbol{\beta}_t\} \cong \{\boldsymbol{\alpha}_1, \boldsymbol{\alpha}_2, \cdots, \boldsymbol{\alpha}_s\}$.

(3) **传递性** 如果 $\{\boldsymbol{\alpha}_1, \boldsymbol{\alpha}_2, \cdots, \boldsymbol{\alpha}_s\} \cong \{\boldsymbol{\beta}_1, \boldsymbol{\beta}_2, \cdots, \boldsymbol{\beta}_t\}$, 且 $\{\boldsymbol{\beta}_1, \boldsymbol{\beta}_2, \cdots, \boldsymbol{\beta}_t\} \cong \{\boldsymbol{\gamma}_1, \boldsymbol{\gamma}_2, \cdots, \boldsymbol{\gamma}_p\}$, 则 $\{\boldsymbol{\alpha}_1, \boldsymbol{\alpha}_2, \cdots, \boldsymbol{\alpha}_s\} \cong \{\boldsymbol{\gamma}_1, \boldsymbol{\gamma}_2, \cdots, \boldsymbol{\gamma}_p\}$.

小结

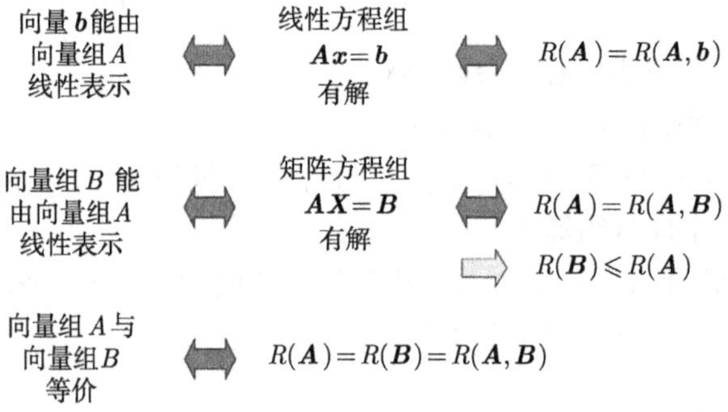

例 1 设向量组 $A: \boldsymbol{\alpha}_1 = \begin{pmatrix} -1 \\ 1 \\ -1 \\ 1 \end{pmatrix}$, $\boldsymbol{\alpha}_2 = \begin{pmatrix} 3 \\ 1 \\ 1 \\ 3 \end{pmatrix}$, $B: \boldsymbol{\beta}_1 = \begin{pmatrix} 1 \\ 1 \\ 0 \\ 2 \end{pmatrix}$, $\boldsymbol{\beta}_2 = \begin{pmatrix} 2 \\ 0 \\ 1 \\ 1 \end{pmatrix}$, $\boldsymbol{\beta}_3 = \begin{pmatrix} 0 \\ 2 \\ -1 \\ 3 \end{pmatrix}$, 证明向量组 B 可由向量组 A 线性表示.

证明

$$(\boldsymbol{A}, \boldsymbol{B}) = \begin{pmatrix} -1 & 3 & 1 & 2 & 0 \\ 1 & 1 & 1 & 0 & 2 \\ -1 & 1 & 0 & 1 & -1 \\ 1 & 3 & 2 & 1 & 3 \end{pmatrix} \xrightarrow[r_1+r_4]{\substack{r_1+r_2 \\ -r_1+r_3}} \begin{pmatrix} -1 & 3 & 1 & 2 & 0 \\ 0 & 4 & 2 & 2 & 2 \\ 0 & -2 & -1 & -1 & -1 \\ 0 & 6 & 3 & 3 & 3 \end{pmatrix}$$

$$\xrightarrow[\frac{1}{3}r_4]{\substack{\frac{1}{2}r_2\\ -r_3}}\begin{pmatrix}-1&3&1&2&0\\0&2&1&1&1\\0&2&1&1&1\\0&2&1&1&1\end{pmatrix}\xrightarrow[-r_2+r_4]{-r_2+r_3}\begin{pmatrix}-1&3&1&2&0\\0&2&1&1&1\\0&0&0&0&0\\0&0&0&0&0\end{pmatrix}.$$

由上式可知 $R(\boldsymbol{A})=R(\boldsymbol{A}|\boldsymbol{B})=2$, 根据定义 2, 向量组 B 可由向量组 A 线性表示.

3.4.3 向量组的极大无关组

如果在向量组 A 中找到 r 个向量 $\boldsymbol{\alpha}_1,\boldsymbol{\alpha}_2,\cdots,\boldsymbol{\alpha}_r$ 满足

(1) $A_0:\boldsymbol{\alpha}_1,\boldsymbol{\alpha}_2,\cdots,\boldsymbol{\alpha}_r$ 线性无关;

(2) A 中任意 $r+1$ 个向量 (如果有) 都线性相关,

则称向量组 A_0 是向量组 A 的**一个极大无关组** (the maximal linearly independent subsystem).

注 (1) 只含零向量的向量组没有极大无关组;

(2) 一个线性无关向量组的极大无关组就是其本身;

(3) 极大无关组一般来说不唯一.

例 2 二维向量组 $\boldsymbol{\alpha}_1=\begin{pmatrix}0\\1\end{pmatrix},\boldsymbol{\alpha}_2=\begin{pmatrix}1\\0\end{pmatrix},\boldsymbol{\alpha}_3=\begin{pmatrix}1\\1\end{pmatrix},\ \boldsymbol{\alpha}_4=\begin{pmatrix}0\\2\end{pmatrix}$, 则 $\boldsymbol{\alpha}_1,\boldsymbol{\alpha}_2;\boldsymbol{\alpha}_2,\boldsymbol{\alpha}_3$ 等均是极大无关组.

例 3 在向量组

$$\boldsymbol{\alpha}_1=\begin{pmatrix}2\\-1\\3\\1\end{pmatrix},\quad \boldsymbol{\alpha}_2=\begin{pmatrix}4\\-2\\5\\4\end{pmatrix},\quad \boldsymbol{\alpha}_3=\begin{pmatrix}2\\-1\\4\\-1\end{pmatrix}$$

中, 首先 $\boldsymbol{\alpha}_1,\boldsymbol{\alpha}_2$ 线性无关, 又 $\boldsymbol{\alpha}_1,\boldsymbol{\alpha}_2,\boldsymbol{\alpha}_3$ 线性相关, 所以 $\boldsymbol{\alpha}_1,\boldsymbol{\alpha}_2$ 组成的部分组是极大无关组. 还可以验证 $\boldsymbol{\alpha}_2,\boldsymbol{\alpha}_3$ 也是一个极大无关组.

定理 1 设 n 维向量组 $\boldsymbol{\alpha}_1,\boldsymbol{\alpha}_2,\cdots,\boldsymbol{\alpha}_s$ 线性无关, 而 $\boldsymbol{\alpha}_1,\boldsymbol{\alpha}_2,\cdots,\boldsymbol{\alpha}_s,\boldsymbol{b}$ 线性相关, 则 $\boldsymbol{b}$ 可由 $\boldsymbol{\alpha}_1,\boldsymbol{\alpha}_2,\cdots,\boldsymbol{\alpha}_s$ 线性表出, 且表达式唯一.

证明 由 $\boldsymbol{\alpha}_1,\boldsymbol{\alpha}_2,\cdots,\boldsymbol{\alpha}_s,\boldsymbol{b}$ 线性相关知, 存在不全为零的数 $k_1,k_2,\cdots,k_s,l$, 使得

$$k_1\boldsymbol{\alpha}_1+k_2\boldsymbol{\alpha}_2+\cdots+k_s\boldsymbol{\alpha}_s+l\boldsymbol{b}=\boldsymbol{0}.$$

若 $l=0$, 则 $k_1,k_2,\cdots,k_s$ 不全为零, 而有 $k_1\boldsymbol{\alpha}_1+k_2\boldsymbol{\alpha}_2+\cdots+k_s\boldsymbol{\alpha}_s=\boldsymbol{0}$, 这与 $\boldsymbol{\alpha}_1,\boldsymbol{\alpha}_2,\cdots,\boldsymbol{\alpha}_s$ 线性无关相矛盾. 从而 $l\neq 0$. 于是 $\boldsymbol{b}=-\dfrac{k_1}{l}\boldsymbol{\alpha}_1-\dfrac{k_2}{l}\boldsymbol{\alpha}_2-\cdots-\dfrac{k_s}{l}\boldsymbol{\alpha}_s$, 即 $\boldsymbol{b}$ 可由 $\boldsymbol{\alpha}_1,\boldsymbol{\alpha}_2,\cdots,\boldsymbol{\alpha}_s$ 线性表出.

下证唯一性. 假若 $\boldsymbol{b}$ 可有两种不同的表示方法, 设 $\boldsymbol{b}=y_1\boldsymbol{\alpha}_1+y_2\boldsymbol{\alpha}_2+\cdots+y_s\boldsymbol{\alpha}_s$, $\boldsymbol{b}=x_1\boldsymbol{\alpha}_1+x_2\boldsymbol{\alpha}_2+\cdots+x_s\boldsymbol{\alpha}_s$. 如果系数 x_1-y_1, x_2-y_2, $\cdots,x_s-y_s$ 不全为零, 则与 $\boldsymbol{\alpha}_1,\boldsymbol{\alpha}_2,\cdots,\boldsymbol{\alpha}_s$ 线性无关相矛盾, 从而 x_1-y_1, $x_2-y_2,\cdots,x_s-y_s$ 必全为零. 即 $\boldsymbol{b}$ 可由 $\boldsymbol{\alpha}_1,\boldsymbol{\alpha}_2,\cdots,\boldsymbol{\alpha}_s$ 线性表示的方法是唯一的.

定理 2 向量组与它的任一个极大无关组等价.

证明 因为极大无关组可由向量组线性表出, 由极大无关组的定义, 所给向量组可由极大无关组线性表出, 所以向量组与它的任意一个极大无关组等价.

推论 3 向量组的任意两个极大无关组等价.

定义 3 向量组 A 的极大无关组所含向量的个数 r (显然是唯一的) 称为向量组 A 的秩, 仍记为 $R(\boldsymbol{A})$. 只含零向量的向量组无极大无关组, 规定其秩为 0.

结论

(1) 向量组 $\boldsymbol{\alpha}_1,\boldsymbol{\alpha}_2,\cdots,\boldsymbol{\alpha}_s$ 线性无关 $\Leftrightarrow R(\boldsymbol{\alpha}_1,\boldsymbol{\alpha}_2,\cdots,\boldsymbol{\alpha}_s)=s$;

(2) 向量组 $\boldsymbol{\alpha}_1,\boldsymbol{\alpha}_2,\cdots,\boldsymbol{\alpha}_s$ 线性相关 $\Leftrightarrow R(\boldsymbol{\alpha}_1,\boldsymbol{\alpha}_2,\cdots,\boldsymbol{\alpha}_s)<s$;

(3) 若 $R(\boldsymbol{\alpha}_1,\boldsymbol{\alpha}_2,\cdots,\boldsymbol{\alpha}_s)=r$, 则向量组 $\boldsymbol{\alpha}_1,\boldsymbol{\alpha}_2,\cdots,\boldsymbol{\alpha}_s$ 中, 任意 $r+1$ 个向量都线性相关;

(4) 若 $R(\boldsymbol{\alpha}_1,\boldsymbol{\alpha}_2,\cdots,\boldsymbol{\alpha}_s)=r$, 则向量组 $\boldsymbol{\alpha}_1,\boldsymbol{\alpha}_2,\cdots,\boldsymbol{\alpha}_s$ 中, 任意 r 个线性无关的向量, 都可组成该向量的一个极大无关组.

仅凭一个自然数 —— 向量组的秩 —— 就能判断向量组是线性相关还是线性无关.

例 4 求向量组 $\boldsymbol{\alpha}_1=\begin{pmatrix}1\\1\\1\end{pmatrix}$, $\boldsymbol{\alpha}_2=\begin{pmatrix}0\\2\\5\end{pmatrix}$, $\boldsymbol{\alpha}_3=\begin{pmatrix}2\\4\\7\end{pmatrix}$, $\boldsymbol{\alpha}_4=\begin{pmatrix}1\\3\\6\end{pmatrix}$ 的一个极大无关组和该向量组的秩.

解 记 $\boldsymbol{A}=(\boldsymbol{\alpha}_1,\boldsymbol{\alpha}_2,\boldsymbol{\alpha}_3,\boldsymbol{\alpha}_4)$. 易求得 $R(\boldsymbol{A})=2$. 说明 $\boldsymbol{A}$ 中有一个二阶子式不为零. 如取前两列前两行: $\begin{vmatrix}1&0\\1&2\end{vmatrix}\neq 0$, 那么 $R(\boldsymbol{\alpha}_1,\boldsymbol{\alpha}_2)=2$, 从而 $\{\boldsymbol{\alpha}_1,\boldsymbol{\alpha}_2\}$ 线性无关.

再看 $\boldsymbol{A}$ 的任意三列 $\boldsymbol{\alpha}_{i_1},\boldsymbol{\alpha}_{i_2},\boldsymbol{\alpha}_{i_3}$, 因为 $R(\boldsymbol{\alpha}_{i_1},\boldsymbol{\alpha}_{i_2},\boldsymbol{\alpha}_{i_3})\leqslant R(\boldsymbol{A})=2$, 所以任意三列都是线性相关的. 根据定义 $\{\boldsymbol{\alpha}_1,\boldsymbol{\alpha}_2\}$ 就是一个极大无关组.

同理, $\{\boldsymbol{\alpha}_2,\boldsymbol{\alpha}_3\}$ 等也是极大无关组.

例 5 设矩阵 $\boldsymbol{A}=\begin{pmatrix}2&-1&-1&1&2\\1&1&-2&1&4\\4&-6&2&-2&4\\3&6&-9&7&9\end{pmatrix}$, 求矩阵 $\boldsymbol{A}$ 的列向量组的一个

极大无关组.

解 对 $\boldsymbol{A}$ 施行初等行变换化为行阶梯形矩阵

$$\boldsymbol{A}=\begin{pmatrix}2&-1&-1&1&2\\1&1&-2&1&4\\4&-6&2&-2&4\\3&6&-9&7&9\end{pmatrix}\xrightarrow[\frac{1}{2}r_3]{r_1\leftrightarrow r_2}\begin{pmatrix}1&1&-2&1&4\\2&-1&-1&1&2\\2&-3&1&-1&2\\3&6&-9&7&9\end{pmatrix}$$

$$\xrightarrow[\substack{-2r_1+r_3\\-3r_1+r_4}]{-r_3+r_2}\begin{pmatrix}1&1&-2&1&4\\0&2&-2&2&0\\0&-5&5&-3&-6\\0&3&-3&4&-3\end{pmatrix}\xrightarrow[\substack{r_3+5r_2\\-3r_2+r_4}]{\frac{1}{2}r_2}\begin{pmatrix}1&1&-2&1&4\\0&1&-1&1&0\\0&0&0&2&-6\\0&0&0&1&-3\end{pmatrix}$$

$$\xrightarrow[r_4-2r_3]{r_3\leftrightarrow r_4}\begin{pmatrix}\textcircled{1}&1&-2&1&4\\0&\textcircled{1}&-1&1&0\\0&0&0&\textcircled{1}&-3\\0&0&0&0&0\end{pmatrix},$$

故 $R(\boldsymbol{A})=3$, 从而 $\boldsymbol{A}$ 的列向量组的极大无关组含 3 个向量, 而三个非零行的非零首元在 1, 2, 4 三列, 所以 $\boldsymbol{\alpha}_1,\boldsymbol{\alpha}_2,\boldsymbol{\alpha}_4$ 为列向量组的一个极大无关组.

同理可得 $\boldsymbol{\alpha}_1,\boldsymbol{\alpha}_2,\boldsymbol{\alpha}_5;\boldsymbol{\alpha}_1,\boldsymbol{\alpha}_3,\boldsymbol{\alpha}_4;\boldsymbol{\alpha}_1,\boldsymbol{\alpha}_3,\boldsymbol{\alpha}_5$ 为列向量组的一个极大无关组 (即每一个阶梯只取一列的组合).

向量组极大线性无关组的求法

矩阵 $\boldsymbol{A}$ 经行初等变换化为 $\boldsymbol{B}$, 则 $\boldsymbol{A}$ 的列向量组与 $\boldsymbol{B}$ 对应的列向量组有相同的线性组合关系. 具体为

(1) 把向量组按列排成矩阵 $\boldsymbol{A}$;

(2) 用初等行变换把 $\boldsymbol{A}$ 化为简化的行阶梯形矩阵 $\boldsymbol{C}$;

(3) 求出 $\boldsymbol{C}$ 的列向量组的一个极大线性无关组;

(4) 与其相应的 $\boldsymbol{A}$ 中的列就是 $\boldsymbol{A}$ 的列向量组的一个极大线性无关组.

例 6 (极大线性无关组在调整气象观测站问题中的应用) 为了节省开支, 想要适当减少气象观测站. 问题: 根据表 3.1 减少哪些气象观测站可以使所得降水量的信息仍然足够大?

解 用 $\boldsymbol{\alpha}_1,\boldsymbol{\alpha}_2,\cdots,\boldsymbol{\alpha}_{12}$ 分别表示气象观测站在 2010—2019 年内的降水量的列向量, 由于 $\boldsymbol{\alpha}_1,\boldsymbol{\alpha}_2,\cdots,\boldsymbol{\alpha}_{12}$ 是含有 12 个向量的 10 维向量组, 所以该向量组必然相关. 若能求出一个极大无关组, 则极大无关组所对应的气象站就可以将其他气象站的资料表示出来, 因而其他气象站就是可以减少的. 因此, 最多只需要 10 个气象观测站.

由 $\boldsymbol{\alpha}_1,\boldsymbol{\alpha}_2,\cdots,\boldsymbol{\alpha}_{12}$ 为列向量组作矩阵 $\boldsymbol{A}$, 可以求出一个极大无关组: $\boldsymbol{\alpha}_1,\boldsymbol{\alpha}_2,\boldsymbol{\alpha}_3,\boldsymbol{\alpha}_4,\boldsymbol{\alpha}_5,\boldsymbol{\alpha}_6,\boldsymbol{\alpha}_7,\boldsymbol{\alpha}_8,\boldsymbol{\alpha}_9,\boldsymbol{\alpha}_{10}$, 且有

$$\begin{aligned}\boldsymbol{\alpha}_{11} =& -0.0275\boldsymbol{\alpha}_1-1.078\boldsymbol{\alpha}_2-0.1256\boldsymbol{\alpha}_3+0.1383\boldsymbol{\alpha}_4-1.8927\boldsymbol{\alpha}_5\\ &-1.6552\boldsymbol{\alpha}_6+0.6391\boldsymbol{\alpha}_7-1.0134\boldsymbol{\alpha}_8+2.1608\boldsymbol{\alpha}_9+3.794\boldsymbol{\alpha}_{10},\\ \boldsymbol{\alpha}_{12} =& 2.0152\boldsymbol{\alpha}_1+15.1202\boldsymbol{\alpha}_2+13.8396\boldsymbol{\alpha}_3+8.8652\boldsymbol{\alpha}_4+27.102\boldsymbol{\alpha}_5\\ &+28.325\boldsymbol{\alpha}_6-38.2279\boldsymbol{\alpha}_7+8.2923\boldsymbol{\alpha}_8-22.2767\boldsymbol{\alpha}_9-38.878\boldsymbol{\alpha}_{10}.\end{aligned}$$

表 3.1　某地区的 12 个气象观测站 10 年来各观测站的年降水量

年份	气象观测站											
	X_1	X_2	X_3	X_4	X_5	X_6	X_7	X_8	X_9	X_{10}	X_{11}	X_{12}
2010	276.2	324.5	158.6	412.5	292.8	258.4	334.1	303.2	292.9	243.2	159.7	331.2
2011	251.6	287.3	349.5	297.4	227.8	453.6	321.5	451	466.2	307.5	421.1	455.1
2012	192.7	436.2	289.9	366.3	466.2	239.1	357.4	219.7	245.7	411.1	357	353.2
2013	246.2	232.4	243.7	372.5	460.4	158.9	298.7	314.5	256.6	327	296.5	423
2014	291.7	311	502.4	254	245.6	324.8	401	266.5	251.3	289.9	255.4	362.1
2015	466.5	158.9	223.5	425.1	251.4	321	315.4	317.4	246.2	277.5	304.2	410.7
2016	258.6	327.4	432.1	403.9	256.6	282.9	389.7	413.2	466.5	199.3	282.1	387.6
2017	453.4	365.5	357.6	258.1	278.8	467.2	355.2	228.5	453.6	315.6	456.3	407.2
2018	158.5	271	410.2	344.2	250	360.7	376.4	179.4	159.2	342.4	331.2	377.7
2019	324.8	406.5	235.7	288.8	192.6	284.9	290.5	343.7	283.4	281.2	243.7	411.1

故减少第 11 个和第 12 个观测站, 可以使得到的降水量信息仍然足够大. 当然, 也可以减少另外两个观测站, 只要这两个列向量可以由其他列线性表示.

注　如果确定只需要 8 个观测站, 那么我们可以从表 3.1 中取某 8 年的数据 (比如, 最近 8 年的数据), 组成含 12 个向量的向量组, 然后求其极大无关组, 则必有 4 个向量可由其他向量线性表示. 这 4 个向量所对应的气象观测站就可以减少.

3.4.4　向量组的秩与矩阵的秩的关系

定义 4　对于矩阵

$$\boldsymbol{A}=\begin{pmatrix} a_{11} & a_{12} & \cdots & a_{1n}\\ a_{21} & a_{22} & \cdots & a_{2n}\\ \vdots & \vdots & & \vdots\\ a_{m1} & a_{m2} & \cdots & a_{mn}\end{pmatrix},$$

列向量组的秩称为列秩, 记为 $c(\boldsymbol{A})$; 行向量组的秩称为行秩, 记为 $R(\boldsymbol{A})$.

向量组的秩与矩阵秩的关系如下.

定理 3 (三秩相等定理)　$R(\boldsymbol{A})=R(\boldsymbol{A}$ 的列组$)=R(\boldsymbol{A}$ 的行组$)$.

注 以前我们把向量组与它们排成矩阵的符号混用, 而且把它们的秩的符号也混用正是由于三秩相等. 但对于无限向量组符号就不能混用了.

例 7 全体 n 维向量构成的向量组记作 $\mathbf{R}^n$, 求 $\mathbf{R}^n$ 的一个极大无关组及 $\mathbf{R}^n$ 的秩.

解 我们知道 n 维单位坐标向量构成的向量组 $E: \boldsymbol{e}_1, \boldsymbol{e}_2, \cdots, \boldsymbol{e}_n$ 是线性无关的; 又知 $\mathbf{R}^n$ 中的任意 $n+1$ 个向量都线性相关. 因此, 向量组 E 是 $\mathbf{R}^n$ 的一个极大无关组. 故其秩为 n. $\mathbf{R}^n$ 的极大无关组很多, 任何 n 个线性无关的 n 维向量都是 $\mathbf{R}^n$ 的极大无关组.

直观理解以下抽象概念

(1) 向量组的极大线性无关组 $\boldsymbol{\alpha}_1, \boldsymbol{\alpha}_2, \cdots, \boldsymbol{\alpha}_s$ 为向量组 A 的一个部分组 (可直观理解为现实生活的某一工作小组中的精英组合);

(2) 向量组 $\boldsymbol{\alpha}_1, \boldsymbol{\alpha}_2, \cdots, \boldsymbol{\alpha}_s$ 线性无关 (可直观理解为现实生活的某一工作小组中彼此工作不可替代);

(3) 任意 A 的向量可以由 $\boldsymbol{\alpha}_1, \boldsymbol{\alpha}_2, \cdots, \boldsymbol{\alpha}_s$ 线性表示 (可直观理解为现实生活的某一工作小组中的工作可由精英组合完成);

(4) 向量组的秩: 极大无关组中向量的个数.

3.1—3.4 节的知识结构图

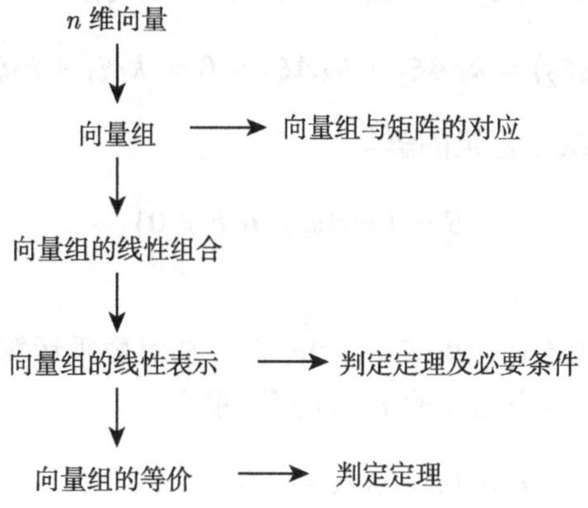

3.5 向量空间

3.5.1 向量空间的定义

定义 1 (向量空间) 设 V 为 n 维向量的集合, 如果集合 V 非空, 且集合 V 对于加法及数乘两种运算封闭, 那么就称集合 V 为向量空间.

集合 V 对于加法及数乘两种运算封闭指

$$\left.\begin{array}{l}\text{若 } \boldsymbol{\alpha}\in V,\boldsymbol{\beta}\in V,\text{ 则 } \boldsymbol{\alpha}+\boldsymbol{\beta}\in V\\ \text{若 } \boldsymbol{\alpha}\in V,\lambda\in\mathbf{R},\text{ 则 } \lambda\boldsymbol{\alpha}\in V\end{array}\right\}\Leftrightarrow k_1\boldsymbol{\alpha}+k_2\boldsymbol{\beta}\in V.$$

n 维向量的全体是一个向量空间, 记作 $\mathbf{R}^n$.

只含零向量的集合是一个向量空间 (称为零空间).

向量空间如果不是零空间必含有无穷多个向量.

例 1 证明下列集合是向量空间

$$V_1=\{\boldsymbol{x}=(x_1,x_2,0)^{\mathrm{T}}\,|x_1,x_2\in\mathbf{R}\}.$$

证明 $\forall\boldsymbol{\alpha}=(a_1,a_2,0)^{\mathrm{T}}\in V_1$, $\boldsymbol{\beta}=(b_1,b_2,0)^{\mathrm{T}}\in V_1$, 有

$$\boldsymbol{\alpha}+\boldsymbol{\beta}=(a_1+b_1,a_2+b_2,0)^{\mathrm{T}}\in V_1,$$

$$\lambda\boldsymbol{\alpha}=(\lambda a_1,\lambda a_2,0)^{\mathrm{T}}\in V_1,$$

所以 V 构成了向量空间.

例 2 证明齐次方程组的解集

$$N(\boldsymbol{A})=\{\boldsymbol{x}\in\mathbf{R}^n|\boldsymbol{A}_{m\times n}\boldsymbol{x}=\mathbf{0}\}.$$

证明 设 $\boldsymbol{\xi}_1,\boldsymbol{\xi}_2\in N(\boldsymbol{A})$, 即 $\boldsymbol{A}\boldsymbol{\xi}_1=\mathbf{0},\boldsymbol{A}\boldsymbol{\xi}_2=\mathbf{0}$, 因此

$$\boldsymbol{A}(k_1\boldsymbol{\xi}_1+k_2\boldsymbol{\xi}_2)=k_1\boldsymbol{A}\boldsymbol{\xi}_1+k_2\boldsymbol{A}\boldsymbol{\xi}_2=\mathbf{0}\Rightarrow k_1\boldsymbol{\xi}_1+k_2\boldsymbol{\xi}_2\in N(\boldsymbol{A}).$$

例 3 证明非齐次方程组的解集

$$S=\{\boldsymbol{x}|\boldsymbol{A}\boldsymbol{x}=\boldsymbol{b},\boldsymbol{b}\neq\mathbf{0}\}$$

不是向量空间.

证明 $\boldsymbol{A}(2\alpha)=2\boldsymbol{A}\boldsymbol{\alpha}=2\boldsymbol{b}\neq\boldsymbol{b}\Rightarrow 2\boldsymbol{\alpha}\notin S$, S 对数乘运算不封闭.

例 4 设 $\boldsymbol{\alpha},\boldsymbol{\beta}$ 为两个已知的 n 维向量, 集合

$$L=\{\boldsymbol{x}=\lambda\,\boldsymbol{\alpha}+\mu\,\boldsymbol{\beta}\mid\lambda,\mu\in\mathbf{R}\}$$

是向量空间.

证明 设 $\boldsymbol{x}_1=\lambda_1\boldsymbol{\alpha}+\mu_1\boldsymbol{\beta}\in L,\boldsymbol{x}_2=\lambda_2\boldsymbol{\alpha}+\mu_2\boldsymbol{\beta}\in L$, 则

$$\begin{aligned}\boldsymbol{x}_1+\boldsymbol{x}_2&=(\lambda_1+\lambda_2)\boldsymbol{\alpha}+(\mu_1+\mu_2)\boldsymbol{\beta}\in L,\\ k\boldsymbol{x}_1&=(k\lambda_1)\boldsymbol{\alpha}+(k\mu_1)\boldsymbol{\beta}\in L.\end{aligned}$$

定义 2 设 $\boldsymbol{\alpha}_1,\boldsymbol{\alpha}_2,\cdots,\boldsymbol{\alpha}_m$ 是一向量组, 称

$$\{\boldsymbol{x}|\boldsymbol{x}=\lambda_1\boldsymbol{\alpha}_1+\lambda_2\boldsymbol{\alpha}_2+\cdots+\lambda_m\boldsymbol{\alpha}_m\ ,\ \lambda_i\in\mathbf{R}\}$$

为由该向量组生成的 (或张成的) 向量空间, 记为

$$L(\boldsymbol{\alpha}_1,\boldsymbol{\alpha}_2,\cdots,\boldsymbol{\alpha}_m) \quad 或 \quad \operatorname{span}(\boldsymbol{\alpha}_1,\boldsymbol{\alpha}_2,\cdots,\boldsymbol{\alpha}_m),$$

如图 3.6 所示.

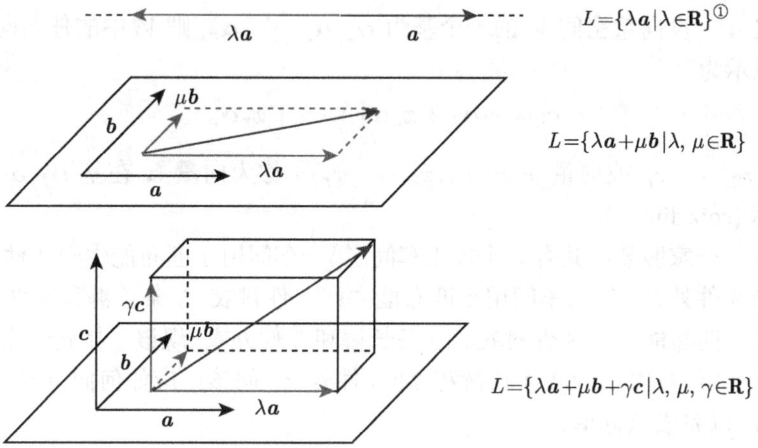

图 3.6 1~3 维向量组生成的 (或张成的) 向量空间示意图

例 5 设向量组 $\boldsymbol{\alpha}_1,\boldsymbol{\alpha}_2,\cdots,\boldsymbol{\alpha}_m$ 与向量组 $\boldsymbol{\beta}_1,\boldsymbol{\beta}_2,\cdots,\boldsymbol{\beta}_s$ 等价,

$$L_1=\{\boldsymbol{x}=\lambda_1\boldsymbol{\alpha}_1+\lambda_2\boldsymbol{\alpha}_2+\cdots+\lambda_m\boldsymbol{\alpha}_m\,|\lambda_i\in\mathbf{R}\},$$

$$L_2=\{\boldsymbol{x}=\mu_1\boldsymbol{\beta}_1+\mu_2\boldsymbol{\beta}_2+\cdots+\mu_s\boldsymbol{\beta}_s\,|\mu_i\in\mathbf{R}\},$$

证明 $L_1=L_2$.

证明 设 $\boldsymbol{x}\in L_1$, 则 $\boldsymbol{x}$ 可由 $\boldsymbol{\alpha}_1,\boldsymbol{\alpha}_2,\cdots,\boldsymbol{\alpha}_m$ 线性表示.

因 $\boldsymbol{\alpha}_1,\boldsymbol{\alpha}_2,\cdots,\boldsymbol{\alpha}_m$ 可由 $\boldsymbol{\beta}_1,\boldsymbol{\beta}_2,\cdots,\boldsymbol{\beta}_s$ 线性表示, 故 $\boldsymbol{x}$ 可由 $\boldsymbol{\beta}_1,\boldsymbol{\beta}_2,\cdots,\boldsymbol{\beta}_s$ 线性表示, 从而 $\boldsymbol{x}\in L_2\Rightarrow L_1\subseteq L_2$. 同理 $L_2\subseteq L_1$.

定义 3 向量空间 V 的一个极大无关组, 又称为 V 的一个基 (或坐标系). 基所含向量的个数 r 又称为 V 的维数, 记为 $\dim(V)=r$. 此时称 V 是 r 维的向量空间.

$$\begin{aligned}V&=\operatorname{span}(\boldsymbol{\alpha}_1,\boldsymbol{\alpha}_2,\cdots,\boldsymbol{\alpha}_m)\\&=\{\boldsymbol{x}=\lambda_1\boldsymbol{\alpha}_1+\lambda_2\boldsymbol{\alpha}_2+\cdots+\lambda_m\boldsymbol{\alpha}_m\,|\lambda_i\in\mathbf{R}\}\end{aligned}$$

的一个基显然就是向量组 $\boldsymbol{\alpha}_1,\boldsymbol{\alpha}_2,\cdots,\boldsymbol{\alpha}_m$ 的一个极大无关组, 其维数就是该向量组的秩.

小结 向量空间与向量组之间有如下对应关系:

① 为图示方便, 此处只画出了 λ 为负数的情况, 当然 λ 也可以为 0 和正数.

向量空间	$\longrightarrow$	向量组
向量空间的基	$\longrightarrow$	向量组的极大无关组
向量空间的维数	$\longrightarrow$	向量组的秩

定义 4 设向量空间 V 的一个基为 $\boldsymbol{\alpha}_1,\boldsymbol{\alpha}_2,\cdots,\boldsymbol{\alpha}_r$, 则 V 中的任一向量 $\boldsymbol{\alpha}$ 可唯一地表示为

$$\boldsymbol{\alpha}=x_1\boldsymbol{\alpha}_1+x_2\boldsymbol{\alpha}_2+\cdots+x_r\boldsymbol{\alpha}_r.$$

数组 $x_1,x_2,\cdots,x_r$ 或向量 $\boldsymbol{x}=(x_1,x_2,\cdots,x_r)^{\mathrm{T}}$ 称为向量 $\boldsymbol{\alpha}$ 在基 $\boldsymbol{\alpha}_1,\boldsymbol{\alpha}_2,\cdots,\boldsymbol{\alpha}_r$ 下的坐标 (coordinate).

例 6 一家服装厂共有 3 个加工车间, 第一车间用 1 匹布能生产 4 件衬衣、15 条长裤和 3 件外衣; 第二车间用 1 匹布能生产 4 件衬衣、5 条长裤和 9 件外衣; 第三车间用 1 匹布能生产 8 件衬衣、10 条长裤和 3 件外衣, 现该厂接到一张订单, 要求供应 2000 件衬衣、3500 条长裤和 2400 件外衣. 问该厂应如何向 3 个车间安排加工任务, 以完成该订单?

解 将 3 个加工车间的衬衣、长裤、外衣以及总加工量分别用向量表示为

$$\boldsymbol{\alpha}_1=\begin{pmatrix}4\\15\\3\end{pmatrix},\ \boldsymbol{\alpha}_2=\begin{pmatrix}4\\5\\9\end{pmatrix},\ \boldsymbol{\alpha}_3=\begin{pmatrix}8\\10\\3\end{pmatrix},\ \boldsymbol{\beta}=\begin{pmatrix}2000\\3500\\2400\end{pmatrix}.$$

显然 $\boldsymbol{\alpha}_1,\boldsymbol{\alpha}_2,\boldsymbol{\alpha}_3$ 线性无关, 则它们可以构成三维向量空间的一组基, 由定义 4 可知, $\boldsymbol{\beta}$ 可以由 $\boldsymbol{\alpha}_1,\boldsymbol{\alpha}_2,\boldsymbol{\alpha}_3$ 线性表示, 且

$$\boldsymbol{\beta}=100\boldsymbol{\alpha}_1+200\boldsymbol{\alpha}_2+100\boldsymbol{\alpha}_3,$$

故分别分配给 3 个车间 100, 200, 100 匹布, 可圆满完成生产任务.

例 7 设 $V=\{\boldsymbol{x}=(x_1,x_2,0)^{\mathrm{T}}\,|x_1,x_2\in\mathbf{R}\}$, 证明: 向量组 $\boldsymbol{e}_1=(1,0,0)^{\mathrm{T}},\boldsymbol{e}_2=(0,1,0)^{\mathrm{T}}$ 和 $\boldsymbol{\alpha}_1=(1,1,0)^{\mathrm{T}},\boldsymbol{\alpha}_2=(1,2,0)^{\mathrm{T}}$ 都是 V 的基, 求 $\dim(V)$, 并求向量 $\boldsymbol{\alpha}=(3,5,0)^{\mathrm{T}}$ 在这两个基下的坐标.

证明 $\boldsymbol{e}_1,\boldsymbol{e}_2$ 显然线性无关, 又 V 中的任一向量都可表示成

$$\boldsymbol{x}=(x_1,x_2,0)^{\mathrm{T}}=x_1\boldsymbol{e}_1+x_2\boldsymbol{e}_2,$$

所以 $\boldsymbol{e}_1,\boldsymbol{e}_2$ 是 V 的一个基, $\dim(V)=2$.

显然 $\boldsymbol{\alpha}_1,\boldsymbol{\alpha}_2$ 也线性无关且 V 中任意两个线性无关的向量都是 V 的一个基, 所以 $\boldsymbol{\alpha}_1,\boldsymbol{\alpha}_2$ 也是 V 的一个基.

显然可得

$$\boldsymbol{\alpha}=(3,5,0)^{\mathrm{T}}=3\boldsymbol{e}_1+5\boldsymbol{e}_2,$$

所以 $\boldsymbol{\alpha}$ 在基 $\boldsymbol{e}_1,\boldsymbol{e}_2$ 下的坐标为 (3, 5).

设 $\boldsymbol{\alpha}$ 在基 $\boldsymbol{\alpha}_1,\boldsymbol{\alpha}_2$ 下的坐标为 (x_1,x_2), 则有

$$x_1\boldsymbol{\alpha}_1+x_2\boldsymbol{\alpha}_2=\boldsymbol{\alpha},$$

$$\overset{\boldsymbol{\alpha}}{\begin{pmatrix}3\\5\\0\end{pmatrix}}=1\cdot\overset{\boldsymbol{\alpha}_1}{\begin{pmatrix}1\\1\\0\end{pmatrix}}+2\cdot\overset{\boldsymbol{\alpha}_2}{\begin{pmatrix}1\\2\\0\end{pmatrix}},$$

所以 $\boldsymbol{\alpha}$ 在基 $\boldsymbol{\alpha}_1,\boldsymbol{\alpha}_2$ 下的坐标为 (1, 2).

通过例 7, 我们可以看到对于不同的基, 同一个向量的坐标是不同的. 接下来自然就会问下面这个问题.

问题 在 n 维线性空间 V 中, 任意 n 个线性无关的向量都可以作为 V 的一组基. 那么, 同一个向量在不同的基下的坐标有什么关系呢? 换句话说, 随着基的改变, 向量的坐标如何改变呢?

答案请看 3.5.2 小节的基变换公式与过渡矩阵.

3.5.2 基变换公式与过渡矩阵

对于不同的基, 同一个向量的坐标是不同的.

设 $\boldsymbol{\alpha}_1,\boldsymbol{\alpha}_2,\cdots,\boldsymbol{\alpha}_n$ 及 $\boldsymbol{\beta}_1,\boldsymbol{\beta}_2,\cdots,\boldsymbol{\beta}_n$ 是线性空间 V_n 的两个基, 且有

$$\begin{cases}\boldsymbol{\beta}_1=p_{11}\boldsymbol{\alpha}_1+p_{21}\boldsymbol{\alpha}_2+\cdots+p_{n1}\boldsymbol{\alpha}_n,\\ \boldsymbol{\beta}_2=p_{12}\boldsymbol{\alpha}_1+p_{22}\boldsymbol{\alpha}_2+\cdots+p_{n2}\boldsymbol{\alpha}_n,\\ \qquad\cdots\cdots\\ \boldsymbol{\beta}_n=p_{1n}\boldsymbol{\alpha}_1+p_{2n}\boldsymbol{\alpha}_2+\cdots+p_{nn}\boldsymbol{\alpha}_n,\end{cases}$$

可得

$$\text{上式}\Leftrightarrow(\boldsymbol{\beta}_1,\boldsymbol{\beta}_2,\cdots,\boldsymbol{\beta}_n)=(\boldsymbol{\alpha}_1,\boldsymbol{\alpha}_2,\cdots,\boldsymbol{\alpha}_n)\begin{pmatrix}p_{11}&p_{12}&\cdots&p_{1n}\\p_{21}&p_{22}&\cdots&p_{2n}\\\vdots&\vdots&&\vdots\\p_{n1}&p_{n2}&\cdots&p_{nn}\end{pmatrix}$$

$$\boxed{\Leftrightarrow(\boldsymbol{\beta}_1,\boldsymbol{\beta}_2,\cdots,\boldsymbol{\beta}_n)=(\boldsymbol{\alpha}_1,\boldsymbol{\alpha}_2,\cdots,\boldsymbol{\alpha}_n)\boldsymbol{P}.}$$

因此可得基变换公式

$$(\boldsymbol{\beta}_1,\boldsymbol{\beta}_2,\cdots,\boldsymbol{\beta}_n)=(\boldsymbol{\alpha}_1,\boldsymbol{\alpha}_2,\cdots,\boldsymbol{\alpha}_n)\boldsymbol{P},$$

其中矩阵 $\boldsymbol{P}$ 称为由基 $\boldsymbol{\alpha}_1,\boldsymbol{\alpha}_2,\cdots,\boldsymbol{\alpha}_n$ 到基 $\boldsymbol{\beta}_1,\boldsymbol{\beta}_2,\cdots,\boldsymbol{\beta}_n$ 的**过渡矩阵**(transformation matrix). 过渡矩阵是可逆的.

例 8　设 $\boldsymbol{\alpha}_1=\begin{pmatrix}1\\0\end{pmatrix},\boldsymbol{\alpha}_2=\begin{pmatrix}0\\1\end{pmatrix}$ 及 $\boldsymbol{\beta}_1=\begin{pmatrix}1\\1\end{pmatrix},\boldsymbol{\beta}_2=\begin{pmatrix}1\\-\dfrac{1}{2}\end{pmatrix}$ 为线性空间 $V=\mathbf{R}^2$ 的两个基, 求 $\boldsymbol{\alpha}_1,\boldsymbol{\alpha}_2$ 到 $\boldsymbol{\beta}_1,\boldsymbol{\beta}_2$ 的过渡矩阵.

解　由 $\boldsymbol{\alpha}_1,\boldsymbol{\alpha}_2$ 到 $\boldsymbol{\beta}_1,\boldsymbol{\beta}_2$ 的过渡矩阵设为 $\boldsymbol{P}$, 则有

$$(\boldsymbol{\beta}_1,\boldsymbol{\beta}_2)=(\boldsymbol{\alpha}_1,\boldsymbol{\alpha}_2)\boldsymbol{P}\Rightarrow\begin{pmatrix}1&1\\1&-\dfrac{1}{2}\end{pmatrix}=\begin{pmatrix}1&0\\0&1\end{pmatrix}\boldsymbol{P}\Rightarrow\boldsymbol{P}=\begin{pmatrix}1&1\\1&-\dfrac{1}{2}\end{pmatrix}.$$

3.6　线性方程组解的结构

3.6.1　知识回顾——线性方程组的解

线性方程组的解的判定

(1) 包含 n 个未知数的齐次线性方程组 $\boldsymbol{Ax}=\boldsymbol{0}$ 有非零解的充分必要条件是系数矩阵的秩 $R(\boldsymbol{A})<n$.

(2) 包含 n 个未知数的非齐次线性方程组 $\boldsymbol{Ax}=\boldsymbol{b}$ 有解的充分必要条件是系数矩阵的秩 $R(\boldsymbol{A})=R(\boldsymbol{A},\boldsymbol{b})$, 并且当 $R(\boldsymbol{A})=R(\boldsymbol{A},\boldsymbol{b})=n$ 时, 方程组有唯一解; 当 $R(\boldsymbol{A})=R(\boldsymbol{A},\boldsymbol{b})<n$ 时, 方程组有无限多个解.

问题　什么是线性方程组的解的结构?

答: 所谓线性方程组的解的结构, 就是当线性方程组有无限多个解时, 解与解之间的相互关系.

注　(1) 当方程组存在唯一解时, 无须讨论解的结构;

(2) 下面的讨论都是假设线性方程组有无穷解.

3.6.2　解向量的定义

定义 1　设有齐次线性方程组 $\boldsymbol{Ax}=\boldsymbol{0}$, 如果 $x_1=x_{11},x_2=x_{21},\cdots,x_n=x_{n1}$ 为该方程组的解, 则

$$\boldsymbol{x}=\begin{pmatrix}x_{11}\\x_{21}\\\vdots\\x_{n1}\end{pmatrix}$$

称为方程组的解向量.

3.6.3 齐次线性方程组解的结构

本小节主要讨论齐次方程组 $\boldsymbol{A}\boldsymbol{x}=\mathbf{0}$ (假设有无穷多解),

(1) 解集的特点;

(2) 解集的秩是多少;

(3) 解集的极大无关组 (又称为基础解系) 如何求.

1. 首先回答第 (1) 问题

记 $\boldsymbol{A}\boldsymbol{x}=\mathbf{0}$ 的解集为 $N(\boldsymbol{A})=\{\boldsymbol{x}\in\mathbf{R}^n|\boldsymbol{A}_{m\times n}\boldsymbol{x}=\mathbf{0}\}$, 则 $N(\boldsymbol{A})$ 对线性运算封闭.

证明 设 $\boldsymbol{\xi}_1,\boldsymbol{\xi}_2\in N(\boldsymbol{A})$, 即 $\boldsymbol{A}\boldsymbol{\xi}_1=\mathbf{0},\boldsymbol{A}\boldsymbol{\xi}_2=\mathbf{0}\Rightarrow k_1\boldsymbol{\xi}_1+k_2\boldsymbol{\xi}_2\in N(\boldsymbol{A})$.

2. 再讨论第 (2) 和第 (3) 问题

例 1 通过下面的例子,

$$\begin{cases} x_1+2x_2+x_4+3x_5=0,\\ x_1+2x_2+x_3-3x_4+8x_5=0,\\ 2x_1+4x_2+2x_4+6x_5=0,\\ x_1+2x_2-x_3+5x_4-2x_5=0,\end{cases}$$

针对一般的方程组 $\boldsymbol{A}_{m\times n}\boldsymbol{x}=\mathbf{0}$, $R(\boldsymbol{A})=r$ 回答第 (2) 和 (3) 所提问题.

解法一 **第一步** 对系数矩阵 $\boldsymbol{A}$ 进行初等行变换, 化成最简阶梯形 $\boldsymbol{B}$,

$$\boldsymbol{A}=\begin{pmatrix}1&2&0&1&3\\1&2&1&-3&8\\2&4&0&2&6\\1&2&-1&5&-2\end{pmatrix}\xrightarrow{r}\begin{pmatrix}1&2&0&1&3\\0&0&1&-4&5\\0&0&0&0&0\\0&0&0&0&0\end{pmatrix}=\boldsymbol{B}.$$

最简阶梯形说明了矩阵 $\boldsymbol{A}$ 的秩为 r, 又说明原方程组只有 r 个独立的方程且 $\boldsymbol{B}$ 的前 r 行对应的方程组是与原方程同解的 “最简” 方程组.

第二步 写出同解的方程组 (保留第一个未知数在方程的左边, 其余的都移到右边. 右边的又叫自由变量)

$$\begin{cases} x_1=-2x_2-x_4-3x_5,\\ x_3=4x_4-5x_5.\end{cases}$$

自由变量的个数为 $n-r$ (未知数的个数减独立方程的个数).

第三步 令自由变量为任意实数, $x_2=k_1,x_4=k_2,x_5=k_3$, 写出通解, 再改写成向量形式

$$\begin{cases} x_1 = -2k_1 - k_2 - 3k_3, \\ x_2 = \quad k_1, \\ x_3 = \quad 4k_2 - 5k_3, \\ x_4 = \quad k_2, \\ x_5 = \quad k_3, \end{cases}$$

$$\boldsymbol{x} = k_1 \underset{\boldsymbol{\xi}_1}{\begin{pmatrix} -2 \\ 1 \\ 0 \\ 0 \\ 0 \end{pmatrix}} + k_2 \underset{\boldsymbol{\xi}_2}{\begin{pmatrix} -1 \\ 0 \\ 4 \\ 1 \\ 0 \end{pmatrix}} + k_3 \underset{\boldsymbol{\xi}_3}{\begin{pmatrix} -3 \\ 0 \\ -5 \\ 0 \\ 1 \end{pmatrix}}.$$

显然, $\boldsymbol{\xi}_1,\boldsymbol{\xi}_2,\boldsymbol{\xi}_3$ 是方程组的解 (令 $k_1 = 1,\ k_2 = 0,\ k_3 = 0$, 可得 $\boldsymbol{\xi}_1$. 类似地, 可得 $\boldsymbol{\xi}_2,\boldsymbol{\xi}_3$), 且 $\boldsymbol{\xi}_1,\boldsymbol{\xi}_2,\boldsymbol{\xi}_3$ 线性无关.

$\boldsymbol{\xi}_1,\boldsymbol{\xi}_2,\boldsymbol{\xi}_3$ 还是基础解系, 且任一解都可由 $\boldsymbol{\xi}_1,\boldsymbol{\xi}_2,\boldsymbol{\xi}_3$ 线性表示. 基础解系所含向量的个数为 $3(n-r$ 即自由变量的个数), 其中 $\boldsymbol{\xi}_1,\boldsymbol{\xi}_2,\boldsymbol{\xi}_3$ 具体如下：

$$\boldsymbol{\xi}_1 = (-2,1,0,0,0)^{\mathrm{T}}, \quad \boldsymbol{\xi}_2 = (-1,0,4,1,0)^{\mathrm{T}}, \quad \boldsymbol{\xi}_3 = (-3,0,-5,0,1)^{\mathrm{T}}.$$

第四步　写出基础解系. 再来分析一下基础解系的由来.

第二步的同解方程组为

$$\begin{cases} x_1 = -2x_2 - x_4 - 3x_5, \\ x_3 = 4x_4 - 5x_5. \end{cases} \tag{3.9}$$

第三步的通解为

$$\boldsymbol{x} = k_1 \underset{\boldsymbol{\xi}_1}{\begin{pmatrix} -2 \\ 1 \\ 0 \\ 0 \\ 0 \end{pmatrix}} + k_2 \underset{\boldsymbol{\xi}_2}{\begin{pmatrix} -1 \\ 0 \\ 4 \\ 1 \\ 0 \end{pmatrix}} + k_3 \underset{\boldsymbol{\xi}_3}{\begin{pmatrix} -3 \\ 0 \\ -5 \\ 0 \\ 1 \end{pmatrix}},$$

$\boldsymbol{\xi}_1$ 就是取 $\begin{pmatrix} x_2 \\ x_4 \\ x_5 \end{pmatrix} = \begin{pmatrix} 1 \\ 0 \\ 0 \end{pmatrix}$ 代入同解方程组 (3.9) 中求得 x_1, x_3, 然后再组合成的解向量.

类似地, $\boldsymbol{\xi}_2, \boldsymbol{\xi}_3$ 就是取 $\begin{pmatrix} x_2 \\ x_4 \\ x_5 \end{pmatrix} = \begin{pmatrix} 0 \\ 1 \\ 0 \end{pmatrix}, \begin{pmatrix} 0 \\ 0 \\ 1 \end{pmatrix}$ 代入同解方程组 (3.9) 中求得 x_1, x_3, 然后再组合成的解向量.

这就启发我们, 由于基础解系所含解向量的个数正好等于自由变量的个数 (这里 3 个), 只要令 $\begin{pmatrix} x_2 \\ x_4 \\ x_5 \end{pmatrix} = \begin{pmatrix} \times \\ \times \\ \times \end{pmatrix}, \begin{pmatrix} \times \\ \times \\ \times \end{pmatrix}, \begin{pmatrix} \times \\ \times \\ \times \end{pmatrix}$ 为三个线性无关的向量. 代入同解方程组 (3.9) 中求得 x_1, x_3 然后再组合成解向量必然是线性无关的, 从而也是基础解系. 由此得到下面的解法二.

解法二　第一步　同前.

第二步　同前.

$$\begin{cases} x_1 = -2x_2 - x_4 - 3x_5, \\ x_3 = 4x_4 - 5x_5. \end{cases} \tag{3.9}$$

第三步　令 $\begin{pmatrix} x_2 \\ x_4 \\ x_5 \end{pmatrix} = \begin{pmatrix} 1 \\ 0 \\ 0 \end{pmatrix}, \begin{pmatrix} 0 \\ 1 \\ 0 \end{pmatrix}, \begin{pmatrix} 0 \\ 0 \\ 1 \end{pmatrix}$, 代入 (3.9) 求得 x_1, x_3, 再组合成基础解系:

$$\boldsymbol{\eta}_1 = \begin{pmatrix} -2 \\ 1 \\ 0 \\ 0 \\ 0 \end{pmatrix}, \quad \boldsymbol{\eta}_2 = \begin{pmatrix} -1 \\ 0 \\ 4 \\ 1 \\ 0 \end{pmatrix}, \quad \boldsymbol{\eta}_3 = \begin{pmatrix} -3 \\ 0 \\ -5 \\ 0 \\ 1 \end{pmatrix}.$$

第四步　写出解 $\boldsymbol{x} = k_1\boldsymbol{\eta}_1 + k_2\boldsymbol{\eta}_2 + k_3\boldsymbol{\eta}_3 (k_i \in \mathbf{R},\ i = 1, 2, 3)$.

3. *齐次方程组解的结构定理*

定理 1　齐次方程组 $\boldsymbol{A}_{m\times n}\boldsymbol{x} = \boldsymbol{0}$ 的基础解系所含向量个数为 $n - r$ $(r = R(\boldsymbol{A}))$, 设一个基础解系为 $\boldsymbol{\xi}_1, \boldsymbol{\xi}_2, \cdots, \boldsymbol{\xi}_{n-r}$, 则通解为 $\boldsymbol{x} = k_1\boldsymbol{\xi}_1 + k_2\boldsymbol{\xi}_2 + \cdots + k_{n-r}\boldsymbol{\xi}_{n-r} (k_i \in \mathbf{R})$.

定理 2　设 $\boldsymbol{A}_{m\times n}\boldsymbol{B}_{n\times l} = \boldsymbol{O}$, 证明 $R(\boldsymbol{A}) + R(\boldsymbol{B}) \leqslant n$.

证明　记 $\boldsymbol{B} = (\boldsymbol{\beta}_1, \boldsymbol{\beta}_2, \cdots, \boldsymbol{\beta}_l)$, 则由 $\boldsymbol{AB} = \boldsymbol{O}$ 推出 $\boldsymbol{A}\boldsymbol{\beta}_i = \boldsymbol{0} (i = 1, \cdots, l)$, 说明 $\boldsymbol{\beta}_i\,(i = 1, \cdots, l)$ 都是 $\boldsymbol{Ax} = \boldsymbol{O}$ 的解. $\boldsymbol{Ax} = \boldsymbol{O}$ 的基础解系所含向量的个数是 $n - R(\boldsymbol{A})$ (即向量组 B 的秩最大为 $R(\boldsymbol{B})$, 也就是极大无关组所含向量的个数,

且由题意无法知道 $\boldsymbol{\beta}_1,\boldsymbol{\beta}_2,\cdots,\boldsymbol{\beta}_l$ 是否是极大无关组). 因此由 $R(\boldsymbol{\beta}_1,\boldsymbol{\beta}_2,\cdots,\boldsymbol{\beta}_l)\leqslant R(N(\boldsymbol{A}))=n-R(\boldsymbol{A})$ 移项得 $R(\boldsymbol{A})+R(\boldsymbol{B})\leqslant n$.

例 2　设 $\boldsymbol{A}$ 为 $n\ (n\geqslant 2)$ 阶方阵, 证明 $R(\boldsymbol{A}^*)=\begin{cases}n, & R(\boldsymbol{A})=n,\\ 1, & R(\boldsymbol{A})=n-1,\\ 0, & R(\boldsymbol{A})\leqslant n-2.\end{cases}$

证明　(1) $R(\boldsymbol{A})=n, |\boldsymbol{A}|\neq 0, \boldsymbol{A}^*\boldsymbol{A}=|\boldsymbol{A}|\boldsymbol{E}\Rightarrow \boldsymbol{A}^*=|\boldsymbol{A}|\boldsymbol{A}^{-1}\Rightarrow \boldsymbol{A}^*$ 可逆 $\Rightarrow R(\boldsymbol{A}^*)=n$.

(2) 一方面, $R(\boldsymbol{A})=n-1\Rightarrow |\boldsymbol{A}|=0, \boldsymbol{A}^*\boldsymbol{A}=|\boldsymbol{A}|\boldsymbol{E}=\boldsymbol{O}\Rightarrow R(\boldsymbol{A}^*)+R(\boldsymbol{A})\leqslant n$, 因为 $R(\boldsymbol{A})=n-1$, 所以 $R(\boldsymbol{A}^*)\leqslant 1$.

另一方面, $R(\boldsymbol{A})=n-1\Rightarrow \boldsymbol{A}^*$ 至少有一个元素不为零, 所以 $R(\boldsymbol{A}^*)\geqslant 1$.

综合可知 $R(\boldsymbol{A}^*)=1$.

(3) $R(\boldsymbol{A})\leqslant n-2\Rightarrow \boldsymbol{A}^*=\boldsymbol{O}\Rightarrow R(\boldsymbol{A}^*)=0$.

3.6.4　非齐次方程组 $\boldsymbol{A}_{m\times n}\boldsymbol{x}=\boldsymbol{b}(\boldsymbol{b}\neq\boldsymbol{0})$ 解的结构

以下总假设

$$\boldsymbol{A}_{m\times n}\boldsymbol{x}=\boldsymbol{b}\quad(\boldsymbol{b}\neq\boldsymbol{0})\tag{3.10}$$

有解, 而其对应的齐次方程组

$$\boldsymbol{A}_{m\times n}\boldsymbol{x}=\boldsymbol{0}\tag{3.11}$$

的基础解系为 $\boldsymbol{\xi}_1,\boldsymbol{\xi}_2,\cdots,\boldsymbol{\xi}_{n-r}$, 这里 $r=R(\boldsymbol{A})$,

$$\boldsymbol{A}_{m\times n}\boldsymbol{x}=\boldsymbol{b}\quad(\boldsymbol{b}\neq\boldsymbol{0}).$$

性质 1　(1) 设 $\boldsymbol{\eta}_1,\boldsymbol{\eta}_2$ 都是 (3.10) 的解, 则 $\boldsymbol{x}=\boldsymbol{\eta}_1-\boldsymbol{\eta}_2$ 是 (3.11) 的解;

(2) 设 $\boldsymbol{\eta}$ 是 (3.10) 的解, $\boldsymbol{\xi}$ 是 (3.11) 的解, 则 $\boldsymbol{x}=\boldsymbol{\xi}+\boldsymbol{\eta}$ 仍是 (3.10) 的解.

设 $\boldsymbol{\eta}^*$ 是 (3.10) 的一个解 (固定), 则对 (3.10) 的任一解 $\boldsymbol{x}, \boldsymbol{x}-\boldsymbol{\eta}^*$ 是 (3.11) 的解, 从而存在 k_i 使得

$$\boldsymbol{x}-\boldsymbol{\eta}^*=k_1\boldsymbol{\xi}_1+k_2\boldsymbol{\xi}_2+\cdots+k_{n-r}\boldsymbol{\xi}_{n-r},$$

于是

$$\boldsymbol{x}=k_1\boldsymbol{\xi}_1+k_2\boldsymbol{\xi}_2+\cdots+k_{n-r}\boldsymbol{\xi}_{n-r}+\boldsymbol{\eta}^*.\tag{3.12}$$

又形如 (3.12) 的向量 (k_i 任取) 都是 (3.10) 的解. 由此得非齐次方程组解的结构定理.

定理 3　设 $\boldsymbol{\eta}^*$ 是 (3.10) 的任一解, 则 (3.10) 的通解为

$$\boldsymbol{x}=k_1\boldsymbol{\xi}_1+k_2\boldsymbol{\xi}_2+\cdots+k_{n-r}\boldsymbol{\xi}_{n-r}+\boldsymbol{\eta}^*.$$

例 3 求下列非齐次线性方程组的结构解:

$$\begin{cases} x_1 - x_2 - x_3 + x_4 = 0, \\ x_1 - x_2 + x_3 - 3x_4 = 1, \\ x_1 - x_2 - 2x_3 + 3x_4 = -\dfrac{1}{2}. \end{cases}$$

解 因为

$$\boldsymbol{B} = \left(\begin{array}{cccc|c} 1 & -1 & -1 & 1 & 0 \\ 1 & -1 & 1 & -3 & 1 \\ 1 & -1 & -2 & 3 & -\dfrac{1}{2} \end{array}\right) \to \left(\begin{array}{cccc|c} 1 & -1 & 0 & -1 & \dfrac{1}{2} \\ 0 & 0 & 1 & -2 & \dfrac{1}{2} \\ 0 & 0 & 0 & 0 & 0 \end{array}\right),$$

可见 $R(\boldsymbol{A}) = R(\boldsymbol{B}) = 2 < 4$, 故方程组有无穷多解

$$\begin{cases} x_1 = x_2 + x_4 + \dfrac{1}{2}, \\ x_3 = \quad\quad 2x_4 + \dfrac{1}{2}. \end{cases}$$

取 $x_2 = x_4 = 0$, 则 $x_1 = x_3 = \dfrac{1}{2}$, 即得方程组的一个解 $\boldsymbol{\eta}^* = \left(\dfrac{1}{2}, 0, \dfrac{1}{2}, 0\right)^{\mathrm{T}}$.

在对应的齐次线性方程组 $\begin{cases} x_1 = x_2 + x_4, \\ x_3 = \quad\quad 2x_4 \end{cases}$ 中, 取 $\begin{pmatrix} x_2 \\ x_4 \end{pmatrix} = \begin{pmatrix} 1 \\ 0 \end{pmatrix}, \begin{pmatrix} 0 \\ 1 \end{pmatrix}$, 则

$\begin{pmatrix} x_1 \\ x_3 \end{pmatrix} = \begin{pmatrix} 1 \\ 0 \end{pmatrix}, \begin{pmatrix} 1 \\ 2 \end{pmatrix}$, 得齐次方程组的基础解系

$$\boldsymbol{\xi}_1 = \begin{pmatrix} 1 \\ 1 \\ 0 \\ 0 \end{pmatrix}, \quad \boldsymbol{\xi}_2 = \begin{pmatrix} 1 \\ 0 \\ 2 \\ 1 \end{pmatrix}.$$

于是所有通解

$$\begin{pmatrix} x_1 \\ x_2 \\ x_3 \\ x_4 \end{pmatrix} = c_1 \begin{pmatrix} 1 \\ 1 \\ 0 \\ 0 \end{pmatrix} + c_2 \begin{pmatrix} 1 \\ 0 \\ 2 \\ 1 \end{pmatrix} + \begin{pmatrix} \dfrac{1}{2} \\ 0 \\ \dfrac{1}{2} \\ 0 \end{pmatrix} \quad (c_1, c_2 \in \mathbf{R}).$$

3.7　线性空间与线性变换

3.7.1　线性空间

线性空间是线性代数最基本的概念之一, 也是矩阵论中极其重要的概念之一. 它是向量空间在元素和线性运算上的推广和抽象.

线性空间中的元素可以是向量、矩阵、多项式、函数等, 线性运算可以是我们熟悉的一般运算, 也可以是各种特殊的运算.

定义 1　如果非空集合 V 对于加法及数乘两种运算封闭, 并且对于加法和数乘满足下面 8 条运算律, 那么就称集合 V 为数域 F 上的**线性空间或向量空间**.

对 $\forall \boldsymbol{\alpha}, \boldsymbol{\beta}, \boldsymbol{\gamma} \in V$, $\forall k, l \in F(F=\mathbf{R}$ 或 $F=\mathbf{C})$, 成立

(1) **加法交换律**　$\boldsymbol{\alpha}+\boldsymbol{\beta}=\boldsymbol{\beta}+\boldsymbol{\alpha}$;

(2) **加法结合律**　$(\boldsymbol{\alpha}+\boldsymbol{\beta})+\boldsymbol{\gamma}=\boldsymbol{\alpha}+(\boldsymbol{\beta}+\boldsymbol{\gamma})$;

(3) **具有加法单位元 (零向量)**　$\mathbf{0} \in \mathbf{R}^2$, 使得 $\boldsymbol{\alpha}+\mathbf{0}=\boldsymbol{\alpha}$;

(4) **具有加法逆元 (负向量)**　$-\boldsymbol{\alpha} \in \mathbf{R}^2$, 使得 $\boldsymbol{\alpha}+(-\boldsymbol{\alpha})=\mathbf{0}$;

(5) **数乘的交换律**　$k(l\boldsymbol{\alpha})=(kl)\boldsymbol{\alpha}$;

(6) **数乘的单位元**　$1 \cdot \boldsymbol{\alpha}=\boldsymbol{\alpha}$;

(7) **分配律 1**　$k(\boldsymbol{\alpha}+\boldsymbol{\beta})=k\boldsymbol{\alpha}+k\boldsymbol{\beta}$;

(8) **分配律 2**　$(k+l)\boldsymbol{\alpha}=k\,\boldsymbol{\alpha}+l\boldsymbol{\alpha}$.

例 1　所有 $m \times n$ 的实 (复) 矩阵按矩阵的加法和数乘, 构成线性空间 $\mathbf{R}^{m\times n}$ $(\mathbf{C}^{m\times n})$.

3.7.2　线性变换的引入

在技术科学、社会科学和数学的一些分支中, 不同向量空间之间的线性变换起着重要的作用. 因此, 为了研究两个向量空间之间的关系, 有必要考虑能够从一个向量空间到另一个向量空间的转换关系的函数.

事实上, 在我们的日常生活中, 也经常遇到这种转换. 当我们欲将一幅图像变换为另一幅图像时, 通常会移动它的位置, 或者旋转它. 例如, 函数 $T(x,y)=(\alpha x,\beta y)$ 就能够将图像的 x 坐标和 y 坐标改变尺度. 根据 α 和 β 大于 1 还是小于 1, 图像就能够被放大或者缩小.

定义 2 (线性变换)　设 V^n 到 V^m 的变换 T 称为线性的, 如果对任意数 k 及 V^n 中任意向量 $\boldsymbol{\alpha}, \boldsymbol{\beta}$, 恒有

$$T(\boldsymbol{\alpha}+\boldsymbol{\beta})=T(\boldsymbol{\alpha})+T(\boldsymbol{\beta}), \quad T(k\alpha)=kT(\alpha),$$

记 $\boldsymbol{\xi}=T(\boldsymbol{\alpha}) \in V^m$, 则称 $\boldsymbol{\xi}$ 为 $\boldsymbol{\alpha}$ 在 T 下的象, $\boldsymbol{\alpha}$ 称为 $\boldsymbol{\xi}$ 的原象.

特别, 当 T 是 V^n 到自身的一个线性变换时, 则称 T 是 V^n 的线性变换.

而且 $T(\boldsymbol{\alpha}+\boldsymbol{\beta})=T(\boldsymbol{\alpha})+T(\boldsymbol{\beta}), T(k\boldsymbol{\alpha})=kT(\boldsymbol{\alpha})$ 可替换为

$$T(k_1\boldsymbol{\alpha}+k_2\boldsymbol{\beta})=k_1T(\boldsymbol{\alpha})+k_2T(\boldsymbol{\beta}).$$

更一般地, 若 $\boldsymbol{u}_1,\boldsymbol{u}_2,\cdots,\boldsymbol{u}_p\in V^n$, 反复使用上面公式可得

$$\begin{aligned}&T(k_1\boldsymbol{u}_1+k_2\boldsymbol{u}_2+\cdots+k_p\boldsymbol{u}_p)\\ =&k_1T(\boldsymbol{u}_1)+k_2T(\boldsymbol{u}_2)+\cdots+k_pT(\boldsymbol{u}_p).\end{aligned}$$

此公式在工程和物理中被称为叠加原理. 如果 $\boldsymbol{u}_1,\boldsymbol{u}_2,\cdots,\boldsymbol{u}_p$ 分别是某个系统或过程的输入信号向量, 则 $T(\boldsymbol{u}_1),T(\boldsymbol{u}_2),\cdots,T(\boldsymbol{u}_p)$ 可分别视为该系统或过程的输出信号向量.

知识拓展

判断一个系统是否为线性系统的判据:

如果系统的输入为线性表达式 $\boldsymbol{y}=k_1\boldsymbol{u}_1+k_2\boldsymbol{u}_2+\cdots+k_p\boldsymbol{u}_p$, 则当系统的输出也满足相同的线性关系 $T(\boldsymbol{y})=k_1T(\boldsymbol{u}_1)+k_2T(\boldsymbol{u}_2)+\cdots+k_pT(\boldsymbol{u}_p)$ 时, 该系统为线性系统. 否则, 为非线性系统.

例 2 证明线性空间 V 中的零变换 $\mathcal{O}(\boldsymbol{\alpha})=\mathbf{0}$ 是线性变换.

证明 设 $\boldsymbol{\alpha},\boldsymbol{\beta}\in V$, 则有

$$\mathcal{O}(\boldsymbol{\alpha}+\boldsymbol{\beta})=\mathbf{0}=\mathbf{0}+\mathbf{0}=\mathcal{O}(\boldsymbol{\alpha})+\mathcal{O}(\boldsymbol{\beta}),$$

$$\mathcal{O}(k\boldsymbol{\alpha})=\mathbf{0}=k\mathbf{0}=k\mathcal{O}(\boldsymbol{\alpha}),$$

所以零变换是线性变换.

例 3 线性空间 V 中的恒等变换 (或称单位变换) I,

$$I(\boldsymbol{\alpha})=\boldsymbol{\alpha},\quad \boldsymbol{\alpha}\in V$$

是线性变换.

证明 设 $\boldsymbol{\alpha},\boldsymbol{\beta}\in V$, 则有

$$I(\boldsymbol{\alpha}+\boldsymbol{\beta})=\boldsymbol{\alpha}+\boldsymbol{\beta}=I(\boldsymbol{\alpha})+I(\boldsymbol{\beta}),$$

$$I(k\boldsymbol{\alpha})=k\boldsymbol{\alpha}=kI(\boldsymbol{\alpha}),$$

所以恒等变换是线性变换.

练习 判断下面两个从 $\mathbf{R}^3$ 到 $\mathbf{R}^2$ 变换的类型 (线性或非线性).

(1) $T_1(\boldsymbol{x})=\begin{pmatrix}x_1+x_2\\ x_1^2-x_2^2\end{pmatrix}$, $\boldsymbol{x}=(x_1,x_2,x_3)^{\mathrm{T}}$;

(2) $T_2(\boldsymbol{x})=\begin{pmatrix}x_1+x_2\\ x_2+x_3\end{pmatrix}$, $\boldsymbol{x}=(x_1,x_2,x_3)^{\mathrm{T}}$.

3.7.3　线性变换的性质

(1) $T(\mathbf{0})=\mathbf{0}$, $T(-\boldsymbol{\alpha})=-T(\boldsymbol{\alpha})$;

(2) 若 $\boldsymbol{\alpha}_1,\boldsymbol{\alpha}_2,\cdots,\boldsymbol{\alpha}_m$ 线性相关, 则 $T(\boldsymbol{\alpha}_1),T(\boldsymbol{\alpha}_2),\cdots,T(\boldsymbol{\alpha}_m)$ 亦线性相关;

(3) 若 $\boldsymbol{\beta}=k_1\boldsymbol{\alpha}_1+k_2\boldsymbol{\alpha}_2+\cdots+k_m\boldsymbol{\alpha}_m$, 则

$$T(\boldsymbol{\beta})=k_1T(\boldsymbol{\alpha}_1)+k_2T(\boldsymbol{\alpha}_2)+\cdots+k_mT(\boldsymbol{\alpha}_m);$$

(4) 线性变换 T 的象集 $T(V_n)$ 是一个线性空间, 称为线性变换 T 的象空间.

3.7.4　几种特殊线性变换

1. 旋转变换

直线坐标系 xOy 内的每个点 (x,y) 绕原点 O 按逆时针方向旋转 α 角的旋转变换的坐标变换得到新的点 (x',y'), 且有 $\begin{cases}x'=x\cos\alpha-y\sin\alpha,\\ y'=x\sin\alpha+y\cos\alpha,\end{cases}$ 其对应的二阶矩阵为 $\begin{pmatrix}\cos\alpha & -\sin\alpha\\ \sin\alpha & \cos\alpha\end{pmatrix}$.

2. 反射变换 (也称对称变换)

(1) $\boldsymbol{T}_1=\begin{pmatrix}1 & 0\\ 0 & -1\end{pmatrix}$ 把一个几何图形变换为与之关于 x 轴对称的图形;

(2) $\boldsymbol{T}_2=\begin{pmatrix}-1 & 0\\ 0 & -1\end{pmatrix}$ 把一个几何图形变换为与之关于原点对称的图形;

(3) $\boldsymbol{T}_3=\begin{pmatrix}0 & 1\\ 1 & 0\end{pmatrix}$ 把一个几何图形变换为与之关于 $y=x$ 直线对称的图形;

(4) $\boldsymbol{T}_4=\begin{pmatrix}0 & -1\\ -1 & 0\end{pmatrix}$ 把一个几何图形变换为与之关于直线 $y=-x$ 对称的图形.

一般地, 称形如 $\boldsymbol{T}_1$, $\boldsymbol{T}_2$, $\boldsymbol{T}_3$, $\boldsymbol{T}_4$ 的矩阵为**反射变换矩阵**, 对应的变换称为**反射变换**, 其中 (2) 称为中心反射, 其余称为轴反射. 其中定直线称为**反射轴**, 定点称为**反射点**.

3. 伸缩变换

在直角坐标系 xOy 内将每个点的横坐标变为原来的 k_1 倍, 纵坐标变为原来的 k_2 倍, 其中 k_1, k_2 为非零常数, 这样的几何变换为伸缩变换, 其对应的二阶矩阵为 $\begin{pmatrix}k_1 & 0\\ 0 & k_2\end{pmatrix}$.

4. **切变变换 (也称错切变换)**

平行于 x 轴的切变变换对应的二阶矩阵为 $\begin{pmatrix} 1 & k \\ 0 & 1 \end{pmatrix}$;

平行于 y 轴的切变变换对应的二阶矩阵为 $\begin{pmatrix} 1 & 0 \\ k & 1 \end{pmatrix}$.

对于一些特殊的变换, 它们对应的图像和变换矩阵如表 3.2 和表 3.3 所示.

表 3.2 图像对称变换后的矩阵表示

变换	变换前后的图像	变换矩阵
关于横轴的对称变换	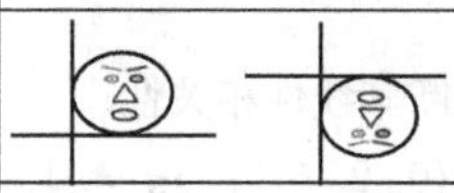	$\begin{pmatrix} 1 & 0 \\ 0 & -1 \end{pmatrix}$
关于竖轴的对称变换	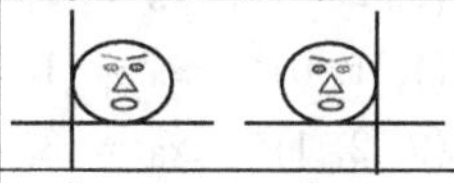	$\begin{pmatrix} -1 & 0 \\ 0 & 1 \end{pmatrix}$
关于$y=x$的对称变换	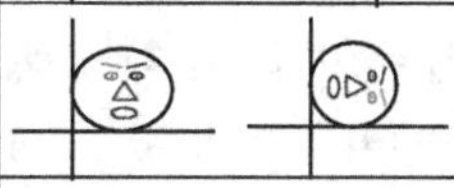	$\begin{pmatrix} 0 & 1 \\ 1 & 0 \end{pmatrix}$
关于原点的对称变换	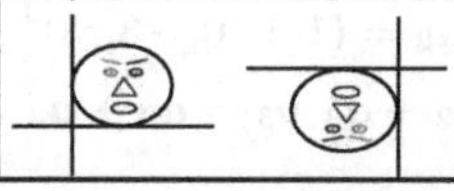	$\begin{pmatrix} -1 & 0 \\ 0 & -1 \end{pmatrix}$

表 3.3 图像伸缩剪切变换后的矩阵表示

变换	变换前后的图像	变换矩阵
水平伸缩变换	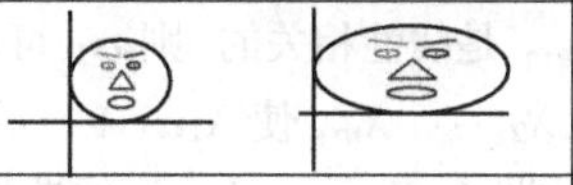	$\begin{pmatrix} 2 & 0 \\ 0 & 1 \end{pmatrix}$
垂直伸缩变换	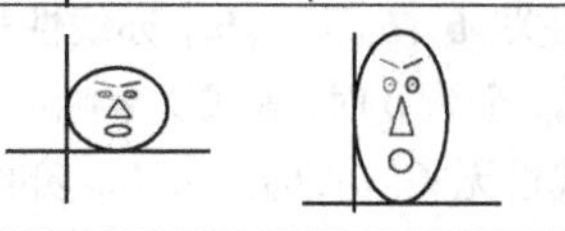	$\begin{pmatrix} 1 & 0 \\ 0 & 2 \end{pmatrix}$
水平剪切变换	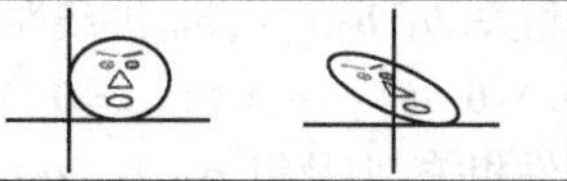	$\begin{pmatrix} 1 & -1 \\ 0 & 1 \end{pmatrix}$
垂直剪切变换	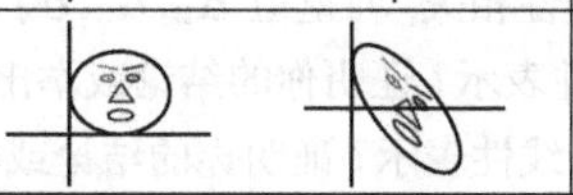	$\begin{pmatrix} 1 & 0 \\ -1 & 1 \end{pmatrix}$

可见, 矩阵就是跳跃运动的描述: 旋转、缩放、平移. 用数学语言来说, 矩阵是线性空间中某个线性变换的描述.

习 题 3

A 类 题

1. 设 $\boldsymbol{v}_1=(1,1,0)^{\mathrm{T}},\boldsymbol{v}_2=(0,1,1)^{\mathrm{T}},\boldsymbol{v}_3=(3,4,0)^{\mathrm{T}}$, 求 $\boldsymbol{v}_1-\boldsymbol{v}_2$ 及 $3\boldsymbol{v}_1+2\boldsymbol{v}_2-\boldsymbol{v}_3$.

2. 设 $3(\boldsymbol{a}_1-\boldsymbol{a})+2(\boldsymbol{a}_2+\boldsymbol{a})=5(\boldsymbol{a}_3+\boldsymbol{a})$, 其中 $\boldsymbol{a}_1=(2,5,1,3)^{\mathrm{T}}$, $\boldsymbol{a}_2=(10,1,5,10)^{\mathrm{T}}$, $\boldsymbol{a}_3=(4,1,-1,1)^{\mathrm{T}}$, 求 $\boldsymbol{a}$.

3. 判定下列向量组是线性相关还是线性无关:

(1) $(-1,3,1)^{\mathrm{T}},(2,1,0)^{\mathrm{T}},(1,4,1)^{\mathrm{T}}$;　(2) $(2,3,0)^{\mathrm{T}},(-1,4,0)^{\mathrm{T}},(0,0,2)^{\mathrm{T}}$.

4. 问 a 取什么值时下列向量组线性相关?

$$\boldsymbol{a}_1=(\boldsymbol{a},1,1)^{\mathrm{T}},\quad \boldsymbol{a}_2=(1,\boldsymbol{a},-1)^{\mathrm{T}},\quad \boldsymbol{a}_3=(1,-1,\boldsymbol{a})^{\mathrm{T}}.$$

5. 求下列向量组的秩, 并判断其线性相关性:

(1) $\boldsymbol{\alpha}_1=(1,\ 1,\ 1)^{\mathrm{T}},\ \boldsymbol{\alpha}_2=(0,\ 2,\ 5)^{\mathrm{T}},\ \boldsymbol{\alpha}_3=(1,\ 3,\ 6)^{\mathrm{T}}$;

(2) $\boldsymbol{\alpha}_1=(1,\ 1,\ 1)^{\mathrm{T}},\ \boldsymbol{\alpha}_2=(1,\ 1,\ 0)^{\mathrm{T}},\ \boldsymbol{\alpha}_3=(1,\ 0,\ 0)^{\mathrm{T}}$;

(3) $\boldsymbol{\alpha}_1=(1,\ 2,\ 3)^{\mathrm{T}},\ \boldsymbol{\alpha}_2=(2,\ 2,\ 1)^{\mathrm{T}},\ \boldsymbol{\alpha}_3=(3,\ 4,\ 4)^{\mathrm{T}}$;

(4) $\boldsymbol{\beta}_1=(1,\ -1,\ 2,\ 4)^{\mathrm{T}},\ \boldsymbol{\beta}_2=(0,\ 3,\ 1,\ 2)^{\mathrm{T}},\ \boldsymbol{\beta}_3=(3,\ 0,\ 7,\ 14)^{\mathrm{T}}$;

(5) $\boldsymbol{\gamma}_1=(1,\ 1,\ 3,\ 1)^{\mathrm{T}},\ \boldsymbol{\gamma}_2=(4,\ 1,\ -3,\ 2)^{\mathrm{T}},\ \boldsymbol{\gamma}_3=(1,\ 0,\ -1,\ 2)^{\mathrm{T}}$;

(6) $\boldsymbol{\alpha}_1=(1,1,1,\ 0,\ 2)^{\mathrm{T}},\ \boldsymbol{\alpha}_2=(1,1,\ 0,-3,\ 3)^{\mathrm{T}},\ \boldsymbol{\alpha}_3=(1,0,\ 0,\ 2,\ 3)^{\mathrm{T}}$.

6. 设 $\boldsymbol{b}_1=\boldsymbol{a}_1+\boldsymbol{a}_2,\boldsymbol{b}_2=\boldsymbol{a}_2+\boldsymbol{a}_3,\boldsymbol{b}_3=\boldsymbol{a}_3+\boldsymbol{a}_4,\boldsymbol{b}_4=\boldsymbol{a}_4+\boldsymbol{a}_1$, 证明向量组 $\boldsymbol{b}_1,\boldsymbol{b}_2,\boldsymbol{b}_3,\boldsymbol{b}_4$ 线性相关.

7. 设 $\boldsymbol{b}_1=\boldsymbol{a}_1,\boldsymbol{b}_2=\boldsymbol{a}_1+\boldsymbol{a}_2,\cdots,\boldsymbol{b}_r=\boldsymbol{a}_1+\boldsymbol{a}_2+\cdots+\boldsymbol{a}_r$, 且向量组 $\boldsymbol{a}_1,\boldsymbol{a}_2,\cdots,\boldsymbol{a}_r$ 线性无关, 证明向量组 $\boldsymbol{b}_1,\boldsymbol{b}_2,\cdots,\boldsymbol{b}_r$ 线性无关.

8. 举例说明下列各命题是错误的:

(1) 若向量组 $\boldsymbol{a}_1,\boldsymbol{a}_2,\cdots,\boldsymbol{a}_m$ 是线性相关的, 则 $\boldsymbol{a}_1$ 可由 $\boldsymbol{a}_2,\cdots,\boldsymbol{a}_m$ 线性表示;

(2) 若有不全为 0 的数 $\lambda_1,\lambda_2,\cdots,\lambda_m$, 使 $\lambda_1\boldsymbol{a}_1+\cdots+\lambda_m\boldsymbol{a}_m+\lambda_1\boldsymbol{b}_1+\cdots+\lambda_m\boldsymbol{b}_m=\boldsymbol{0}$ 成立, 则 $\boldsymbol{a}_1,\boldsymbol{a}_2,\cdots,\boldsymbol{a}_m$ 线性相关, $\boldsymbol{b}_1,\boldsymbol{b}_2,\cdots,\boldsymbol{b}_m$ 亦线性相关;

(3) 若只有当 $\lambda_1,\lambda_2,\cdots,\lambda_m$ 全为 0 时, 等式 $\lambda_1\boldsymbol{a}_1+\cdots+\lambda_m\boldsymbol{a}_m+\lambda_1\boldsymbol{b}_1+\cdots+\lambda_m\boldsymbol{b}_m=\boldsymbol{0}$ 才能成立, 则 $\boldsymbol{a}_1,\boldsymbol{a}_2,\cdots,\boldsymbol{a}_m$ 线性无关, $\boldsymbol{b}_1,\boldsymbol{b}_2,\cdots,\boldsymbol{b}_m$ 亦线性无关;

(4) 若 $\boldsymbol{a}_1,\boldsymbol{a}_2,\cdots,\boldsymbol{a}_m$ 线性相关, $\boldsymbol{b}_1,\boldsymbol{b}_2,\cdots,\boldsymbol{b}_m$ 亦线性相关, 则有不全为 0 的数 $\lambda_1,\lambda_2,\cdots,\lambda_m$ 使 $\lambda_1\boldsymbol{a}_1+\cdots+\lambda_m\boldsymbol{a}_m=\boldsymbol{0},\lambda_1\boldsymbol{b}_1+\cdots+\lambda_m\boldsymbol{b}_m=\boldsymbol{0}$ 同时成立.

9. 设向量组 $\boldsymbol{\alpha}_1,\boldsymbol{\alpha}_2,\boldsymbol{\alpha}_3$ 线性相关, 向量组 $\boldsymbol{\alpha}_2,\boldsymbol{\alpha}_3,\boldsymbol{\alpha}_4$ 线性无关.

(1) $\boldsymbol{\alpha}_1$ 能否由 $\boldsymbol{\alpha}_2,\boldsymbol{\alpha}_3$ 线性表示? 证明你的结论或举出反例;

(2) $\boldsymbol{\alpha}_4$ 能否由 $\boldsymbol{\alpha}_1,\boldsymbol{\alpha}_2,\boldsymbol{\alpha}_3$ 线性表示? 证明你的结论或举出反例.

10. 判断下列向量组是否线性相关; 如果线性相关, 求出向量组的一个极大线性无关组, 并将其余向量用这个极大线性无关组表示出来:

(1) $\boldsymbol{\alpha}_1=(1,1,1)^{\mathrm{T}},\boldsymbol{\alpha}_2=(1,2,3)^{\mathrm{T}},\boldsymbol{\alpha}_3=(1,3,6)^{\mathrm{T}}$;

(2) $\boldsymbol{\alpha}_1=(1,-1,2,4)^{\mathrm{T}},\boldsymbol{\alpha}_2=(0,3,1,2)^{\mathrm{T}},\boldsymbol{\alpha}_3=(3,0,7,14)^{\mathrm{T}}$.

11. 已知向量组

$$A: \boldsymbol{a}_1=(0,1,2,3)^{\mathrm{T}}, \boldsymbol{a}_2=(3,0,1,2)^{\mathrm{T}}, \boldsymbol{a}_3=(2,3,0,1)^{\mathrm{T}};$$
$$B: \boldsymbol{b}_1=(2,1,1,2)^{\mathrm{T}}, \boldsymbol{b}_2=(0,-2,1,1)^{\mathrm{T}}, \boldsymbol{b}_3=(4,4,1,3)^{\mathrm{T}}.$$

证明 B 组能由 A 组线性表示, 但 A 组不能由 B 组线性表示.

12. 已知向量组

$$A: \boldsymbol{a}_1=(0,1,1)^{\mathrm{T}}, \boldsymbol{a}_2=(1,1,0)^{\mathrm{T}};$$
$$B: \boldsymbol{b}_1=(-1,0,1)^{\mathrm{T}}, \boldsymbol{b}_2=(1,2,1)^{\mathrm{T}}, \boldsymbol{b}_3=(3,2,-1)^{\mathrm{T}}.$$

证明 A 组与 B 组等价.

13. 已知 $R(\boldsymbol{\alpha}_1,\boldsymbol{\alpha}_2,\boldsymbol{\alpha}_3)=2$, $R(\boldsymbol{\alpha}_2,\boldsymbol{\alpha}_3,\boldsymbol{\alpha}_4)=3$, 证明

(1) $\boldsymbol{\alpha}_1$ 能由 $\boldsymbol{\alpha}_2,\boldsymbol{\alpha}_3$ 线性表示;

(2) $\boldsymbol{\alpha}_4$ 不能由 $\boldsymbol{\alpha}_1,\boldsymbol{\alpha}_2,\boldsymbol{\alpha}_3$ 线性表示.

14. 求下列向量组的秩, 并求一个极大无关组:

(1) $\boldsymbol{a}_1=\begin{pmatrix}1\\2\\-1\\4\end{pmatrix}, \boldsymbol{a}_2=\begin{pmatrix}9\\100\\10\\4\end{pmatrix}, \boldsymbol{a}_3=\begin{pmatrix}-2\\-4\\2\\-8\end{pmatrix};$

(2) $\boldsymbol{a}_1^{\mathrm{T}}=(1,2,1,3)$, $\boldsymbol{a}_2^{\mathrm{T}}=(4,-1,-5,-6)$, $\boldsymbol{a}_3^{\mathrm{T}}=(1,-3,-4,-7)$.

15. 利用初等行变换求下列矩阵的列向量组的一个极大无关组, 并把其余列向量用极大无关组线性表示:

(1) $\begin{pmatrix}25&31&17&43\\75&94&53&132\\75&94&54&134\\25&32&20&48\end{pmatrix}$; (2) $\begin{pmatrix}1&1&2&2&1\\0&2&1&5&-1\\2&0&3&-1&3\\1&1&0&4&-1\end{pmatrix}$.

16. 设向量组

$$(a,3,1)^{\mathrm{T}},(2,b,3)^{\mathrm{T}},(1,2,1)^{\mathrm{T}},(2,3,1)^{\mathrm{T}}$$

的秩为 2, 求 a, b.

17. 设 $\boldsymbol{a}_1,\boldsymbol{a}_2,\cdots,\boldsymbol{a}_n$ 是一组 n 维向量, 已知 n 维单位坐标向量 $\boldsymbol{e}_1,\boldsymbol{e}_2,\cdots,\boldsymbol{e}_n$ 能由它们线性表示, 证明 $\boldsymbol{a}_1,\boldsymbol{a}_2,\cdots,\boldsymbol{a}_n$ 线性无关.

18. 设

$$\begin{cases}\boldsymbol{\beta}_1= & \boldsymbol{\alpha}_2+\boldsymbol{\alpha}_3+\cdots+\boldsymbol{\alpha}_n,\\ \boldsymbol{\beta}_2=\boldsymbol{\alpha}_1 & +\boldsymbol{\alpha}_3+\cdots+\boldsymbol{\alpha}_n,\\ & \cdots\cdots\\ \boldsymbol{\beta}_n=\boldsymbol{\alpha}_1+\boldsymbol{\alpha}_2+\boldsymbol{\alpha}_3+\cdots+\boldsymbol{\alpha}_{n-1},\end{cases}$$

证明向量组 $\boldsymbol{\alpha}_1,\boldsymbol{\alpha}_2,\cdots,\boldsymbol{\alpha}_n$ 与向量组 $\boldsymbol{\beta}_1,\boldsymbol{\beta}_2,\cdots,\boldsymbol{\beta}_n$ 等价.

19. 已知三阶矩阵 $\boldsymbol{A}$ 与三维列向量 $\boldsymbol{x}$ 满足 $\boldsymbol{A}^3\boldsymbol{x}=3\boldsymbol{A}\boldsymbol{x}-\boldsymbol{A}^2\boldsymbol{x}$, 且向量组 $\boldsymbol{x},\boldsymbol{A}\boldsymbol{x},\boldsymbol{A}^2\boldsymbol{x}$ 线性无关.

(1) 记 $\boldsymbol{P}=(\boldsymbol{x},\boldsymbol{A}\boldsymbol{x},\boldsymbol{A}^2\boldsymbol{x})$, 求三阶矩阵 $\boldsymbol{B}$, 使 $\boldsymbol{AP}=\boldsymbol{PB}$;

(2) 求 $|\boldsymbol{A}|$.

20. 在 n 维线性空间 $\mathbf{R}^n$ 中, 分量满足下列条件的全体向量 $\boldsymbol{\alpha}=\begin{pmatrix}x_1\\x_2\\\vdots\\x_n\end{pmatrix}$ 能否构成 $\mathbf{R}^n$ 的向量空间?

(1) $x_1+x_2+\cdots+x_n=0$; (2) $x_1+x_2+\cdots+x_n=1$.

21. 设向量组 $\boldsymbol{\alpha}_1=(1,1,2,5)^{\mathrm{T}},\boldsymbol{\alpha}_2=(2,2,5,12)^{\mathrm{T}},\boldsymbol{\alpha}_3=(-1,-1,2,3)^{\mathrm{T}}$, $\boldsymbol{\alpha}_4=(5,5,-5,-5)^{\mathrm{T}}$, $\boldsymbol{\alpha}_5=(1,1,3,7)^{\mathrm{T}}$, 求向量空间 $V=\mathrm{span}(\boldsymbol{\alpha}_1,\cdots,\boldsymbol{\alpha}_5)$ 的一组基, 并求 $\dim V$.

22. 设 $V=\mathrm{span}(\boldsymbol{\alpha}_1,\boldsymbol{\alpha}_2)=\mathrm{span}(\boldsymbol{\beta}_1,\boldsymbol{\beta}_2)$, 其中 $\boldsymbol{\alpha}_1=(1,1,2,5)^{\mathrm{T}},\boldsymbol{\alpha}_2=(2,2,5,12)^{\mathrm{T}}$, $\boldsymbol{\beta}_1=(1,1,0,1)^{\mathrm{T}},\boldsymbol{\beta}_2=(0,0,1,2)^{\mathrm{T}}$, 求 $\boldsymbol{\alpha}=(1,1,3,7)^{\mathrm{T}}$ 在基 $\boldsymbol{\alpha}_1,\boldsymbol{\alpha}_2;\boldsymbol{\beta}_1,\boldsymbol{\beta}_2$ 下的坐标.

23. 求下列齐次线性方程组的基础解系:

$$(1)\begin{cases}x_1-8x_2+10x_3+2x_4=0,\\2x_1+4x_2+5x_3-x_4=0,\\3x_1+8x_2+6x_3-2x_4=0;\end{cases}\qquad(2)\begin{cases}2x_1-3x_2-2x_3+x_4=0,\\3x_1+5x_2+4x_3-2x_4=0,\\8x_1+7x_2+6x_3-3x_4=0.\end{cases}$$

24. 求下列非齐次方程组的一个解及对应的齐次线性方程组的基础解系.

$$(1)\begin{cases}x_1+x_2=5,\\2x_1+x_2+x_3+2x_4=1,\\5x_1+3x_2+2x_3+2x_4=3;\end{cases}\qquad(2)\begin{cases}x_1-5x_2+2x_3-3x_4=11,\\5x_1+3x_2+6x_3-x_4=-1,\\2x_1+4x_2+2x_3+x_4=-6.\end{cases}$$

25. 设 $\boldsymbol{A}=\begin{pmatrix}2&-2&1&3\\9&-5&2&8\end{pmatrix}$, 求一个 4×2 矩阵 $\boldsymbol{B}$, 使 $\boldsymbol{AB}=\boldsymbol{O}$, 且 $R(\boldsymbol{B})=2$.

26. 求一个齐次线性方程组, 使它的基础解系为 $\boldsymbol{\xi}_1=(0,1,2,3)^{\mathrm{T}}$, $\boldsymbol{\xi}_1=(3,2,1,0)^{\mathrm{T}}$.

27. 设四元齐次线性方程组

$$\mathrm{I}:\begin{cases}x_1+x_2=0,\\x_2-x_4=0;\end{cases}\qquad\mathrm{II}:\begin{cases}x_1-x_2+x_3=0,\\x_2-x_3+x_4=0.\end{cases}$$

求: (1) 方程 I 与 II 的基础解系; (2) I 与 II 的公共解.

28. 设 n 阶矩阵 $\boldsymbol{A}$ 满足 $\boldsymbol{A}^2=\boldsymbol{A}$, $\boldsymbol{E}$ 为 n 阶单位矩阵, 证明 $R(\boldsymbol{A})+R(\boldsymbol{A}-\boldsymbol{E})=n$.

29. 设有向量组 $A:\boldsymbol{a}_1=(\alpha,2,10)^{\mathrm{T}},\boldsymbol{a}_2=(-2,1,5)^{\mathrm{T}},\boldsymbol{a}_3=(-1,1,4)^{\mathrm{T}}$, 以及 $\boldsymbol{b}=(1,\beta,-1)^{\mathrm{T}}$, 问 α, β 为何值时

(1) 向量 $\boldsymbol{b}$ 不能由向量组 A 线性表示;

(2) 向量 $\boldsymbol{b}$ 能由向量组 A 线性表示, 且表示式唯一;

(3) 向量 $\boldsymbol{b}$ 能由向量组 A 线性表示, 且表示式不唯一, 并求一般表示式.

30. 设 $\boldsymbol{a}=(a_1,a_2,a_3)^{\mathrm{T}},\boldsymbol{b}=(b_1,b_2,b_3)^{\mathrm{T}},\boldsymbol{c}=(c_1,c_2,c_3)^{\mathrm{T}}$, 证明三直线

$$\begin{aligned}&l_1: a_1x+b_1y+c_1=0,\\&l_2: a_2x+b_2y+c_2=0,\quad (a_i^2+b_i^2\neq 0,\ i=1,2,3)\\&l_3: a_3x+b_3y+c_3=0\end{aligned}$$

相交于一点的充分必要条件为: 向量 $\boldsymbol{a},\boldsymbol{b}$ 线性无关, 且向量 $\boldsymbol{a},\boldsymbol{b},\boldsymbol{c}$ 线性相关.

31. 设矩阵 $\boldsymbol{A}=(\boldsymbol{a}_1,\boldsymbol{a}_2,\boldsymbol{a}_3,\boldsymbol{a}_4)$, 其中 $\boldsymbol{a}_2,\boldsymbol{a}_3,\boldsymbol{a}_4$ 线性无关, $\boldsymbol{a}_1=2\boldsymbol{a}_2-\boldsymbol{a}_3$. 向量 $\boldsymbol{b}=\boldsymbol{a}_1+\boldsymbol{a}_2+\boldsymbol{a}_3+\boldsymbol{a}_4$, 求方程 $\boldsymbol{A}\boldsymbol{x}=\boldsymbol{b}$ 的通解.

32. 设 $\boldsymbol{\eta}^*$ 是非齐次线性方程组 $\boldsymbol{A}\boldsymbol{x}=\boldsymbol{b}$ 的一个解, $\boldsymbol{\xi}_1,\cdots,\boldsymbol{\xi}_{n-r}$ 是对应的齐次线性方程组的一个基础解系, 证明:

(1) $\boldsymbol{\eta}^*,\boldsymbol{\xi}_1,\cdots,\boldsymbol{\xi}_{n-r}$ 线性无关; (2) $\boldsymbol{\eta}^*,\boldsymbol{\eta}^*+\boldsymbol{\xi}_1,\cdots,\boldsymbol{\eta}^*+\boldsymbol{\xi}_{n-r}$ 线性无关.

33. 设 $\boldsymbol{\eta}_1,\cdots,\boldsymbol{\eta}_s$ 是非齐次线性方程组 $\boldsymbol{A}\boldsymbol{x}=\boldsymbol{b}$ 的 s 个解, $k_1,\cdots,k_s$ 为实数, 满足 $k_1+k_2+\cdots+k_s=1$, 证明 $\boldsymbol{x}=k_1\boldsymbol{\eta}_1+k_2\boldsymbol{\eta}_2+\cdots+k_s\boldsymbol{\eta}_s$ 也是它的解.

34. 证明: 任意 $n+1$ 个 n 维向量必线性相关.

B 类 题

1. **太空探测器轨道数据问题**

太空航天探测器发射以后, 可能需要调整以使探测器处在精确计算的轨道里 (图 3.7). 雷达监测到一组列向量 $\boldsymbol{x}_1,\cdots,\boldsymbol{x}_k$, 它们给出了不同时刻探测器的实际位置与预定轨道之间的偏差的信息.

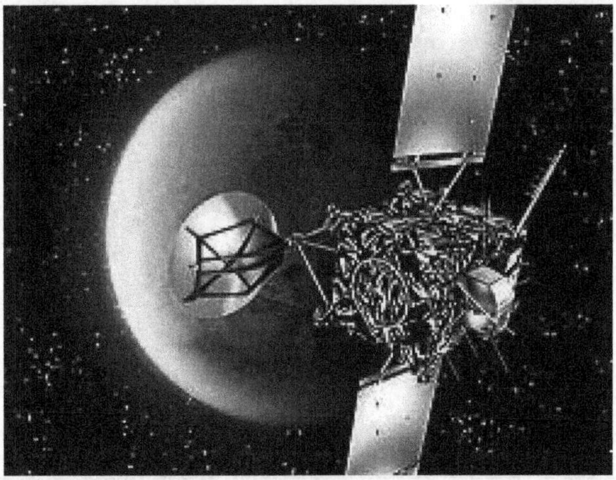

图 3.7　太空探测器轨道

【模型准备】 令 $\boldsymbol{X}_k=(\boldsymbol{x}_1,\cdots,\boldsymbol{x}_k)$. 在雷达进行数据分析时需要计算出矩阵 $\boldsymbol{G}_k=\boldsymbol{X}_k\boldsymbol{X}_k^{\mathrm{T}}$. 一旦接收到数据向量 $\boldsymbol{x}_{k+1}$, 必须计算出新矩阵 $\boldsymbol{G}_{k+1}$. 因为数据向量到达的速度非常快, 随着 k 的增加, 直接计算的负担会越来越重. 现需要给出一个算法, 使得计算 $\boldsymbol{G}_k$ 的负担不会因为 k 的增加而加重.

2. **药方配制问题**

通过中成药药方配制问题, 理解向量组的线性相关性、极大线性无关组向量的线性表示以及向量空间等线性代数的知识.

问题　某中药厂用 9 种中草药 A—I, 根据不同的比例配制成了 7 种特效药, 各用量 (单位: 克) 成分见表 3.4.

表 3.4　7 种特效药的用量成分

中草药	1 号药	2 号药	3 号药	4 号药	5 号药	6 号药	7 号药
A	10	2	14	12	20	38	100
B	12	0	12	25	35	60	55
C	5	3	11	0	5	14	0
D	7	9	25	5	15	47	35
E	0	1	2	25	5	33	6
F	25	5	35	5	35	55	50
G	9	4	17	25	2	39	25
H	6	5	16	10	10	35	10
I	8	2	12	0	2	6	20

(1) 某医院要购买这 7 种特效药, 但药厂的第 3 号药和第 6 号药已经卖完, 请问能否用其他特效药配制出这两种脱销的药品.

(2) 现在该医院想用这 7 种草药配制三种新的特效药, 表 3.5 给出了三种新的特效药的成分, 请问能否配制? 如何配制?

表 3.5　三种新的特效药的成分

中草药	新 1 号药	新 2 号药	新 3 号药
A	40	162	88
B	62	141	67
C	14	27	8
D	44	102	51
E	53	60	7
F	50	155	80
G	71	118	38
H	41	68	21
I	14	52	30

3. **平面图形的几何变换**

随着计算机科学技术的发展, 计算机图形学的应用领域越来越广, 如仿真设计、效果图制作、动画片制作、电子游戏开发等 (图 3.8).

图形的几何变换, 包括图形的平移、旋转、放缩等, 是计算机图形学中经常遇到的问题. 这里只讨论平面图形的几何变换.

图 3.8　计算机图形学的广泛应用

【模型准备】 平面图形的旋转和放缩都很容易用矩阵乘法实现, 但是图形的平移并不是线性运算, 不能直接用矩阵乘法表示. 现在要求给出一种方法使平移、旋转、放缩能统一用矩阵乘法来实现.

第 4 章　方阵的特征值与特征向量

犹如世界上每个人都有自己的特点一样, 每个矩阵也有其内在的特性. 前面章节学过的可逆性、秩数、初等变换的结果等都属于矩阵的代数性质, 而本章即将学习的特征值、特征向量则偏向于反映矩阵的几何特性. 特征值与特征向量不仅在数学上, 在物理、材料、力学 (如应力、应变张量) 等方面都能一展拳脚, 还在人脸识别、人工智能、机器学习、数据流模式挖掘分析等方面有广泛应用, 且有学者曾在一本线性代数书里这样说过 "有振动的地方就有特征值和特征向量". 比如桥梁 (图 4.1 的港珠澳大桥), 甚至是弹吉他 (图 4.2) 或建筑物的振动、机械振动、电磁振动等. 为此, 本章从介绍特征值与特征向量的概念和计算开始, 进而讨论矩阵与对角形矩阵相似的条件, 最后介绍相关的应用问题.

图 4.1　港珠澳大桥

图 4.2　弹吉他

4.1　方阵的特征值与特征向量的概念和计算

4.1.1　知识点复习

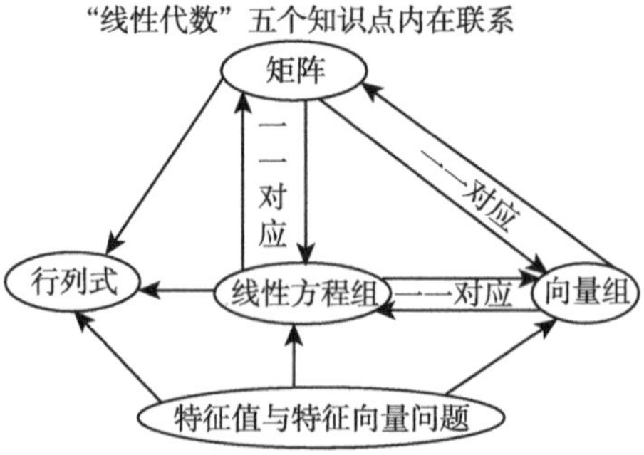

4.1.2 课题引入

假设一个向量 $\boldsymbol{v}=(-2,2)$, 一个矩阵 $\boldsymbol{A}$ 从左边相乘向量 $\boldsymbol{v}$, 会出现如下三种情况:

从图 4.3~图 4.5 中, 可以直观地感受向量在一个矩阵的作用下可能与原向量不在同一直线上, 如图 4.3; 也可能在同一直线上如图 4.4 和图 4.5, 且图 4.4 和图 4.5 中的向量在一个矩阵的作用下做伸缩运动, 伸缩的幅度由特征值确定. 特征值大于 1, 所有属于此特征值的特征向量变长; 特征值大于 0 小于 1, 特征向量缩短. 此外, 若特征值小于 0, 特征向量缩过了界, 反方向到原点那边去了.

例如, 因为

$$\begin{pmatrix} 1 & 1 \\ -1 & 3 \end{pmatrix}\begin{pmatrix} 1 \\ 1 \end{pmatrix}=\begin{pmatrix} 2 \\ 2 \end{pmatrix}=2\begin{pmatrix} 1 \\ 1 \end{pmatrix},$$

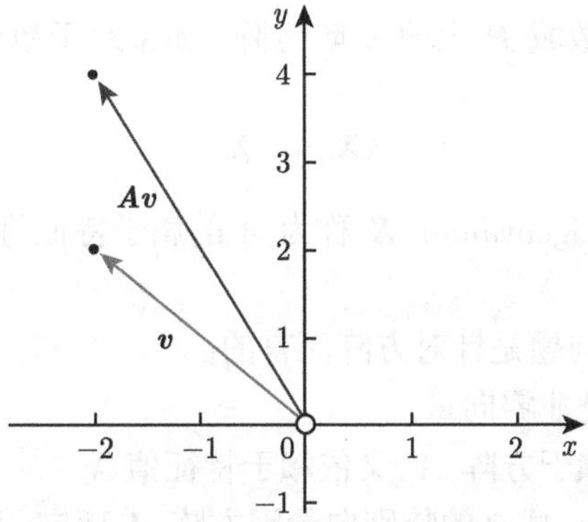

图 4.3 向量在一个矩阵的作用下与原向量不在同一直线上

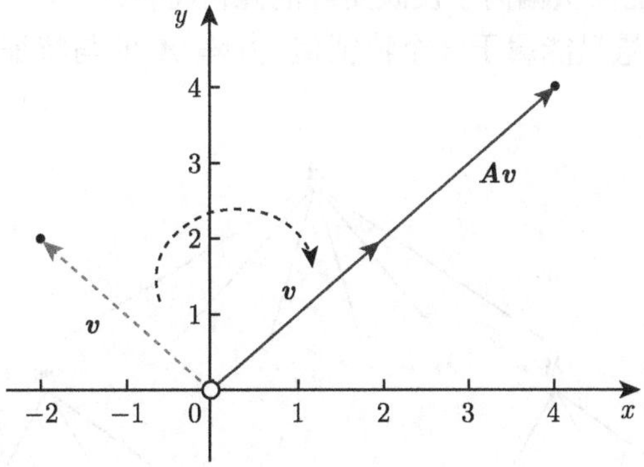

图 4.4 向量在一个矩阵的作用下与原向量在同一直线上，且长度伸长

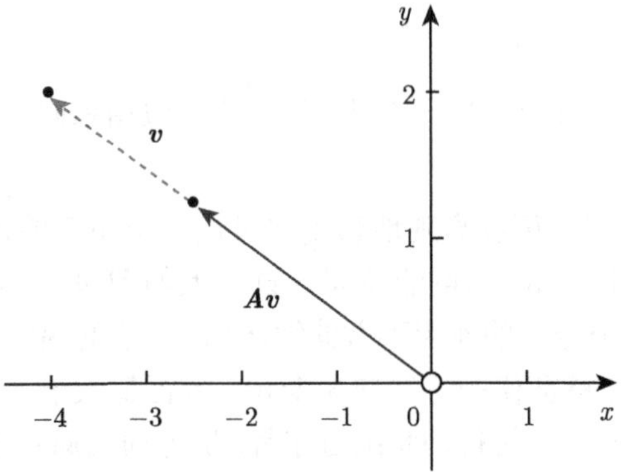

图 4.5　向量在一个矩阵的作用下与原向量在同一直线上，且长度缩短

所以矩阵 $\begin{pmatrix} 1 & 1 \\ -1 & 3 \end{pmatrix}$ 有一个特征值 2, $\begin{pmatrix} 1 \\ 1 \end{pmatrix}$ 是对应特征向量.

具体定义如下.

定义 1　设 $\boldsymbol{A}$ 是数域 P 上的 n 阶方阵. 如果对于数域 P 中的一个数 λ, 存在非零列向量 $\boldsymbol{X}$ 使得

$$\boldsymbol{AX} = \lambda \boldsymbol{X},$$

则 λ 称为 $\boldsymbol{A}$ 的**特征值** (eigenvalue), $\boldsymbol{X}$ 称为 $\boldsymbol{A}$ 的属于特征值 λ 的**特征向量**(eigenvector).

说明　(1) 特征值问题是针对方阵而言的;

(2) 特征向量必须是非零向量;

(3) 特征向量既依赖于方阵 $\boldsymbol{A}$, 又依赖于特征值 λ;

(4) 这个使 $\boldsymbol{Ax} = \lambda \boldsymbol{x}$ 成立的特别向量因方阵 $\boldsymbol{A}$ 而定, 反映 $\boldsymbol{A}$ 的内在特性, 故称之为特征向量, 相应的数称为特征值;

(5) 特征值、特征向量偏向于反映矩阵的几何特性;

(6) 一个特征向量只能属于一个特征值, 方阵 $\boldsymbol{A}$ 的与特征值 λ 对应的特征向量不唯一, 如图 4.6.

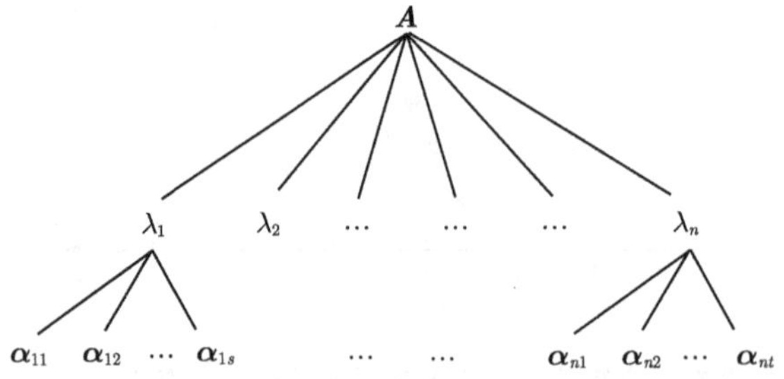

图 4.6　方阵的特征值与对应的特征向量结构图

补充阅读

柯西 [法] (A. L. Cauchy, 1789~1857), 给出了方阵的特征方程的术语, 证明了任意阶实对称矩阵都有实特征值; 给出了相似矩阵的概念, 证明了相似矩阵有相同的特征值. 凯莱 [英] (A. Cayley, 1821~1895), 给出了方阵的特征方程和特征根 (特征值) 的一些结论. 克莱伯施 [德] (R. F. A. Clebsch, 1833~1872), 证明了对称矩阵的特征根性质.

知识拓展

在图像处理中, 脸部图像的处理可以看作分量为每个像素的灰度向量 (图 4.7). 该向量空间的维数是像素的个数. 一个标准化面部图形的大型数据集合的协方差矩阵 (covariance matrix) 的特征向量称为特征脸. 它们对于将任何面部图像表达为它们的线性组合非常有用. 特征脸提供了一种用于识别目的的数据压缩的方式. 在这个应用中, 一般只取那些最大特征值所对应的特征脸. 人脸识别系统在金融、证券、社保、公安、军队及其他需要安全认证的行业和部门有着广泛的应用.

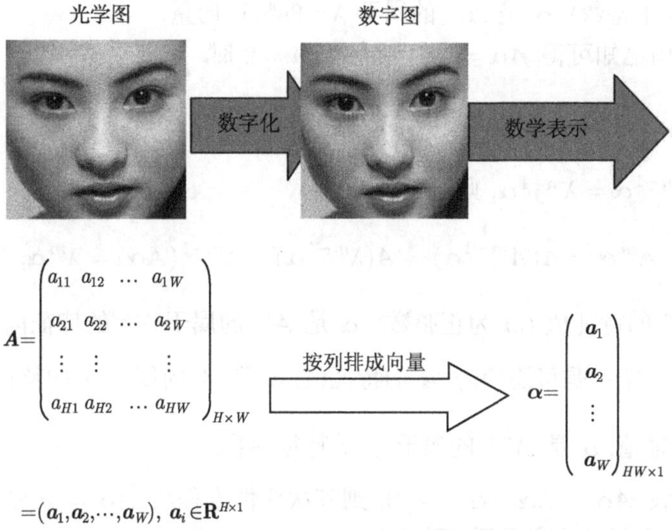

图 4.7 脸部图像的处理为特征向量 (即特征脸) 的过程

4.1.3 特征值与特征向量的性质

性质 1 设 α 是 A 的属于特征值 λ 的特征向量, 则对于数域 P 中任意非零数 k, 都有 $k\alpha$ 也是 A 的属于特征值 λ 的特征向量.

证明　因为 $\boldsymbol{\alpha}$ 是 $\boldsymbol{A}$ 的属于特征值 λ 的特征向量, 所以

$$\boldsymbol{A}\boldsymbol{\alpha}=\lambda\boldsymbol{\alpha}\Rightarrow \boldsymbol{A}(k\boldsymbol{\alpha})=k(\boldsymbol{A}\boldsymbol{\alpha})=\lambda(k\boldsymbol{\alpha}),$$

即 $k\boldsymbol{\alpha}$ 也是 $\boldsymbol{A}$ 的属于特征值 λ 的特征向量.

性质 2　设 $\boldsymbol{\alpha}_1,\boldsymbol{\alpha}_2$ 都是 $\boldsymbol{A}$ 的属于特征值 λ 的特征向量, 则 $k_1\boldsymbol{\alpha}_1+k_2\boldsymbol{\alpha}_2$ (k_1,k_2 为任意常数, 且 $k_1\boldsymbol{\alpha}_1+k_2\boldsymbol{\alpha}_2\neq\mathbf{0}$) 也是属于 λ 的特征向量.

证明　因为 $\boldsymbol{\alpha}_1,\boldsymbol{\alpha}_2$ 都是 $\boldsymbol{A}$ 的属于特征值 λ 的特征向量, 则有

$$\boldsymbol{A}\boldsymbol{\alpha}_1=\lambda\boldsymbol{\alpha}_1,\quad \boldsymbol{A}\boldsymbol{\alpha}_2=\lambda\boldsymbol{\alpha}_2,$$

进而有

$$\begin{aligned}\boldsymbol{A}(k_1\boldsymbol{\alpha}_1+k_2\boldsymbol{\alpha}_2)&=\boldsymbol{A}k_1\boldsymbol{\alpha}_1+\boldsymbol{A}k_2\boldsymbol{\alpha}_2=k_1(\boldsymbol{A}\boldsymbol{\alpha}_1)+k_2(\boldsymbol{A}\boldsymbol{\alpha}_2)\\&=k_1(\lambda\boldsymbol{\alpha}_1)+k_2(\lambda\boldsymbol{\alpha}_2)=\lambda(k_1\boldsymbol{\alpha}_1+k_2\boldsymbol{\alpha}_2),\end{aligned}$$

$k_1\boldsymbol{\alpha}_1+k_2\boldsymbol{\alpha}_2$ 也是属于 λ 的特征向量.

性质 3　设 λ 是 $\boldsymbol{A}$ 的特征值, $\boldsymbol{\alpha}$ 是 $\boldsymbol{A}$ 的属于 λ 的特征向量, 则 λ^m 是 $\boldsymbol{A}^m$ 的特征值 (m 为正整数), $\boldsymbol{\alpha}$ 是 $\boldsymbol{A}^m$ 的属于 λ^m 的特征向量.

证明　由已知可得 $\boldsymbol{A}\boldsymbol{\alpha}=\lambda\boldsymbol{\alpha}$, 则有当 $m=2$ 时,

$$\boldsymbol{A}^2\boldsymbol{\alpha}=\boldsymbol{A}(\boldsymbol{A}\boldsymbol{\alpha})=\boldsymbol{A}(\lambda\boldsymbol{\alpha})=\lambda(\boldsymbol{A}\boldsymbol{\alpha})=\lambda(\lambda\boldsymbol{\alpha})=\lambda^2\boldsymbol{\alpha}.$$

假设 $\boldsymbol{A}^{m-1}\boldsymbol{\alpha}=\lambda^{m-1}\boldsymbol{\alpha}$, 则

$$\boldsymbol{A}^m\boldsymbol{\alpha}=\boldsymbol{A}(\boldsymbol{A}^{m-1}\boldsymbol{\alpha})=\boldsymbol{A}(\lambda^{m-1}\boldsymbol{\alpha})=\lambda^{m-1}(\boldsymbol{A}\boldsymbol{\alpha})=\lambda^m\boldsymbol{\alpha},$$

即 λ^m 是 $\boldsymbol{A}^m$ 的特征值 (m 为正整数), $\boldsymbol{\alpha}$ 是 $\boldsymbol{A}^m$ 的属于 λ^m 的特征向量.

性质 4　若 λ 是可逆矩阵 $\boldsymbol{A}$ 的特征值, $\boldsymbol{\alpha}$ 是 $\boldsymbol{A}$ 的属于 λ 的特征向量, 则 $\dfrac{1}{\lambda}$ 是 $\boldsymbol{A}^{-1}$ 的特征值, $\boldsymbol{\alpha}$ 是 $\boldsymbol{A}^{-1}$ 的属于 $\dfrac{1}{\lambda}$ 的特征向量.

证明　设 $\boldsymbol{A}\boldsymbol{\alpha}=\lambda\boldsymbol{\alpha}$. 若 $\lambda=0$, 则齐次线性方程组 $\boldsymbol{A}\boldsymbol{\alpha}=\mathbf{0}$ 中 $|\boldsymbol{A}|\neq\mathbf{0}$ 和 $\boldsymbol{\alpha}=\mathbf{0}$ 与特征向量的定义矛盾, 所以 $\lambda\neq\mathbf{0}$.

又由可逆矩阵 $\boldsymbol{A}$, 可得

$$\boldsymbol{A}^{-1}\boldsymbol{A}\boldsymbol{\alpha}=\boldsymbol{A}^{-1}(\lambda\boldsymbol{\alpha})=\lambda(\boldsymbol{A}^{-1}\boldsymbol{\alpha})\Rightarrow\lambda(\boldsymbol{A}^{-1}\boldsymbol{\alpha})=\boldsymbol{\alpha}\Rightarrow\boldsymbol{A}^{-1}\boldsymbol{\alpha}=\frac{1}{\lambda}\boldsymbol{\alpha},$$

即 $\dfrac{1}{\lambda}$ 是 $\boldsymbol{A}^{-1}$ 的特征值, $\boldsymbol{\alpha}$ 是 $\boldsymbol{A}^{-1}$ 的属于 $\dfrac{1}{\lambda}$ 的特征向量.

4.1.4 本节小结

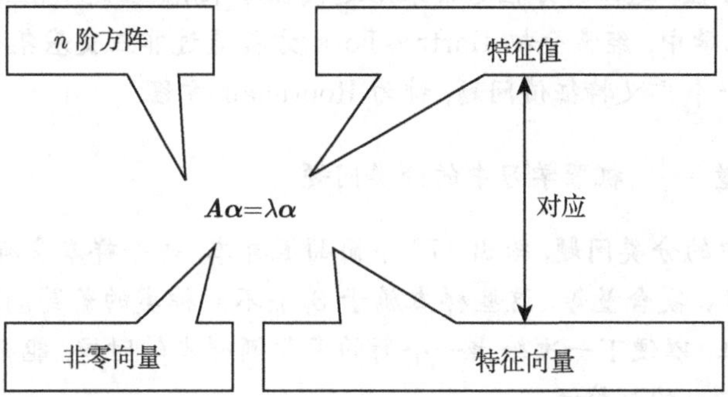

知识拓展——特征值与特征向量的典型应用案例

1. 特征值分解在神经网络中的应用思考

在前面的介绍中, 我们了解到了特征值以及特征向量的物理意义, 而深度神经网络本身可以看成是一种对特征向量空间的转换过程:

$$\boldsymbol{X} \to \boldsymbol{XW}, \quad \boldsymbol{X} \in \mathbf{R}^{m\times n}, \quad \boldsymbol{W} \in \mathbf{R}^{m\times n}.$$

因此是否可以在神经网络每次作转换的时候, 根据特征值 (奇异值) 大小来表示每一维特征的重要性程度, 从而调整相应权重的大小? 这样是否会使得训练过程更加高效, 并且可以保证整个训练过程使用的大部分特征都不会大概率是冗余特征?

2. 特征向量 —— 因子分析

在因素分析中, 一个协方差矩阵的特征向量对应于因素, 而特征值是因素负载. 因素分析是一种统计学技术, 用于社会科学和市场分析、产品管理、运筹规划和其他处理大量数据的应用科学. 其目标是用称为因素的少量的不可观测随机变量来解释在一些可观测随机变量中的变化. 可观测随机变量用因素的线性组合来建模, 再加上“残差项”.

3. 特征向量 —— 分子轨道

在量子力学中, 特别是在原子物理和分子物理中, 在 Hartree-Fock 理论下, 原子轨道和分子轨道可以定义为 Fock 算子的特征向量. 相应的特征值通过 Koopmans 定理可以解释为电离势能. 在这个情况下, 特征向量一词可以用于更广泛的意义, 因为 Fock 算子显式地依赖于轨道和它们的特征值. 如果需要强调这个特点, 可以称它为隐特征值方程. 这样的方程通常采用迭代程序求解, 在这个情况下称为自洽场方法. 在量子化学中, 经常会把 Hartree-Fock 方程通过非正交基集合来表达. 这个特定地表达是一个广义特征值问题, 称为 Roothaan 方程.

4. 特征向量 —— 机器学习中的分类问题

机器学习中的分类问题, 给出 178 个葡萄酒样本, 每个样本含有 13 个参数, 比如酒精度、酸度、镁含量等, 这些样本属于 3 个不同种类的葡萄酒. 任务是提取 3 种葡萄酒的特征, 以便下一次给出一个新的葡萄酒样本的时候, 能根据已有数据判断出新样本是哪一种葡萄酒.

问题详细描述: http://archive.ics.uci.edu/ml/datasets/Wine.

训练样本数据: http://archive.ics.uci.edu/ml/machine-learning-databases/wine/wine. data.

把数据集赋给一个 178 行 13 列的矩阵 $\boldsymbol{R}$, 它的协方差矩阵 $\boldsymbol{C}$ 是 13 行 13 列的, 对 $\boldsymbol{C}$ 进行特征分解, 对角化 $\boldsymbol{C}=\boldsymbol{U}\boldsymbol{D}\boldsymbol{U}^{\mathrm{T}}$, 其中 $\boldsymbol{U}$ 是特征向量组成的矩阵, $\boldsymbol{D}$ 是特征值组成的对角矩阵, 并按由大到小排列. 然后, 令 $\boldsymbol{R}'=\boldsymbol{R}\boldsymbol{U}$, 就实现了数据集在特征向量组成的这组正交基上的投影. $\boldsymbol{R}'=\boldsymbol{R}\boldsymbol{U}$ 中的数据列是按照对应特征值的大小排列的, 后面的列对应小特征值, 去掉以后对整个数据集的影响比较小. 比如, 现在我们直接去掉后面的 7 列, 只保留前 6 列, 就完成了降维.

4.2 特征值和特征向量的求法

4.2.1 思维导图

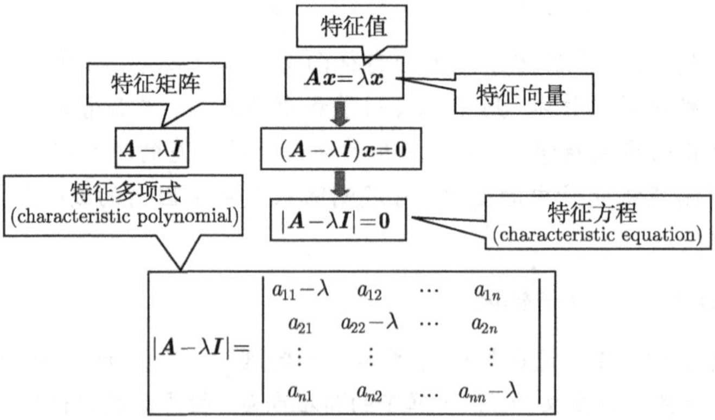

4.2.2 理论依据

定理 1 $\boldsymbol{\alpha}$ 为 $\boldsymbol{A}$ 的属于 $\boldsymbol{\lambda}$ 的特征向量 $\Leftrightarrow (\boldsymbol{A}-\lambda\boldsymbol{I})\boldsymbol{\alpha}=\boldsymbol{0}$.

定理 2 λ 为 $\boldsymbol{A}$ 的特征值 $\Leftrightarrow |\boldsymbol{A}-\lambda\boldsymbol{I}|=\boldsymbol{0}$.

证明 因为 $(\boldsymbol{A}-\lambda\boldsymbol{I})\boldsymbol{\alpha}=\boldsymbol{0}$, 且 $\boldsymbol{\alpha}$ 是非零解, 即齐次线性方程组有非零解, 所以 $|\boldsymbol{A}-\boldsymbol{\lambda}\boldsymbol{I}|=\boldsymbol{0}$.

于是由特征值、特征向量的性质和上述定理可得到求 n 阶矩阵 $\boldsymbol{A}$ 的特征值、特征向量的一般步骤:

(1) 计算特征多项式 $|\boldsymbol{A}-\lambda\boldsymbol{I}|$, 并求出 $|\boldsymbol{A}-\lambda\boldsymbol{I}|=\boldsymbol{0}$ 的全部根, 得到 $\boldsymbol{A}$ 的全部特征值 $\lambda_1,\lambda_2,\cdots,\lambda_m$ (可能有重根);

(2) 对于每一个不同的特征值 λ_j, 求出齐次线性方程组 $(\boldsymbol{A}-\lambda_j\boldsymbol{I})\,\boldsymbol{\alpha}=\boldsymbol{0}$ 的一个基础解系 $\boldsymbol{\alpha}_1,\boldsymbol{\alpha}_2,\cdots,\boldsymbol{\alpha}_t$, 则 $\boldsymbol{A}$ 的属于 λ_j 的全部特征向量为 $k_1\boldsymbol{\alpha}_1+k_2\boldsymbol{\alpha}_2+\cdots+k_t\boldsymbol{\alpha}_t$ (k_i 是不全为 0 的任意常数).

用一个更简单的图表示为

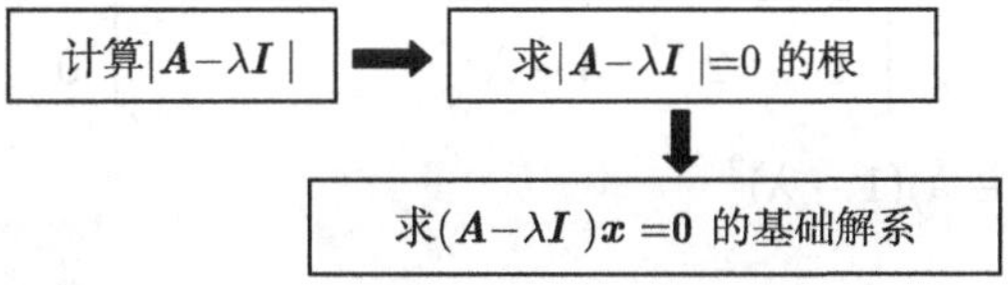

例 1 设 n 阶矩阵 $\boldsymbol{A}$ 的任何一行元素的和都是 a, 求 $\boldsymbol{A}$ 的一个特征值与特征向量.

解 设 $\boldsymbol{A}=\begin{pmatrix} a_{11} & a_{12} & \cdots & a_{1n} \\ a_{21} & a_{22} & \cdots & a_{2n} \\ \vdots & \vdots & & \vdots \\ a_{n1} & a_{n2} & \cdots & a_{nn} \end{pmatrix}$, 由题意, $\boldsymbol{A}$ 的任何一行元素的和都是 a, 可得 $a_{i1}+a_{i2}+\cdots+a_{in}=a\ (i=1,2,\cdots,n)$.

取 $\boldsymbol{\alpha}=(1,\ 1,\ \cdots,1)^{\mathrm{T}}$, 则

$$\boldsymbol{A\alpha}=\begin{pmatrix} a_{11} & a_{12} & \cdots & a_{1n} \\ a_{21} & a_{22} & \cdots & a_{2n} \\ \vdots & \vdots & & \vdots \\ a_{n1} & a_{n2} & \cdots & a_{nn} \end{pmatrix}\begin{pmatrix} 1 \\ 1 \\ \vdots \\ 1 \end{pmatrix}$$

$$= \begin{pmatrix} a_{11}+a_{12}+\cdots+a_{1n} \\ a_{21}+a_{22}+\cdots+a_{2n} \\ \vdots \\ a_{n1}+a_{n2}+\cdots+a_{nn} \end{pmatrix} = \begin{pmatrix} a \\ a \\ \vdots \\ a \end{pmatrix} = a\begin{pmatrix} 1 \\ 1 \\ \vdots \\ 1 \end{pmatrix},$$

所以 $\lambda = a$ 是 $\boldsymbol{A}$ 的一个特征值, $\boldsymbol{\alpha} = (1, 1, \cdots, 1)^{\mathrm{T}}$ 是 $\boldsymbol{A}$ 的一个特征向量.

例 2　设 $\boldsymbol{A} = \begin{pmatrix} 3 & 2 & 2 \\ 2 & 3 & 2 \\ 2 & 2 & 3 \end{pmatrix}$, 求 $\boldsymbol{A}$ 的特征值与特征向量.

解

$$|\boldsymbol{A}-\lambda\boldsymbol{E}| = \begin{vmatrix} 3-\lambda & 2 & 2 \\ 2 & 3-\lambda & 2 \\ 2 & 2 & 3-\lambda \end{vmatrix} = \begin{vmatrix} 7-\lambda & 2 & 2 \\ 7-\lambda & 3-\lambda & 2 \\ 7-\lambda & 2 & 3-\lambda \end{vmatrix}$$

$$= (7-\lambda)\begin{vmatrix} 1 & 2 & 2 \\ 1 & 3-\lambda & 2 \\ 1 & 2 & 3-\lambda \end{vmatrix} \xlongequal[-r_1+r_3]{-r_1+r_2} (7-\lambda)\begin{vmatrix} 1 & 2 & 2 \\ 0 & 1-\lambda & 0 \\ 0 & 0 & 1-\lambda \end{vmatrix}$$

$$= (7-\lambda)(1-\lambda)^2.$$

由 $|\boldsymbol{A}-\lambda\boldsymbol{E}| = \boldsymbol{0}$ 得出 $\boldsymbol{A}$ 的所有不同的特征值 $\lambda_1 = \lambda_2 = 1, \lambda_3 = 7$.

当 $\lambda = 1$ 时, $(\boldsymbol{A}-1\boldsymbol{E})\boldsymbol{x} = \boldsymbol{0}$ 为

$$\begin{cases} (3-1)x_1+2x_2+2x_3=0, \\ 2x_1+(3-1)x_2+2x_3=0, \\ 2x_1+2x_2+(3-1)x_3=0 \end{cases} \Leftrightarrow x_1+x_2+x_3=0.$$

令

$$\begin{pmatrix} x_2 \\ x_3 \end{pmatrix} = \begin{pmatrix} 1 \\ 0 \end{pmatrix}, \begin{pmatrix} 0 \\ 1 \end{pmatrix} \Rightarrow \boldsymbol{\xi}_1 = \begin{pmatrix} -1 \\ 1 \\ 0 \end{pmatrix}, \boldsymbol{\xi}_2 = \begin{pmatrix} -1 \\ 0 \\ 1 \end{pmatrix}.$$

于是 $\boldsymbol{A}$ 的对应于 1 的全部特征向量为

$$k_1\begin{pmatrix} -1 \\ 1 \\ 0 \end{pmatrix} + k_2\begin{pmatrix} -1 \\ 0 \\ 1 \end{pmatrix},$$

其中 k_1 和 k_2 不全为 0.

当 $\lambda=7$ 时, $(\boldsymbol{A}-7\boldsymbol{E})\boldsymbol{x}=\mathbf{0}$ 为

$$\begin{cases}(3-7)x_1+2x_2+2x_3=0,\\2x_1+(3-7)x_2+2x_3=0,\\2x_1+2x_2+(3-7)x_3=0.\end{cases}$$

其系数矩阵的行最简形为

$$\begin{pmatrix}-4&2&2\\2&-4&2\\2&2&-4\end{pmatrix}\xrightarrow{r}\begin{pmatrix}1&0&-1\\0&1&-1\\0&0&0\end{pmatrix}.$$

因此同解的齐次线性方程组为 $\begin{cases}x_1-x_3=0,\\x_2-x_3=0.\end{cases}$

令 $x_3=1$, 得

$$\boldsymbol{\xi}_3=\begin{pmatrix}1\\1\\1\end{pmatrix}.$$

于是 $\boldsymbol{A}$ 的对应于 7 的全部特征向量为 $k_3\boldsymbol{\xi}_3$, $k_3\neq 0$.

例 3 设 $\boldsymbol{A}=\begin{pmatrix}4&2&-5\\6&4&-9\\5&3&-7\end{pmatrix}$, 求 $\boldsymbol{A}$ 的特征值与特征向量.

解 $|\boldsymbol{A}-\lambda\boldsymbol{E}|=\begin{vmatrix}4-\lambda&2&-5\\6&4-\lambda&-9\\5&3&-7-\lambda\end{vmatrix}=(1-\lambda)\lambda^2.$

由 $|\boldsymbol{A}-\lambda\boldsymbol{E}|=0$ 得出 $\boldsymbol{A}$ 的所有不同的特征值 $\lambda_1=\lambda_2=0,\lambda_3=1$. 当 $\lambda=0$ 时, $(\boldsymbol{A}-0\boldsymbol{E})\boldsymbol{x}=\mathbf{0}$ 为

$$\begin{cases}(4-0)x_1+2x_2-5x_3=0,\\6x_1+(4-0)x_2-9x_3=0,\\5x_1+3x_2+(-7-0)x_3=0.\end{cases}$$

其系数矩阵的行最简形为

$$\begin{pmatrix}4&2&-5\\6&4&-9\\5&3&-7\end{pmatrix}\xrightarrow{r}\begin{pmatrix}1&0&-\frac{1}{2}\\0&1&-\frac{3}{2}\\0&0&0\end{pmatrix}.$$

令 $x_3=2$, 得

$$\boldsymbol{\xi}_1=\begin{pmatrix}1\\3\\2\end{pmatrix}.$$

于是 $\boldsymbol{A}$ 的对应于 0 的全部特征向量为 $k_1\boldsymbol{\xi}_1$, $k_1\neq 0$.

当 $\lambda=1$ 时, $(\boldsymbol{A}-1\boldsymbol{E})\boldsymbol{x}=\boldsymbol{0}$ 为

$$\begin{cases}(4-1)x_1+2x_2-5x_3=0,\\6x_1+(4-1)x_2-9x_3=0,\\5x_1+3x_2+(-7-1)x_3=0.\end{cases}$$

其系数矩阵的行最简形为

$$\begin{pmatrix}3&2&-5\\6&3&-9\\5&3&-8\end{pmatrix}\xrightarrow{r}\begin{pmatrix}1&0&-1\\0&1&-1\\0&0&0\end{pmatrix}.$$

令 $x_3=1$, 得 $\boldsymbol{\xi}_2=\begin{pmatrix}1\\1\\1\end{pmatrix}$. 于是 $\boldsymbol{A}$ 的对应于 1 的全部特征向量为 $k_2\boldsymbol{\xi}_2$, $k_2\neq 0$.

注　一般地, 若 λ 是 $\boldsymbol{A}$ 的 k 重特征值, 则齐次线性方程 $(\boldsymbol{A}-\lambda\boldsymbol{E})\boldsymbol{x}=\boldsymbol{0}$ 的基础解系中至多含 k 个解向量.

例 4　设 $\boldsymbol{A}=\begin{pmatrix}-1&0&0\\0&0&1\\0&-1&0\end{pmatrix}$, 求 $\boldsymbol{A}$ 的特征值与特征向量.

解　$|\boldsymbol{A}-\lambda\boldsymbol{E}|=\begin{vmatrix}-1-\lambda&0&0\\0&-\lambda&1\\0&-1&-\lambda\end{vmatrix}=-(1+\lambda)(\lambda^2+1).$

由 $|\boldsymbol{A}-\lambda\boldsymbol{E}|=0$ 得出 $\boldsymbol{A}$ 的所有不同的特征值 $\lambda_1=-1$, $\lambda_2=\mathrm{i}$, $\lambda_3=-\mathrm{i}$.

当 $\lambda=-1$ 时, $(\boldsymbol{A}-(-1)\boldsymbol{E})\boldsymbol{x}=\boldsymbol{0}$ 为 $\begin{cases}(-1+1)x_1=0,\\x_2+x_3=0,\\-x_2+x_3=0,\end{cases}$ 得 $x_2=x_3=0$.

令 $x_1=1$, $\boldsymbol{\xi}_1=\begin{pmatrix}1\\0\\0\end{pmatrix}$, $\boldsymbol{A}$ 的对应于 -1 的全部特征向量为 $k_1\boldsymbol{\xi}_1$, $k_1\neq 0$.

当 $\lambda=\mathrm{i}$ 时, $(\boldsymbol{A}-\mathrm{i}\boldsymbol{E})\boldsymbol{x}=\boldsymbol{0}$ 为 $\begin{cases}(-1-\mathrm{i})x_1=0,\\ -\mathrm{i}x_2+x_3=0,\\ -x_2-\mathrm{i}x_3=0,\end{cases}$ 等价于 $\begin{cases}x_1=0,\\ \mathrm{i}x_2-x_3=0.\end{cases}$

令 $x_3=1$, $\boldsymbol{\xi}_2=\begin{pmatrix}0\\-\mathrm{i}\\1\end{pmatrix}$, 则 $\boldsymbol{A}$ 的对应于 i 的全部特征向量为 $k_2\boldsymbol{\xi}_2$, $k_2\neq 0$.

当 $\lambda=-\mathrm{i}$ 时, $(\boldsymbol{A}+\mathrm{i}\boldsymbol{E})\boldsymbol{x}=\boldsymbol{0}$ 为 $\begin{cases}(-1+\mathrm{i})x_1=0,\\ \mathrm{i}x_2+x_3=0,\\ -x_2+\mathrm{i}x_3=0,\end{cases}$ 等价于 $\begin{cases}x_1=0,\\ x_2-\mathrm{i}x_3=0.\end{cases}$

令 $x_3=1$, $\boldsymbol{\xi}_3=\begin{pmatrix}0\\\mathrm{i}\\1\end{pmatrix}$, $\boldsymbol{A}$ 的对应于 $-\mathrm{i}$ 的全部特征向量为 $k_3\boldsymbol{\xi}_3$, $k_3\neq 0$.

4.2.3 特征值和特征向量的其他性质

先回顾我们在 4.1.3 小节学过的关于特征值和特征向量的性质 1 和性质 2, 并根据性质 1 和性质 2 导出本节学习的性质 1 和性质 2, 最后学习性质 3～性质 5.

性质 1 若 $\boldsymbol{A}$ 的特征值为 λ, 则矩阵 $\boldsymbol{A}$ 的多项式

$$a_m\boldsymbol{A}^m+a_{m-1}\boldsymbol{A}^{m-1}+\cdots+a_1\boldsymbol{A}+a_0\boldsymbol{I}$$

的一个特征值为 $a_m\lambda^m+a_{m-1}\lambda^{m-1}+\cdots+a_1\lambda_0+a_0$, 对应的特征向量仍为 $\boldsymbol{A}$ 对应 λ 的特征向量.

性质 2 设 n 阶方阵 $\boldsymbol{A}=(a_{ij})$ 的特征值为 $\lambda_1,\lambda_2,\cdots,\lambda_n$, 则有

(1) $\lambda_1\lambda_2\cdots\lambda_n=|\boldsymbol{A}|$;

(2) $\lambda_1+\lambda_2+\cdots+\lambda_n=a_{11}+a_{22}+\cdots+a_{nn}=\mathrm{tr}(\boldsymbol{A})$. (即迹, 其中 tr 是 trace 的缩写.)

证明 (1) 由于 $\lambda_1,\lambda_2,\cdots,\lambda_n$ 为 $\boldsymbol{A}$ 的特征值, 故

$$\begin{aligned}|\lambda\boldsymbol{I}-\boldsymbol{A}|&=(\lambda-\lambda_1)(\lambda-\lambda_2)\cdots(\lambda-\lambda_n)\\&=\lambda^n-(\lambda_1+\lambda_2+\cdots+\lambda_n)\lambda^{n-1}+\cdots+(-1)^n\lambda_1\lambda_2\cdots\lambda_n.\end{aligned}$$

令 $\lambda=0$, 得 $|-\boldsymbol{A}|=(-1)^n\lambda_1\lambda_2\cdots\lambda_n$, 即

$$|\boldsymbol{A}|=\lambda_1\lambda_2\cdots\lambda_n.$$

(2) 由于 $|\lambda \boldsymbol{I}-\boldsymbol{A}|=\begin{vmatrix} \lambda-a_{11} & -a_{12} & \cdots & -a_{1n} \\ -a_{21} & \lambda-a_{22} & \cdots & -a_{2n} \\ \vdots & \vdots & & \vdots \\ -a_{n1} & -a_{n2} & \cdots & \lambda-a_{nn} \end{vmatrix}$ 的行列式的展开式中, 主对角线的乘积

$$(\lambda-a_{11})(\lambda-a_{22})\cdots(\lambda-a_{nn})$$

是其中的一项, 再由行列式的定义可知: 展开式中的其余项至多包含 $n-2$ 个主对角线上的元素, 因此 $|\lambda \boldsymbol{I}-\boldsymbol{A}|$ 中含 λ^n 与 λ^{n-1} 的项只能在主对角线元素乘积项中出现, 故有

$$|\lambda \boldsymbol{I}-\boldsymbol{A}|=\lambda^n-(a_{11}+a_{22}+\cdots+a_{nn})\lambda^{n-1}+\cdots+(-1)^n|\boldsymbol{A}|.$$

比较 λ^{n-1} 前的系数可得

$$\lambda_1+\lambda_2+\cdots+\lambda_n=a_{11}+a_{22}+\cdots+a_{nn}=\operatorname{tr}(\boldsymbol{A}).$$

性质 3　n 阶矩阵 $\boldsymbol{A}$ 是奇异矩阵 $\Leftrightarrow$ $\boldsymbol{A}$ 有一个特征值为 0.

证明　由 $|\boldsymbol{A}|=0 \Leftrightarrow |0\boldsymbol{I}-\boldsymbol{A}|=(-1)^n|\boldsymbol{A}|=0$, 性质 3 得证.

推论 1　$\boldsymbol{A}_{n\times n}$ 可逆 $\Leftrightarrow$ $\boldsymbol{A}$ 的特征值均不为零.

例 5　设矩阵 $\boldsymbol{A}$ 满足 $\boldsymbol{A}^2=\boldsymbol{A}$, 证明: $\boldsymbol{A}$ 的特征值 λ 只能是 0 和 1.

证明　设特征值 λ 对应的特征向量为 $\boldsymbol{\xi}$, 则有 $\boldsymbol{A}\boldsymbol{\xi}=\lambda\boldsymbol{\xi}$, $\boldsymbol{A}^2\boldsymbol{\xi}=\lambda^2\boldsymbol{\xi}$, 由于 $\boldsymbol{A}^2=\boldsymbol{A}$, 可得 $\lambda\boldsymbol{\xi}=\lambda^2\boldsymbol{\xi} \Leftrightarrow (\lambda^2-\lambda)\boldsymbol{\xi}=0 \Leftrightarrow (\lambda^2-\lambda)=0 \Rightarrow \lambda=0$ 或 $\lambda=1$.

例 6　设方阵 $\boldsymbol{A}$ 满足 $\boldsymbol{A}^2=\boldsymbol{E}$, 证明

(1) $\boldsymbol{A}$ 的特征值为 1 或 -1;

(2) $4\boldsymbol{E}-3\boldsymbol{A}$ 可逆.

证明　(1) 设 λ 为方阵 $\boldsymbol{A}$ 的特征值, 则 λ^2 是 $\boldsymbol{A}^2$ 的特征值. 由于 $\boldsymbol{A}^2=\boldsymbol{E}$ 且 $\boldsymbol{E}$ 的特征值为 1, 于是 $\lambda^2=1$, 这时 $\lambda=1$ 或 -1.

(2) $4\boldsymbol{E}-3\boldsymbol{A}$ 的特征值 $4-3\times1=1$ 或 $4-3\times(-1)=7$, 由性质 2 知 $|4\boldsymbol{E}-3\boldsymbol{A}|\neq 0$, $4\boldsymbol{E}-3\boldsymbol{A}$ 可逆.

例 7　设三阶方阵 $\boldsymbol{A}$ 的特征值为 $1,-2,4$. 求 $|\boldsymbol{A}^*+3\boldsymbol{A}-2\boldsymbol{E}|$.

解
$$|\boldsymbol{A}|=-8\neq 0,\quad \boldsymbol{A}^*=|\boldsymbol{A}|\boldsymbol{A}^{-1}=-8\boldsymbol{A}^{-1},$$
$$\boldsymbol{A}^*+3\boldsymbol{A}-2\boldsymbol{E}=-8\boldsymbol{A}^{-1}+3\boldsymbol{A}-2\boldsymbol{E}.$$

其特征值为 $\psi(\lambda)=-8\lambda^{-1}+3\lambda-2$, 将 $\boldsymbol{A}$ 的特征值为 $1,-2,4$ 分别代入得 $\psi(\lambda)$ 为 $-7,-4,8$, 故

$$|\boldsymbol{A}^*+3\boldsymbol{A}-2\boldsymbol{E}|=224.$$

性质 4 对应于不同特征值的特征向量线性无关.

证明 设 $\lambda_1, \lambda_2, \cdots, \lambda_m$ 是方阵 $\boldsymbol{A}$ 的 m 个不同特征值, $\boldsymbol{p}_1, \boldsymbol{p}_2, \cdots, \boldsymbol{p}_m$ 分别是与之对应的特征向量, 即 $\boldsymbol{A}\boldsymbol{p}_i = \lambda_i \boldsymbol{p}_i$, $i = 1, 2, \cdots, m$.

又设存在 $k_1, k_2, \cdots, k_m$ 使得 $k_1\boldsymbol{p}_1 + k_2\boldsymbol{p}_2 + \cdots + k_m\boldsymbol{p}_m = \boldsymbol{0}$, 可得

$$\boldsymbol{A}(k_1\boldsymbol{p}_1 + k_2\boldsymbol{p}_2 + \cdots + k_m\boldsymbol{p}_m) = \boldsymbol{0} \Leftrightarrow k_1\lambda_1\boldsymbol{p}_1 + k_2\lambda_2\boldsymbol{p}_2 + \cdots + k_m\lambda_m\boldsymbol{p}_m = \boldsymbol{0}.$$

同样可得

$$k_1\lambda_1^k\boldsymbol{p}_1 + k_2\lambda_2^k\boldsymbol{p}_2 + \cdots + k_m\lambda_m^k\boldsymbol{p}_m = \boldsymbol{0}, \quad k = 2, 3, \cdots, m-1,$$

$$(k_1\boldsymbol{p}_1, k_2\boldsymbol{p}_2, \cdots, k_m\boldsymbol{p}_m)\begin{pmatrix} 1 & \lambda_1 & \cdots & \lambda_1^{m-1} \\ 1 & \lambda_2 & \cdots & \lambda_2^{m-1} \\ \vdots & \vdots & & \vdots \\ 1 & \lambda_m & \cdots & \lambda_m^{m-1} \end{pmatrix} = (\boldsymbol{0}, \boldsymbol{0}, \cdots, \boldsymbol{0}),$$

$$\det\begin{pmatrix} 1 & \lambda_1 & \cdots & \lambda_1^{m-1} \\ 1 & \lambda_2 & \cdots & \lambda_2^{m-1} \\ \vdots & \vdots & & \vdots \\ 1 & \lambda_m & \cdots & \lambda_m^{m-1} \end{pmatrix} = \prod_{1 \leqslant i < j \leqslant m-1} (\lambda_i - \lambda_j),$$

且 $\lambda_1, \lambda_2, \cdots, \lambda_m$ 是方阵 $\boldsymbol{A}$ 的 m 个不同特征值, 则 $\begin{pmatrix} 1 & \lambda_1 & \cdots & \lambda_1^{m-1} \\ 1 & \lambda_2 & \cdots & \lambda_2^{m-1} \\ \vdots & \vdots & & \vdots \\ 1 & \lambda_m & \cdots & \lambda_m^{m-1} \end{pmatrix}$ 可逆, 于是可得

$$(k_1\boldsymbol{p}_1, k_2\boldsymbol{p}_2, \cdots, k_m\boldsymbol{p}_m) = (\boldsymbol{0}, \boldsymbol{0}, \cdots, \boldsymbol{0}),$$

$$k_i\boldsymbol{p}_i = \boldsymbol{0} \Rightarrow k_i = 0, \ i = 1, 2, \cdots, m.$$

性质 5 实对称矩阵的特征值是实数.

证明 设实对称矩阵 $\boldsymbol{A}$ 的特征值为 λ 及对应的特征向量为 $\boldsymbol{x}$, 显然可得 $\boldsymbol{A}\boldsymbol{x} = \lambda\boldsymbol{x}$. 由 $\boldsymbol{A}$ 是实对称矩阵, 可得 $\overline{\boldsymbol{A}} = \boldsymbol{A}$, $\boldsymbol{A}^{\mathrm{T}} = \boldsymbol{A}$. 考虑 $\overline{\boldsymbol{x}}^{\mathrm{T}}\boldsymbol{A}\boldsymbol{x}$.

(1) $\overline{\boldsymbol{x}}^{\mathrm{T}}\boldsymbol{A}\boldsymbol{x} = \overline{\boldsymbol{x}}^{\mathrm{T}}(\boldsymbol{A}\boldsymbol{x}) = \overline{\boldsymbol{x}}^{\mathrm{T}}(\lambda\boldsymbol{x}) = \lambda(\overline{\boldsymbol{x}}^{\mathrm{T}}\boldsymbol{x})$;

(2) $\overline{\boldsymbol{x}}^{\mathrm{T}}\boldsymbol{A}\boldsymbol{x} = (\overline{\boldsymbol{x}}^{\mathrm{T}}\boldsymbol{A}^{\mathrm{T}})\boldsymbol{x} = (\boldsymbol{A}\overline{\boldsymbol{x}})^{\mathrm{T}}\boldsymbol{x} = (\bar{\boldsymbol{A}}\overline{\boldsymbol{x}})^{\mathrm{T}}\boldsymbol{x} = (\overline{\lambda}\overline{\boldsymbol{x}}^{\mathrm{T}})\boldsymbol{x} = \overline{\lambda}(\overline{\boldsymbol{x}}^{\mathrm{T}}\boldsymbol{x})$.

由 (1) = (2) 得出 $\overline{\lambda} = \lambda$, 即实对称矩阵的特征值是实数.

4.3 相似矩阵和对角化

在数学和工程技术的许多领域, 如微分方程、运动稳定性、振动、自动控制、多体系统动力学、航空、航天等, 常常遇到矩阵的相似对角化问题.

4.3.1 相似矩阵的定义和性质

定义 1　设 $\boldsymbol{A},\boldsymbol{B}$ 都是 n 阶方阵, 若有可逆矩阵 $\boldsymbol{P}$, 使得 $\boldsymbol{P}^{-1}\boldsymbol{A}\boldsymbol{P}=\boldsymbol{B}$, 则称矩阵 $\boldsymbol{A}$ 与 $\boldsymbol{B}$ 相似, 记为 $\boldsymbol{A}\sim\boldsymbol{B}$. $\boldsymbol{P}$ 称为**相似变换矩阵** (similar transformation matrix).

例如, 设 $\boldsymbol{A}=\begin{pmatrix}2&-1&0\\1&1&0\\0&2&-2\end{pmatrix}$, $\boldsymbol{P}=\begin{pmatrix}1&1&0\\1&0&1\\1&-1&1\end{pmatrix}$.

$$(\boldsymbol{P}|\boldsymbol{I})=\begin{pmatrix}1&1&0&1&0&0\\1&0&1&0&1&0\\1&-1&1&0&0&1\end{pmatrix}\xrightarrow[-r_1+r_3]{-r_1+r_2}\begin{pmatrix}1&1&0&1&0&0\\0&-1&1&-1&1&0\\0&-2&1&-1&0&1\end{pmatrix}$$

$$\xrightarrow{-2r_2+r_3}\begin{pmatrix}1&0&1&0&1&0\\0&-1&1&-1&1&0\\0&0&-1&1&-2&1\end{pmatrix}\xrightarrow{\substack{r_3+r_1\\r_3+r_2\\-r_2\\-r_3}}\begin{pmatrix}1&0&0&1&-1&1\\0&1&0&0&1&-1\\0&0&1&-1&2&-1\end{pmatrix},$$

则 $\boldsymbol{P}^{-1}=\begin{pmatrix}1&-1&1\\0&1&-1\\-1&2&-1\end{pmatrix}$, 于是 $\boldsymbol{P}^{-1}\boldsymbol{A}\boldsymbol{P}=\begin{pmatrix}-1&3&-2\\2&-1&1\\3&-2&3\end{pmatrix}=\boldsymbol{B}$, 说明 $\boldsymbol{A}\sim\boldsymbol{B}$.

又如, 设 $\boldsymbol{A}=\begin{pmatrix}4&6&0\\-3&-5&0\\-3&-6&1\end{pmatrix}$, $\boldsymbol{P}=\begin{pmatrix}-2&0&-1\\1&0&1\\0&1&1\end{pmatrix}$, 则

$$\boldsymbol{P}^{-1}=\begin{pmatrix}-1&-1&0\\-1&-2&1\\1&2&0\end{pmatrix},$$

于是 $\boldsymbol{P}^{-1}\boldsymbol{A}\boldsymbol{P}=\begin{pmatrix}1&0&0\\0&1&0\\0&0&-2\end{pmatrix}=\boldsymbol{B}$, 故 $\boldsymbol{A}\sim\boldsymbol{B}$.

性质 1 相似是等价的, 即满足:

(1) **反身性** $\boldsymbol{A} \sim \boldsymbol{A}$;

(2) **对称性** $\boldsymbol{A} \sim \boldsymbol{B} \Rightarrow \boldsymbol{B} \sim \boldsymbol{A}$;

(3) **传递性** $\boldsymbol{A} \sim \boldsymbol{B}, \boldsymbol{B} \sim \boldsymbol{C} \Rightarrow \boldsymbol{A} \sim \boldsymbol{C}$.

性质 2 $\boldsymbol{A} \sim \boldsymbol{B} \Rightarrow |\boldsymbol{A}| = |\boldsymbol{B}|$.

性质 3 $\boldsymbol{A} \sim \boldsymbol{B} \Rightarrow \boldsymbol{A}^m \sim \boldsymbol{B}^m$.

4.3.2 矩阵相似的充分不必要条件

定理 1 $\boldsymbol{A} \sim \boldsymbol{B}$ (即 $\boldsymbol{P}^{-1}\boldsymbol{A}\boldsymbol{P} = \boldsymbol{B}$) $\Rightarrow |\boldsymbol{A} - \lambda\boldsymbol{I}| = |\boldsymbol{B} - \lambda\boldsymbol{I}|$.

证明
$$\begin{aligned}|\boldsymbol{P}|^{-1} \cdot |\boldsymbol{A} - \lambda\boldsymbol{I}| \cdot |\boldsymbol{P}| &= |\boldsymbol{P}^{-1}| \cdot |\boldsymbol{A} - \lambda\boldsymbol{I}| \cdot |\boldsymbol{P}| \\ &= |\boldsymbol{P}^{-1}(\boldsymbol{A} - \lambda\boldsymbol{I})\boldsymbol{P}| = |(\boldsymbol{P}^{-1}\boldsymbol{A} - \lambda\boldsymbol{P}^{-1}\boldsymbol{I})\boldsymbol{P}| \\ &= |\boldsymbol{P}^{-1}\boldsymbol{A}\boldsymbol{P} - \lambda\boldsymbol{P}^{-1}\boldsymbol{I}\boldsymbol{P}| = |\boldsymbol{B} - \lambda\boldsymbol{P}^{-1}\boldsymbol{P}| \\ &= |\boldsymbol{B} - \lambda\boldsymbol{I}|.\end{aligned}$$

根据定理 1, 可得

$$\boldsymbol{P}^{-1}\boldsymbol{A}\boldsymbol{P} = \boldsymbol{B} \Rightarrow |\lambda\boldsymbol{I} - \boldsymbol{A}| = |\lambda\boldsymbol{I} - \boldsymbol{B}| = (\lambda - \lambda_1)(\lambda - \lambda_2)\cdots(\lambda - \lambda_n),$$

则

$$\mathrm{tr}(\boldsymbol{A}) = \lambda_1 + \lambda_2 + \cdots + \lambda_n = \mathrm{tr}(\boldsymbol{B}),$$

$$|\boldsymbol{A}| = \lambda_1\lambda_2\cdots\lambda_n = |\boldsymbol{B}|.$$

进而可得如下推论 1.

推论 1 $\boldsymbol{A} \sim \boldsymbol{B} \Rightarrow \boldsymbol{A}$ 与 $\boldsymbol{B}$ 有相同的特征值 $\Rightarrow \mathrm{tr}(\boldsymbol{A}) = \mathrm{tr}(\boldsymbol{B}), |\boldsymbol{A}| = |\boldsymbol{B}|$.

例 1 已知 $\begin{pmatrix} 0 & 1 \\ x & 3 \end{pmatrix} \sim \begin{pmatrix} 2 & 5 \\ 0 & y \end{pmatrix}$, 求 x, y.

解 $\begin{pmatrix} 0 & 1 \\ x & 3 \end{pmatrix} \sim \begin{pmatrix} 2 & 5 \\ 0 & y \end{pmatrix} \Rightarrow \begin{cases} 0+3 = 2+y, \\ -x = 2y \end{cases} \Rightarrow \begin{cases} x = -2, \\ y = 1. \end{cases}$

注 特征多项式相同的矩阵未必相似. 例如, $\boldsymbol{A} = \begin{pmatrix} 1 & 1 \\ 0 & 1 \end{pmatrix}$, $\boldsymbol{B} = \begin{pmatrix} 1 & 0 \\ 0 & 1 \end{pmatrix}$,

$$|\lambda\boldsymbol{I} - \boldsymbol{A}| = \begin{vmatrix} \lambda - 1 & -1 \\ 0 & \lambda - 1 \end{vmatrix} = (\lambda - 1)^2,$$

$$|\lambda\boldsymbol{I} - \boldsymbol{B}| = \begin{vmatrix} \lambda - 1 & 0 \\ 0 & \lambda - 1 \end{vmatrix} = (\lambda - 1)^2,$$

显然 $\boldsymbol{A}$ 与 $\boldsymbol{B}$ 的特征多项式相同. 假设存在可逆矩阵 $\boldsymbol{P}$ 使得 $\boldsymbol{P}^{-1}\boldsymbol{AP}=\boldsymbol{B}$, 则 $\boldsymbol{A}=\boldsymbol{PBP}^{-1}=\boldsymbol{E}=\boldsymbol{B}$. 矛盾! 故 $\boldsymbol{A}$ 不相似于 $\boldsymbol{B}$.

4.3.3 相似对角化问题

我们的目的是讨论一个 n 阶矩阵相似的问题, 希望相似的矩阵有最简单的形式 —— 对角矩阵 (diagonal matrix), 即 n 阶矩阵相似于一个对角矩阵的问题.

定义 2 n 阶矩阵 $\boldsymbol{A}$ 若能相似于一个对角阵, 则称 $\boldsymbol{A}$ 可对角化.

问题 是否任意一个矩阵 $\boldsymbol{A}$ 都能对角化?

定理 2 n 阶矩阵 $\boldsymbol{A}$ 可对角化的充要条件是 $\boldsymbol{A}$ 有 n 个线性无关的特征向量.

证明 $\boldsymbol{A}\boldsymbol{\alpha}_i=\lambda_i\boldsymbol{\alpha}_i\ (i=1,\cdots,n)$, $\boldsymbol{\alpha}_i$ 线性无关

$$\Leftrightarrow (\boldsymbol{A}\boldsymbol{\alpha}_1,\boldsymbol{A}\boldsymbol{\alpha}_2,\cdots,\boldsymbol{A}\boldsymbol{\alpha}_n)=(\lambda_1\boldsymbol{\alpha}_1,\lambda_2\boldsymbol{\alpha}_2,\cdots,\lambda_n\boldsymbol{\alpha}_n)$$

$$\Leftrightarrow \boldsymbol{A}(\boldsymbol{\alpha}_1,\boldsymbol{\alpha}_2,\cdots,\boldsymbol{\alpha}_n)=(\boldsymbol{\alpha}_1,\boldsymbol{\alpha}_2,\cdots,\boldsymbol{\alpha}_n)\begin{pmatrix}\lambda_1 & & & \\ & \lambda_2 & & \\ & & \ddots & \\ & & & \lambda_n\end{pmatrix}.$$

记 $\boldsymbol{P}=(\boldsymbol{\alpha}_1,\boldsymbol{\alpha}_2,\cdots,\boldsymbol{\alpha}_n)$, 因为 $\boldsymbol{\alpha}_i$ 线性无关, 故

$$\boldsymbol{P}\text{ 可逆}\Leftrightarrow \boldsymbol{AP}=\boldsymbol{P}\begin{pmatrix}\lambda_1 & & & \\ & \lambda_2 & & \\ & & \ddots & \\ & & & \lambda_n\end{pmatrix}\Leftrightarrow \boldsymbol{P}^{-1}\boldsymbol{AP}=\begin{pmatrix}\lambda_1 & & & \\ & \lambda_2 & & \\ & & \ddots & \\ & & & \lambda_n\end{pmatrix}.$$

注 这里的 $\boldsymbol{P}$ 和对角矩阵是如何构成的?

由定理 2 可知, 一个矩阵能否相似于对角矩阵就归结为 n 阶矩阵 $\boldsymbol{A}$ 是否具有 n 个线性无关的特征向量的问题. 而线性方程组 $(\lambda_i\boldsymbol{I}-\boldsymbol{A})\boldsymbol{x}=\boldsymbol{0}$ 的基础解系是 $\boldsymbol{A}$ 的属于特征值 λ_i 的线性无关的特征向量.

问题 $\boldsymbol{A}$ 的不同特征值的线性无关的特征向量是否构成线性无关组?

定理 3 方阵 $\boldsymbol{A}$ 对应于不同特征值的特征向量线性无关.

条件 $\lambda_1,\lambda_2,\cdots,\lambda_n$——$\boldsymbol{A}$ 的互异的特征值,

$\boldsymbol{\eta}_1,\boldsymbol{\eta}_2,\cdots,\boldsymbol{\eta}_n$——$\boldsymbol{A}$ 不同特征值对应的特征向量.

结论 $\boldsymbol{\eta}_1,\boldsymbol{\eta}_2,\cdots,\boldsymbol{\eta}_n$ 线性无关.

用一个形象的图表示为

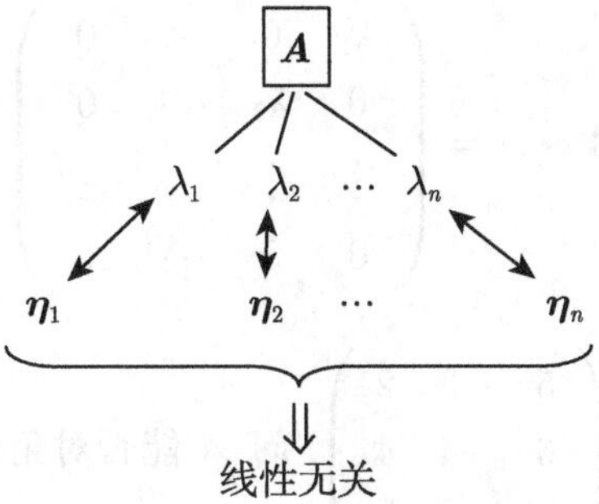

证明 (数学归纳法) (1) λ_1——$\boldsymbol{A}$ 的特征值, $\boldsymbol{\eta}_1$——$\boldsymbol{A}$ 的特征值 λ_1 对应的特征向量.

假设存在 k_1, 使得 $k_1\boldsymbol{\eta}_1=\boldsymbol{0}$, 由于 $\boldsymbol{\eta}_1$ 是非零向量, 故 $k_1=0$, 即 $\boldsymbol{\eta}_1$ 线性无关.

(2) λ_1,λ_2——$\boldsymbol{A}$ 的特征值, $\boldsymbol{\eta}_1,\boldsymbol{\eta}_2$——$\boldsymbol{A}$ 的特征值 λ_1,λ_2 对应的特征向量.

假设存在 k_1,k_2, 使得 $k_1\boldsymbol{\eta}_1+k_2\boldsymbol{\eta}_2=\boldsymbol{0}$, 进而可得

$$
\begin{aligned}
k_1\boldsymbol{\eta}_1+k_2\boldsymbol{\eta}_2=\boldsymbol{0} &\Rightarrow \begin{cases} k_1\lambda_1\boldsymbol{\eta}_1+k_2\lambda_2\boldsymbol{\eta}_2=\boldsymbol{0} \\ k_1\lambda_2\boldsymbol{\eta}_1+k_2\lambda_2\boldsymbol{\eta}_2=\boldsymbol{0} \end{cases} \\
&\Rightarrow k_1(\lambda_1-\lambda_2)\boldsymbol{\eta}_1=\boldsymbol{0} \\
&\Rightarrow k_1(\lambda_1-\lambda_2)=0 \Rightarrow k_1=0 \Rightarrow k_2\boldsymbol{\eta}_2=\boldsymbol{0} \Rightarrow k_2=0,
\end{aligned}
$$

即 $\boldsymbol{\eta}_1,\boldsymbol{\eta}_2$ 线性无关.

(3) 假设 $k=n-1$ 时成立, 那么当 $k=n$ 时,

$\lambda_1,\lambda_2,\cdots,\lambda_n$——$\boldsymbol{A}$ 的互异的特征值,

$\boldsymbol{\eta}_1,\boldsymbol{\eta}_2,\cdots,\boldsymbol{\eta}_n$——$\boldsymbol{A}$ 的不同特征值对应的特征向量.

假设存在 $k_1,k_2,\cdots,k_n$ 使得, $k_1\boldsymbol{\eta}_1+k_2\boldsymbol{\eta}_2+\cdots+k_n\boldsymbol{\eta}_n=\boldsymbol{0}$, 进而可得

$$
\begin{aligned}
&k_1\boldsymbol{\eta}_1+k_2\boldsymbol{\eta}_2+\cdots+k_{n-1}\boldsymbol{\eta}_{n-1}+k_n\boldsymbol{\eta}_n=\boldsymbol{0} \\
\Rightarrow &\begin{cases} k_1\lambda_1\boldsymbol{\eta}_1+k_2\lambda_2\boldsymbol{\eta}_2+\cdots+k_{n-1}\lambda_{n-1}\boldsymbol{\eta}_{n-1}+k_n\lambda_n\boldsymbol{\eta}_n=\boldsymbol{0} \\ k_1\lambda_n\boldsymbol{\eta}_1+k_2\lambda_n\boldsymbol{\eta}_2+\cdots+k_{n-1}\lambda_n\boldsymbol{\eta}_{n-1}+k_n\lambda_n\boldsymbol{\eta}_n=\boldsymbol{0} \end{cases} \\
\Rightarrow &k_1(\lambda_1-\lambda_n)\boldsymbol{\eta}_1+k_2(\lambda_2-\lambda_n)\boldsymbol{\eta}_2+\cdots+k_{n-1}(\lambda_{n-1}-\lambda_n)\boldsymbol{\eta}_{n-1} \\
&\quad +k_n(\lambda_n-\lambda_n)\boldsymbol{\eta}_n=\boldsymbol{0} \\
\Rightarrow &k_1(\lambda_1-\lambda_n)=k_2(\lambda_2-\lambda_n)=\cdots=k_{n-1}(\lambda_{n-1}-\lambda_n)=\boldsymbol{0} \\
\Rightarrow &k_1=k_2=\cdots=k_{n-1}=0 \Rightarrow k_n\boldsymbol{\eta}_n=\boldsymbol{0} \Rightarrow k_n=0,
\end{aligned}
$$

即 $\boldsymbol{\eta}_1,\boldsymbol{\eta}_2,\cdots,\boldsymbol{\eta}_n$ 线性无关, 故定理 3 得证.

由定理 3 可以得到矩阵对角化的充分不必要条件, 即推论 2.

推论 2 若 $\boldsymbol{A}_{n\times n}$ 有 n 个互异的特征值 $\lambda_1,\lambda_2,\cdots,\lambda_n$, 则

$$\boldsymbol{A} \sim \boldsymbol{\Lambda} = \begin{pmatrix} \lambda_1 & 0 & \cdots & 0 \\ 0 & \lambda_2 & \cdots & 0 \\ \vdots & \vdots & & \vdots \\ 0 & 0 & \cdots & \lambda_n \end{pmatrix}.$$

例 2　设方阵 $\boldsymbol{A} = \begin{pmatrix} 5 & -3 & 2 \\ 6 & -4 & 4 \\ 4 & -4 & 5 \end{pmatrix}$, 问 $\boldsymbol{A}$ 能否对角化?

解
$$|\boldsymbol{A} - \lambda\boldsymbol{E}| = \begin{vmatrix} 5-\lambda & -3 & 2 \\ 6 & -4-\lambda & 4 \\ 4 & -4 & 5-\lambda \end{vmatrix} = (1-\lambda)(2-\lambda)(3-\lambda),$$

由于特征值各不相同, 故 $\boldsymbol{A}$ 能对角化.

例 3　判断下列实矩阵能否化为对角阵?

$$(1)\ \boldsymbol{A} = \begin{pmatrix} 1 & -2 & 2 \\ -2 & -2 & 4 \\ 2 & 4 & -2 \end{pmatrix};\quad (2)\ \boldsymbol{A} = \begin{pmatrix} 2 & -1 & 2 \\ 5 & -3 & 3 \\ -1 & 0 & -2 \end{pmatrix}.$$

解　(1) 由

$$|\boldsymbol{A} - \lambda\boldsymbol{E}| = \begin{vmatrix} 1-\lambda & -2 & 2 \\ -2 & -2-\lambda & 4 \\ 2 & 4 & -2-\lambda \end{vmatrix} = -(\lambda-2)^2(\lambda+7) = 0$$

得 $\lambda_1 = \lambda_2 = 2, \lambda_3 = -7$.

当 $\lambda_1 = \lambda_2 = 2$ 时, 齐次线性方程组为 $(\boldsymbol{A} - 2\boldsymbol{E})\boldsymbol{X} = \boldsymbol{0}$, 系数矩阵

$$\boldsymbol{A} - 2\boldsymbol{E} = \begin{pmatrix} -1 & -2 & 2 \\ -2 & -4 & 4 \\ 2 & 4 & -4 \end{pmatrix} \to \begin{pmatrix} 1 & 2 & -2 \\ 0 & 0 & 0 \\ 0 & 0 & 0 \end{pmatrix} \Rightarrow x_1 = -2x_2 + 2x_3,$$

得基础解系

$$\boldsymbol{p}_1 = \begin{pmatrix} -2 \\ 1 \\ 0 \end{pmatrix},\quad \boldsymbol{p}_2 = \begin{pmatrix} 2 \\ 0 \\ 1 \end{pmatrix}.$$

当 $\lambda_3=-7$ 时, 齐次线性方程组为 $(\boldsymbol{A}+7\boldsymbol{E})\boldsymbol{x}=\boldsymbol{0}$, 系数矩阵

$$\boldsymbol{A}+7\boldsymbol{E}=\begin{pmatrix}8&-2&2\\-2&5&4\\2&4&5\end{pmatrix}\to\begin{pmatrix}1&0&\frac{1}{2}\\0&1&1\\0&0&0\end{pmatrix}\Rightarrow\begin{cases}x_1=-\frac{1}{2}x_3,\\x_2=-x_3,\end{cases}$$

得基础解系

$$\boldsymbol{p}_3=\begin{pmatrix}1\\2\\-2\end{pmatrix}.$$

因为

$$\begin{vmatrix}-2&2&1\\1&0&2\\0&1&-2\end{vmatrix}\neq 0,$$

所以 $\boldsymbol{p}_1,\boldsymbol{p}_2,\boldsymbol{p}_3$ 线性无关. 即 $\boldsymbol{A}$ 有 3 个线性无关的特征向量, 所以 $\boldsymbol{A}$ 可以对角化.

(2) 因为 $|\boldsymbol{A}-\lambda\boldsymbol{E}|=\begin{vmatrix}2-\lambda&-1&2\\5&-3-\lambda&3\\-1&0&-2-\lambda\end{vmatrix}=-(\lambda+1)^3=0$, 所以 $\lambda_1=\lambda_2=\lambda_3=-1$.

当 $\lambda_1=\lambda_2=\lambda_3=-1$ 时, 齐次线性方程组为

$$(\boldsymbol{A}+\boldsymbol{E})\boldsymbol{x}=\boldsymbol{0},$$

系数矩阵

$$\boldsymbol{A}+\boldsymbol{E}=\begin{pmatrix}3&-1&2\\5&-2&3\\-1&0&-1\end{pmatrix}\to\begin{pmatrix}1&0&1\\0&1&1\\0&0&0\end{pmatrix},$$

得基础解系

$$\boldsymbol{\xi}=\begin{pmatrix}-1\\-1\\1\end{pmatrix},$$

所以 $\boldsymbol{A}$ 不能化为对角矩阵.

矩阵可对角化的步骤总结

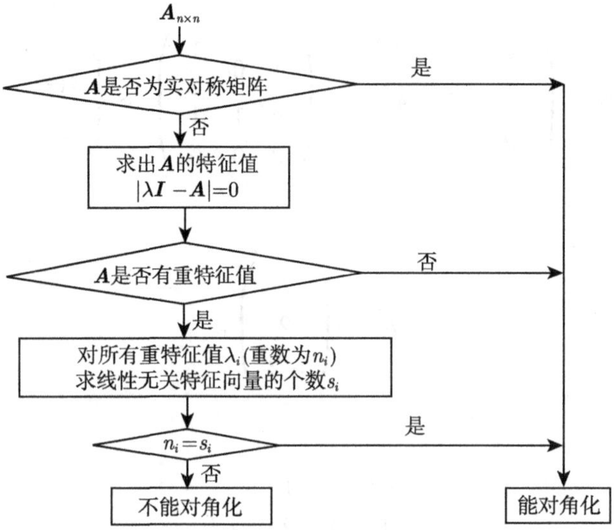

一个矩阵化为对角矩阵, 不仅可以使矩阵运算简化, 而且在理论和应用上都有意义.

可对角化的矩阵主要有以下几种应用.

1. 由特征值、特征向量反求矩阵

例 4　已知方阵 $\boldsymbol{A}$ 的特征值是 $\lambda_1=0,\lambda_2=1,\lambda_3=3$, 相应的特征向量是

$$\boldsymbol{\eta}_1=\begin{pmatrix}1\\1\\1\end{pmatrix},\quad \boldsymbol{\eta}_2=\begin{pmatrix}1\\0\\-1\end{pmatrix},\quad \boldsymbol{\eta}_3=\begin{pmatrix}1\\-2\\1\end{pmatrix},$$

求矩阵 $\boldsymbol{A}$.

解　因为特征向量是 3 维向量, 所以矩阵 $\boldsymbol{A}$ 是三阶方阵. 因为 $\boldsymbol{A}$ 有 3 个不同的特征值, 所以 $\boldsymbol{A}$ 可以对角化. 即存在可逆矩阵 $\boldsymbol{P}$, 使得 $\boldsymbol{P}^{-1}\boldsymbol{A}\boldsymbol{P}=\boldsymbol{\Lambda}$, 其中,

$$\boldsymbol{P}=\begin{pmatrix}1&1&1\\1&0&-2\\1&-1&1\end{pmatrix},\quad \boldsymbol{\Lambda}=\begin{pmatrix}0&&\\&1&\\&&3\end{pmatrix}.$$

求得

$$\boldsymbol{P}^{-1}=\begin{pmatrix}\dfrac{1}{3}&\dfrac{1}{3}&\dfrac{1}{3}\\\dfrac{1}{2}&0&-\dfrac{1}{2}\\\dfrac{1}{6}&-\dfrac{1}{3}&\dfrac{1}{6}\end{pmatrix},$$

所以

$$A = P\Lambda P^{-1} = \begin{pmatrix} 1 & 1 & 1 \\ 1 & 0 & -2 \\ 1 & -1 & 1 \end{pmatrix} \begin{pmatrix} 0 & & \\ & 1 & \\ & & 3 \end{pmatrix} \begin{pmatrix} \frac{1}{3} & \frac{1}{3} & \frac{1}{3} \\ \frac{1}{2} & 0 & -\frac{1}{2} \\ \frac{1}{6} & -\frac{1}{3} & \frac{1}{6} \end{pmatrix}$$

$$= \begin{pmatrix} 1 & -1 & 0 \\ -1 & 2 & -1 \\ 0 & -1 & 1 \end{pmatrix}.$$

2. 求方阵的幂

例 5 设 $A = \begin{pmatrix} 4 & -5 \\ 2 & -3 \end{pmatrix}$, 求 A^{100}.

解 因为 $|A - \lambda E| = \begin{vmatrix} 4-\lambda & -5 \\ 2 & -3-\lambda \end{vmatrix} = (\lambda-2)(\lambda+1) = 0$, 所以

$$\lambda_1 = -1, \quad \lambda_2 = 2,$$

从而 A 可以对角化.

当 $\lambda_1 = -1$ 时, 齐次线性方程组为

$$(A + E)x = 0,$$

系数矩阵

$$A + E = \begin{pmatrix} 5 & -5 \\ 2 & -2 \end{pmatrix} \to \begin{pmatrix} 1 & -1 \\ 0 & 0 \end{pmatrix} \Rightarrow x_1 = x_2,$$

令 $x_2 = 1$ 得基础解系

$$p_1 = \begin{pmatrix} 1 \\ 1 \end{pmatrix}.$$

当 $\lambda_2 = 2$ 时, 齐次线性方程组为

$$(A - 2E)x = 0,$$

系数矩阵

$$A - 2E = \begin{pmatrix} 2 & -5 \\ 2 & -5 \end{pmatrix} \to \begin{pmatrix} 2 & -5 \\ 0 & 0 \end{pmatrix} \Rightarrow x_1 = \frac{5}{2}x_2,$$

令 $x_2 = 2$ 得基础解系

$$p_2 = \begin{pmatrix} 5 \\ 2 \end{pmatrix}.$$

令 $\boldsymbol{P}=(\boldsymbol{p}_1,\boldsymbol{p}_2)=\begin{pmatrix}1&5\\1&2\end{pmatrix}$, 求得

$$\boldsymbol{P}^{-1}=\frac{1}{3}\begin{pmatrix}-2&5\\1&-1\end{pmatrix},$$

即存在可逆矩阵 $\boldsymbol{P}$, 使得

$$\boldsymbol{P}^{-1}\boldsymbol{A}\boldsymbol{P}=\boldsymbol{\Lambda}=\begin{pmatrix}-1&\\&2\end{pmatrix}.$$

所以 $\boldsymbol{A}=\boldsymbol{P}\boldsymbol{\Lambda}\boldsymbol{P}^{-1}$, 因此

$$\begin{aligned}\boldsymbol{A}^{100}&=\boldsymbol{P}\boldsymbol{\Lambda}^{100}\boldsymbol{P}^{-1}\\&=\begin{pmatrix}1&5\\1&2\end{pmatrix}\begin{pmatrix}-1&0\\0&2\end{pmatrix}^{100}\frac{1}{3}\begin{pmatrix}-2&5\\1&-1\end{pmatrix}\\&=\begin{pmatrix}1&5\\1&2\end{pmatrix}\begin{pmatrix}(-1)^{100}&0\\0&2^{100}\end{pmatrix}\frac{1}{3}\begin{pmatrix}-2&5\\1&-1\end{pmatrix}\\&=\frac{1}{3}\begin{pmatrix}-2+5\times2^{100}&5-5\times2^{100}\\-2+2^{101}&5-2^{101}\end{pmatrix}.\end{aligned}$$

3. 特征值与特征向量在金融和环境污染及经济增长模型中的应用

例 6　金融机构为保证现金充分支付, 设立一笔总额 1 亿元的基金, 分开放置在位于 A 城和 B 城的两家公司, 基金在平时可以使用, 但每周末结算时必须确保总额仍然为 1 亿元. 经过相当长的一段时期的现金流动, 发现每过一周, 各公司的支付基金在流通过程中多数还留在自己的公司内, 而 A 城公司有 10%支付基金流动到 B 城公司, B 城公司则有 40%支付基金流动到 A 城公司. 起初 A 城公司基金为 0.5 亿元, B 城公司基金为 0.5 亿元. 按此规律, 两公司支付基金数额变化趋势如何?

解　设第 $k+1$ 周末结算时, A 城公司和 B 城公司的支付基金数 (单位: 亿元) 分别为 a_{k+1}, b_{k+1}, 则有 $a_0=0.5$, $b_0=0.5$,

$$\begin{cases}a_{k+1}=0.9a_k+0.4b_k,\\b_{k+1}=0.1a_k+0.6b_k.\end{cases}$$

原问题转化为

把 a_{k+1}, b_{k+1} 表示成 k 的函数, 并确定 $\lim\limits_{k\to+\infty}a_{k+1}$ 和 $\lim\limits_{k\to+\infty}b_{k+1}$.

设方阵

$$A = \begin{pmatrix} 0.9 & 0.4 \\ 0.1 & 0.6 \end{pmatrix}$$

且

$$x_k = Ax_{k-1}, \quad k = 1, 2, \cdots, \quad x_0 = \begin{pmatrix} 0.5 \\ 0.5 \end{pmatrix}$$

时, 计算 x_k, 并确定 $k \to \infty$ 时, x_k 的变化趋势.

因为 $x_k = Ax_{k-1}$, $k = 1, 2, \cdots$, 所以 $x_k = A^k x_0, k = 1, 2, \cdots$. 由

$$|A - \lambda E| = \begin{vmatrix} 0.9 - \lambda & 0.4 \\ 0.1 & 0.6 - \lambda \end{vmatrix} = (\lambda - 1)(\lambda - 0.5)$$

得 A 的特征值为 $\lambda_1 = 1, \lambda_2 = 0.5$.

当 $\lambda = 1$ 时, 得到基础解系

$$p_1 = \begin{pmatrix} 4 \\ 1 \end{pmatrix};$$

当 $\lambda = 0.5$ 时, 得到基础解系

$$p_2 = \begin{pmatrix} -1 \\ 1 \end{pmatrix}.$$

即存在可逆矩阵

$$P = (p_1, p_2) = \begin{pmatrix} 4 & -1 \\ 1 & 1 \end{pmatrix},$$

且其逆为

$$P^{-1} = \frac{1}{5}\begin{pmatrix} 1 & 1 \\ -1 & 4 \end{pmatrix},$$

使得

$$P^{-1}AP = \begin{pmatrix} 1 & \\ & 0.5 \end{pmatrix} \Rightarrow A = P\begin{pmatrix} 1 & \\ & 0.5 \end{pmatrix}P^{-1}.$$

易得

$$A^k = P\begin{pmatrix} 1 & \\ & 0.5^k \end{pmatrix}P^{-1} = \frac{1}{5}\begin{pmatrix} 4 + 0.5^k & 4 - 4 \times 0.5^k \\ 1 - 0.5^k & 1 + 4 \times 0.5^k \end{pmatrix},$$

$$x_k = A^k x_0 = \frac{1}{5}\begin{pmatrix} 4 + 0.5^k & 4 - 4 \times 0.5^k \\ 1 - 0.5^k & 1 + 4 \times 0.5^k \end{pmatrix}\begin{pmatrix} 0.5 \\ 0.5 \end{pmatrix}$$

$$=\frac{1}{10}\begin{pmatrix} 8-3\times 0.5^k \\ 2-3\times 0.5^k \end{pmatrix} \to \begin{pmatrix} 0.8 \\ 0.2 \end{pmatrix} \quad (k\to\infty).$$

例 7　对于环境污染与经济发展这两个问题的讨论是世界上恒久不变的主题. 设某地区的环境污染程度为 x_0, 经济发展水平为 y_0, 数年以后二者的发展程度为 x_t, y_t, 有如下的关系式:

$$\begin{cases} x_t = 3x_{t-1}+y_{t-1}, \\ y_t = 2x_{t-1}+2y_{t-1}, \end{cases} \quad \text{其中} \quad \boldsymbol{\alpha}_0 = \begin{pmatrix} x_0 \\ y_0 \end{pmatrix} = \begin{pmatrix} 1 \\ 1 \end{pmatrix}.$$

按此规律, 环境污染与经济发展变化趋势如何?

解　依据 $\begin{cases} x_t = 3x_{t-1}+y_{t-1}, \\ y_t = 2x_{t-1}+2y_{t-1}, \end{cases}$ 可得 $\boldsymbol{A} = \begin{pmatrix} 3 & 1 \\ 2 & 2 \end{pmatrix}$. 令 $\boldsymbol{\alpha}_t = \begin{pmatrix} x_t \\ y_t \end{pmatrix}$, 且 $\boldsymbol{\alpha}_t = \boldsymbol{A}\boldsymbol{\alpha}_{t-1},\ t=1,2,\cdots$, 进而得 $\boldsymbol{\alpha}_t = \boldsymbol{A}^t\boldsymbol{\alpha}_0,\ t=1,2,\cdots$. 由

$$|\boldsymbol{A}-\lambda\boldsymbol{E}| = \begin{vmatrix} 3-\lambda & 1 \\ 2 & 2-\lambda \end{vmatrix} = (\lambda-4)(\lambda-1)$$

得 $\boldsymbol{A}$ 的特征值为 $\lambda_1=1, \lambda_2=4$.

当 $\lambda=1$ 时, 得到基础解系

$$\boldsymbol{p}_1 = \begin{pmatrix} 1 \\ -2 \end{pmatrix};$$

当 $\lambda=4$ 时, 得到基础解系

$$\boldsymbol{p}_2 = \begin{pmatrix} 1 \\ 1 \end{pmatrix}.$$

即存在可逆矩阵

$$\boldsymbol{P} = (\boldsymbol{p}_1, \boldsymbol{p}_2) = \begin{pmatrix} 1 & 1 \\ -2 & 1 \end{pmatrix},$$

且其逆为

$$\boldsymbol{P}^{-1} = \frac{1}{3}\begin{pmatrix} 1 & -1 \\ 2 & 1 \end{pmatrix},$$

使得

$$\boldsymbol{P}^{-1}\boldsymbol{A}\boldsymbol{P} = \begin{pmatrix} 1 & \\ & 4 \end{pmatrix} \Rightarrow \boldsymbol{A} = \boldsymbol{P}\begin{pmatrix} 1 & \\ & 4 \end{pmatrix}\boldsymbol{P}^{-1},$$

$$\boldsymbol{A}^t = \boldsymbol{P}\begin{pmatrix} 1 & \\ & 4^t \end{pmatrix}\boldsymbol{P}^{-1} = \frac{1}{3}\begin{pmatrix} 1+2\cdot 4^t & -1+4^t \\ -2+2\cdot 4^t & 2+4^t \end{pmatrix},$$

$$\boldsymbol{\alpha}_t = \boldsymbol{A}^t\boldsymbol{\alpha}_0 = \frac{1}{3}\begin{pmatrix} 1+2\cdot 4^t & -1+4^t \\ -2+2\cdot 4^t & 2+4^t \end{pmatrix}\begin{pmatrix} 1 \\ 1 \end{pmatrix} = \begin{pmatrix} 4^t \\ 4^t \end{pmatrix}.$$

上式表明: 在当前经济增长和环境污染的速度下, t 年以后, 随着经济发展的程度越高, 环境污染的情况也越严重.

习 题 4

A 类 题

1. 求矩阵

$$\boldsymbol{A} = \begin{pmatrix} -1 & 2 & 2 \\ 3 & -1 & 1 \\ 2 & 2 & -1 \end{pmatrix}$$

的全部特征值与特征向量.

2. 已知 $\boldsymbol{\alpha} = (1,1,-1)^{\mathrm{T}}$ 是矩阵

$$\boldsymbol{A} = \begin{pmatrix} 2 & -1 & 2 \\ 5 & a & 3 \\ -1 & b & -2 \end{pmatrix}$$

的一个特征向量. 试确定 a, b 的值及特征向量 $\boldsymbol{\alpha}$ 所对应的特征值.

3. 设三阶矩阵 $\boldsymbol{A}$ 的三个特征值为 $\lambda_1 = 1, \lambda_2 = 2, \lambda_3 = 3$, 与之对应的特征向量分别为

$$\boldsymbol{\alpha}_1 = (2,1,-1)^{\mathrm{T}}, \quad \boldsymbol{\alpha}_2 = (2,-1,2)^{\mathrm{T}}, \quad \boldsymbol{\alpha}_3 = (3,0,1)^{\mathrm{T}},$$

求矩阵 $\boldsymbol{A}$.

4. 设三阶矩阵 $\boldsymbol{A}$ 的特征值为 $1,-1,2$, 求 $\left|\boldsymbol{A}^* - \boldsymbol{A}^{-1} + \boldsymbol{A}\right|$.

5. 已知三阶矩阵 $\boldsymbol{A}$ 的特征值为 1, 2, 3, 求 $|\boldsymbol{A}^3 - 5\boldsymbol{A}^2 + 7\boldsymbol{A}|$.

6. 设 $\boldsymbol{A}$ 为 n 阶矩阵, 证明 $\boldsymbol{A}^{\mathrm{T}}$ 与 $\boldsymbol{A}$ 的特征值相同.

7. 设 $\boldsymbol{A}^2 - 3\boldsymbol{A} + 2\boldsymbol{E} = \boldsymbol{O}$, 证明 $\boldsymbol{A}$ 的特征值只能取 1 或 2.

8. 设 $\lambda \neq 0$ 是 m 阶矩阵 $\boldsymbol{A}_{m\times n}\boldsymbol{B}_{n\times m}$ 的特征值, 证明 λ 也是 n 阶矩阵 $\boldsymbol{BA}$ 的特征值.

9. 设 $\boldsymbol{A}$ 与 $\boldsymbol{B}$ 都是 n 阶方阵, 且 $|\boldsymbol{A}| \neq 0$, 证明 $\boldsymbol{AB}$ 与 $\boldsymbol{BA}$ 相似.

10. 设

$$\boldsymbol{A} = \begin{pmatrix} 2 & 0 & 0 \\ 0 & 0 & 1 \\ 0 & 1 & x \end{pmatrix}, \quad \boldsymbol{B} = \begin{pmatrix} 2 & & \\ & y & \\ & & -1 \end{pmatrix}.$$

已知 $\boldsymbol{A}$ 与 $\boldsymbol{B}$ 相似, 求 x, y.

11. 设

$$\boldsymbol{A} = \begin{pmatrix} -2 & 0 & 0 \\ 2 & a & 2 \\ 3 & 1 & 1 \end{pmatrix}, \quad \boldsymbol{B} = \begin{pmatrix} -1 & & \\ & 2 & \\ & & b \end{pmatrix}.$$

已知 $\boldsymbol{A}$ 与 $\boldsymbol{B}$ 相似,

(1) 求 a,b;

(2) 求可逆矩阵 $\boldsymbol{P}$, 使 $\boldsymbol{P}^{-1}\boldsymbol{A}\boldsymbol{P}=\boldsymbol{B}$.

12. 设矩阵 $\boldsymbol{A}=\begin{pmatrix}2&0&1\\3&1&x\\4&0&5\end{pmatrix}$ 可相似对角化, 求 x.

13. 已知 $\boldsymbol{p}=(1,1,-1)^{\mathrm{T}}$ 是矩阵 $\boldsymbol{A}=\begin{pmatrix}2&-1&2\\5&a&3\\-1&b&-2\end{pmatrix}$ 的一个特征向量.

(1) 求参数 a, b 及特征向量 $\boldsymbol{p}$ 所对应的特征值;

(2) 问 $\boldsymbol{A}$ 能不能相似对角化? 并说明理由.

14. 设 $\boldsymbol{A}=\begin{pmatrix}-3&2\\-2&2\end{pmatrix}$.

(1) 求可逆矩阵 $\boldsymbol{P}$ 使得 $\boldsymbol{P}^{-1}\boldsymbol{A}\boldsymbol{P}$ 为对角矩阵;

(2) 计算 $f(\boldsymbol{A})=\boldsymbol{A}^{10}-\boldsymbol{A}^{6}-\boldsymbol{E}$.

15. 设

$$\boldsymbol{A}=\begin{pmatrix}1&0&1\\-1&2&1\\0&0&2\end{pmatrix}.$$

(1) 求可逆矩阵 $\boldsymbol{P}$ 使 $\boldsymbol{P}^{-1}\boldsymbol{A}\boldsymbol{P}$ 为对角矩阵;

(2) 计算 $\boldsymbol{A}^{k}$;

(3) 设向量 $\boldsymbol{\alpha}_0=(5,3,3)^{\mathrm{T}}$, 计算 $\boldsymbol{A}^{k}\boldsymbol{\alpha}_0$.

16. 已知方阵

$$\boldsymbol{A}=\begin{pmatrix}1&-1&1\\x&4&y\\-3&-3&5\end{pmatrix}$$

与对角矩阵相似, 且 $\lambda=2$ 是 $\boldsymbol{A}$ 的二重特征值.

(1) 求 x 与 y 的值;

(2) 求可逆矩阵 $\boldsymbol{P}$ 使 $\boldsymbol{P}^{-1}\boldsymbol{A}\boldsymbol{P}$ 为对角矩阵.

17. 设矩阵

$$\boldsymbol{A}=\begin{pmatrix}3&2&-2\\-k&-1&k\\4&2&-3\end{pmatrix}.$$

(1) 确定 k 的值使 $\boldsymbol{A}$ 可对角化;

(2) 当 $\boldsymbol{A}$ 可对角化时, 求可逆矩阵 $\boldsymbol{P}$, 使 $\boldsymbol{P}^{-1}\boldsymbol{A}\boldsymbol{P}$ 为对角矩阵.

18. 设 n 阶矩阵 $\boldsymbol{A}$ 的各行元素之和都等于 1, 证明 $\lambda=1$ 是矩阵 $\boldsymbol{A}$ 的特征值.

19. 设 $\boldsymbol{A}$ 是三阶方阵, $\boldsymbol{x}$ 是 3 维列向量, 矩阵 $\boldsymbol{P}=(\boldsymbol{x},\boldsymbol{A}\boldsymbol{x},\boldsymbol{A}^2\boldsymbol{x})$ 可逆, 且

$$\boldsymbol{A}^3\boldsymbol{x}=3\boldsymbol{A}\boldsymbol{x}-2\boldsymbol{A}^2\boldsymbol{x},$$

求矩阵 $\boldsymbol{B}=\boldsymbol{P}^{-1}\boldsymbol{A}\boldsymbol{P}$.

20. 设 $\boldsymbol{A}$ 是三阶矩阵, $\boldsymbol{\alpha}_1,\boldsymbol{\alpha}_2$ 为 $\boldsymbol{A}$ 的分别属于特征值 $-1,1$ 的特征向量, 向量 $\boldsymbol{\alpha}_3$ 满足 $\boldsymbol{A}\boldsymbol{\alpha}_3=\boldsymbol{\alpha}_2+\boldsymbol{\alpha}_3$,

(1) 证明 $\boldsymbol{\alpha}_1,\boldsymbol{\alpha}_2,\boldsymbol{\alpha}_3$ 线性无关;

(2) 令 $\boldsymbol{P}=(\boldsymbol{\alpha}_1,\boldsymbol{\alpha}_2,\boldsymbol{\alpha}_3)$, 求 $\boldsymbol{P}^{-1}\boldsymbol{A}\boldsymbol{P}$.

B 类 题

1. (人口流动) 在某国, 每年有比例为 p 的农村居民移居城镇, 有比例为 q 的城镇居民移居农村. 假设该国总人口不变, 且上述人口迁移的规律也不变. 把 n 年后的农村人口和城镇人口占总人口的比例依次记为 x_n 和 $y_n(x_n+y_n=1)$.

(1) 求关系式 $\begin{pmatrix} x_{n+1} \\ y_{n+1} \end{pmatrix}=\boldsymbol{A}\begin{pmatrix} x_n \\ y_n \end{pmatrix}$ 中的矩阵 $\boldsymbol{A}$;

(2) 设目前农村人口与城镇人口相等, 即 $\begin{pmatrix} x_0 \\ y_0 \end{pmatrix}=\begin{pmatrix} 0.5 \\ 0.5 \end{pmatrix}$, 求 $\begin{pmatrix} x_n \\ y_n \end{pmatrix}$.

2. (金融公司支付基金的流动) 金融机构为保证现金充分支付, 设立一笔总额 5400 万的基金, 分开放置在位于 A 城和 B 城的两家公司, 基金在平时可以使用, 但每周末结算时必须确保总额仍然为 5400 万. 经过相当长的一段时期的现金流动, 发现每过一周, 各公司的支付基金在流通过程中多数还留在自己的公司内, 而 A 城公司有 10%支付基金流动到 B 城公司, B 城公司则有 12%支付基金流动到 A 城公司. 起初 A 城公司基金为 2600 万, B 城公司基金为 2800 万. 按此规律, 两公司支付基金数额变化趋势如何? 如果金融专家认为每个公司的支付基金不能少于 2200 万, 那么是否需要在必要时调动基金?

3. (简单的种群增长问题) 经过统计, 某地区猫头鹰和森林鼠的数量具有如下规律: 如果没有森林鼠做食物, 每个月只有一半的猫头鹰可以存活, 如果没有猫头鹰作为捕食者, 森林鼠的数量每个月会增加 10%. 如果森林鼠充足 (数量为 R), 则下个月猫头鹰的数量将会增加 $0.4R$. 平均每个月每只猫头鹰的捕食会导致 104 只森林鼠死亡. 试确定该系统的演化情况.

第 5 章　二次型及其标准形

二次型的研究与解析几何中化二次曲面的方程为标准形的问题有着密切关系，其理论在数学及其他自然科学中都有着广泛应用，比如优化、概率、图论、统计、机器学习、信号处理等.

二次型的系统研究是从 18 世纪开始的，起源于对二次曲线/面的分类问题的讨论. 1801 年，德国数学家高斯引进了二次型的正定、负定、半正定和半负定等术语. 然而，法国数学家柯西发现当方程是标准形时，二次曲面用二次项的符号来进行分类不太清楚，在化简成标准形时，为何总是得到同样数目的正项和负项？后来，英国数学家西尔维斯特回答了这个问题，并给出了 n 个变数的二次型的惯性定律，但没有证明. 这个定律最后被雅可比重新发现和证明了.

本章只讨论实二次型，从学生熟悉的二元二次齐次多项式函数及其标准形讨论开始，然后推广到 n 元二次齐次多项式函数. 着重讨论通过合同法、配方法和正交变换的方法将一般的二次型转化为标准二次型及其正定性问题，进而讨论二次型在化空间曲面的方程为标准形中的应用. 本章可很好地培养学生联想的能力. 由二次型与对称矩阵形式上的对应关系，联想到应用对称矩阵理论去解决二次型的标准化问题，由二次型标准化的结果联想到对称矩阵合同的相关性质.

5.1　二次型及其矩阵表示

5.1.1　新课引入

先看解析几何中二次曲线的一个方程，设为

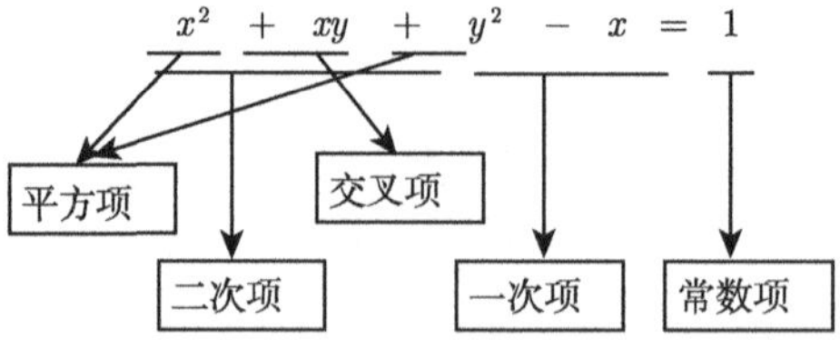

并画出其图像 (图 5.1) 和去掉一次项的图像 (图 5.2).

设计意图　观察这两幅图片，可以直观地感受到对于二次函数而言，往往研究二次项这部分就够了.

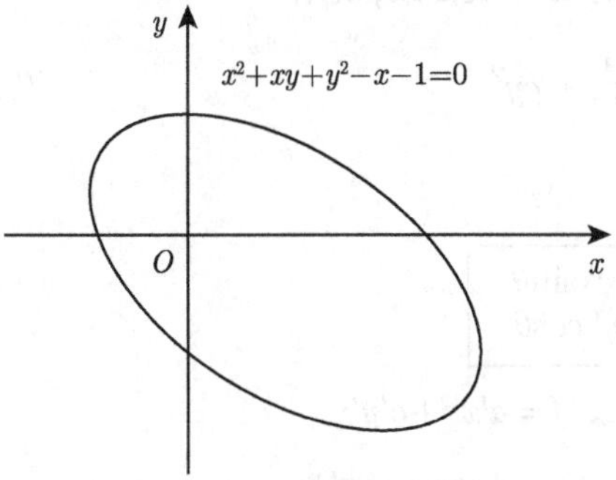

图 5.1 二次曲线的图像

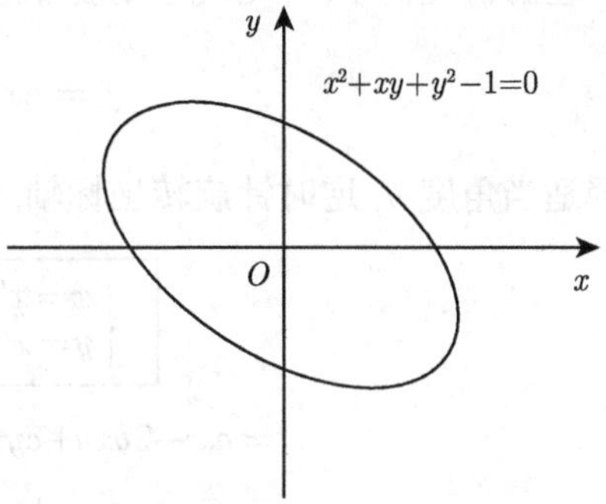

图 5.2 去掉一次项的二次曲线的图像

问题导入 讨论学生熟悉的椭圆、双曲线等的图像及其矩阵表示 (图 5.3, 图 5.4). 引出线性代数知识用于解析几何研究的例子.

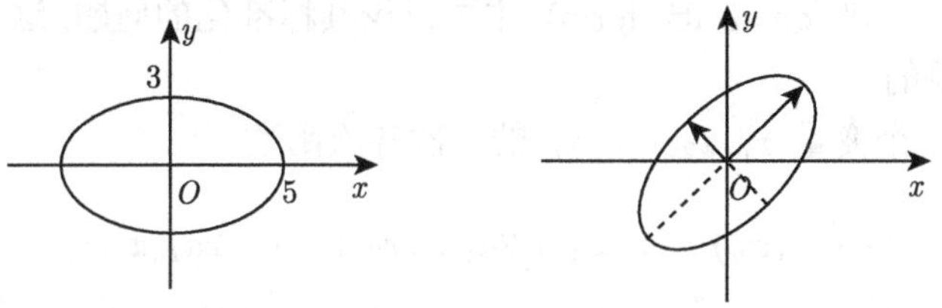

$$\frac{x^2}{25}+\frac{y^2}{9}=1 \qquad 5x^2-6xy+5y^2=1$$

$$(x,\ y)\begin{pmatrix}\frac{1}{25} & 0\\ 0 & \frac{1}{9}\end{pmatrix}\begin{pmatrix}x\\ y\end{pmatrix} \qquad (x,\ y)\begin{pmatrix}5 & -3\\ -3 & 5\end{pmatrix}\begin{pmatrix}x\\ y\end{pmatrix}$$

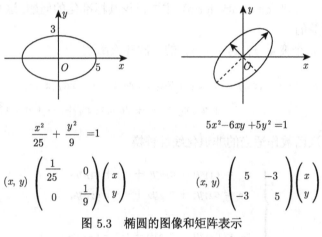

图 5.3 椭圆的图像和矩阵表示

$$xy=1 \qquad \frac{u^2}{2}-\frac{v^2}{2}=1$$

$$(x,\ y)\begin{pmatrix}0 & \frac{1}{2}\\ \frac{1}{2} & 0\end{pmatrix}\begin{pmatrix}x\\ y\end{pmatrix} \qquad (u,\ v)\begin{pmatrix}\frac{1}{2} & 0\\ 0 & -\frac{1}{2}\end{pmatrix}\begin{pmatrix}u\\ v\end{pmatrix}$$

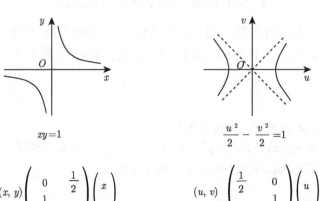

图 5.4 双曲线的图像和矩阵表示

在解析几何中, 中心与坐标原点重合的有心二次曲线, 记作

$$f = ax^2 + 2bxy + cy^2. \tag{5.1}$$

选择适当角度 θ, 逆时针旋转坐标轴, 得到

$$\boxed{\begin{cases} x = x'\cos\theta - y'\sin\theta \\ y = x'\sin\theta + y'\cos\theta \end{cases}}$$

$$f = ax^2 + 2bxy + cy^2 \longrightarrow f = a'x'^2 + c'y'^2$$

$$(x,\ y)\begin{pmatrix} a & b \\ b & c \end{pmatrix}\begin{pmatrix} x \\ y \end{pmatrix} \qquad (x',\ y')\begin{pmatrix} a' & 0 \\ 0 & c' \end{pmatrix}\begin{pmatrix} x' \\ y' \end{pmatrix}$$

(标准方程)

而且对于二次型 (quadratic form), 主要讨论其标准化的问题, 这与方阵的对角化又是密切相关的.

引出含有 n 个变量 $x_1, x_2, \cdots, x_n$ 的二次齐次函数

$$\begin{aligned} f(x_1, x_2, \cdots, x_n) = {} & a_{11}x_1^2 + 2a_{12}x_1x_2 + \cdots + 2a_{1n}x_1x_n \\ & + a_{22}x_2^2 + \cdots + 2a_{2n}x_2x_n + \cdots + a_{nn}x_n^2. \end{aligned} \tag{5.2}$$

对二次齐次函数作适当的非退化线性替换

$$\begin{cases} x_1 = c_{11}y_1 + c_{12}y_2 + \cdots + c_{1n}y_n, \\ x_2 = c_{21}y_1 + c_{22}y_2 + \cdots + c_{2n}y_n, \\ \quad\cdots\cdots \\ x_n = c_{n1}y_1 + c_{n2}y_2 + \cdots + c_{nn}y_n, \end{cases}$$

使它变为只含平方项的多项式, 即二次型的标准形. 在这之前, 先详尽介绍 (5.2).

当 a_{ij} 是复数时, f 称为复二次型; 当 a_{ij} 是实数时, f 称为实二次型. 本章只研究实二次型.

例如,

$$\left.\begin{aligned} & f(x,y) = x^2 + 4xy + 5y^2 \\ & f(x,y,z) = 2x^2 + y^2 + xz + yz \\ & f(x_1,x_2,x_3,x_4) = x_1x_2 + x_2x_3 + x_2x_4 \end{aligned}\right\} \text{都是二次型.}$$

$$\left.\begin{aligned} & f(x,y) = x^2 + y^2 + 5 \\ & f(x,y) = 2x^2 - y^2 + 2x \end{aligned}\right\} \text{都不是二次型.}$$

5.1.2 二次型的矩阵表示

令 $a_{ij}=a_{ji}$, $i<j$. 由于 $x_ix_j=x_jx_i$, 那么二次型 (5.2) 就可以写为

$$\begin{aligned}f(x_1,x_2,\cdots,x_n)=&a_{11}x_1^2+a_{12}x_1x_2+\cdots+a_{1n}x_1x_n\\&+a_{21}x_2x_1+a_{22}x_2^2+\cdots+a_{2n}x_2x_n+\cdots\\&+a_{n1}x_nx_1+a_{n2}x_nx_2+\cdots+a_{nn}x_n^2\\=&\sum_{i=1}^n\sum_{j=1}^n a_{ij}x_ix_j.\end{aligned}\tag{5.3}$$

把 (5.3) 的系数排成一个 $n\times n$ 矩阵

$$\boldsymbol{A}=\begin{pmatrix}a_{11}&a_{12}&\cdots&a_{1n}\\a_{21}&a_{22}&\cdots&a_{2n}\\\vdots&\vdots&&\vdots\\a_{n1}&a_{n2}&\cdots&a_{nn}\end{pmatrix},$$

它称为二次型 (5.3) 的矩阵. 因为 $a_{ij}=a_{ji}$, $i,j=1,2,\cdots,n$, 所以

$$\boldsymbol{A}^{\mathrm{T}}=\boldsymbol{A}.$$

我们把这样的矩阵称为对称矩阵, 因此, 二次型 (5.3) 的矩阵都是对称的.

令 $\boldsymbol{X}=\begin{pmatrix}x_1\\x_2\\\vdots\\x_n\end{pmatrix}$, 于是, 二次型可以用矩阵的乘积表示出来:

$$\boldsymbol{X}^{\mathrm{T}}\boldsymbol{A}\boldsymbol{X}=(x_1,x_2,\cdots,x_n)\begin{pmatrix}a_{11}x_1+a_{12}x_2+\cdots+a_{1n}x_n\\a_{21}x_1+a_{22}x_2+\cdots+a_{2n}x_n\\\vdots\\a_{n1}x_1+a_{n2}x_2+\cdots+a_{nn}x_n\end{pmatrix},$$

$$\begin{aligned}\boldsymbol{X}^{\mathrm{T}}\boldsymbol{A}\boldsymbol{X}=&(x_1,x_2,\cdots,x_n)\begin{pmatrix}a_{11}&a_{12}&\cdots&a_{1n}\\a_{21}&a_{22}&\cdots&a_{2n}\\\vdots&\vdots&&\vdots\\a_{n1}&a_{n2}&\cdots&a_{nn}\end{pmatrix}\begin{pmatrix}x_1\\x_2\\\vdots\\x_n\end{pmatrix}\\=&\sum_{i=1}^n\sum_{j=1}^n a_{ij}x_ix_j,\end{aligned}$$

故 $f(x_1,x_2,\cdots,x_n)=\boldsymbol{X}^{\mathrm{T}}\boldsymbol{A}\boldsymbol{X}$.

显然,

(1) $\boldsymbol{A}$ 是对称矩阵;

(2) 称矩阵 $\boldsymbol{A}$ 为二次型 f 的矩阵, 方阵 $\boldsymbol{A}$ 的秩为二次型 f 的秩;

(3) 二次型和它的矩阵是相互唯一决定的.

根据 (1)~(3), 有下面一一对应的关系:

$$\text{对称矩阵} \Longleftrightarrow \text{二次型矩阵} \Longleftrightarrow \text{二次型}.$$

例如, 二次型

$$\begin{aligned} f(x_1,x_2,x_3) &= x_1^2-3x_3^2-4x_1x_2+x_2x_3 \\ &= (x_1,x_2,x_3)\begin{pmatrix} 1 & -2 & 0 \\ -2 & 0 & \dfrac{1}{2} \\ 0 & \dfrac{1}{2} & -3 \end{pmatrix}\begin{pmatrix} x_1 \\ x_2 \\ x_3 \end{pmatrix}. \end{aligned}$$

当给定了二次型 f 时, 要求能根据以下两点准确写出其对应的实对称矩阵 $\boldsymbol{A}$:

(1) $\boldsymbol{A}$ 中对角线上的元素 $a_{11},a_{22},\cdots,a_{nn}$ 依次为 $x_1^2,x_2^2,\cdots,x_n^2$ 的系数;

(2) 对于 $i\neq j$, $a_{ij}=a_{ji}$, i, $j=1,2,\cdots,n$, 为 x_ix_j 的系数的一半.

例 1　二次曲线 $x^2+y^2-xy=1$ 的矩阵表示如图 5.5.

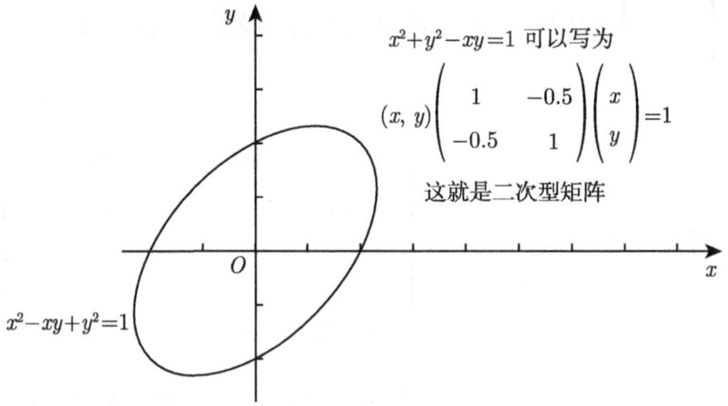

图 5.5　二次曲线 $x^2+y^2-xy=1$ 的矩阵表示

例 2　设

$$f(x_1,x_2,x_3)=(x_1,x_2,x_3)\begin{pmatrix} 1 & 0 & 1 \\ 0 & 3 & 2 \\ 1 & 2 & 0 \end{pmatrix}\begin{pmatrix} x_1 \\ x_2 \\ x_3 \end{pmatrix}.$$

问 $f(x_1,x_2,x_3)$ 是否为二次型? 如果是, 写出 $f(x_1,x_2,x_3)$ 所对应的矩阵 $\boldsymbol{A}$.

解 将 $f(x_1,x_2,x_3)$ 展开, 得到

$$f(x_1,x_2,x_3)=x_1^2+2x_1x_3+4x_2x_3+3x_2^2.$$

因此 $f(x_1,x_2,x_3)$ 是二次型. $f(x_1,x_2,x_3)$ 所对应的对称矩阵为

$$\boldsymbol{A}=\begin{pmatrix}1&0&1\\0&3&2\\1&2&0\end{pmatrix}.$$

注 二次型实际上是一个 n 元二次齐次函数, 其对应的矩阵一定是对称矩阵.

例 3 求下面的二次型所对应的矩阵:

$$f(x_1,x_2,x_3)=(x_1,x_2,x_3)\begin{pmatrix}1&2&3\\4&5&6\\7&8&9\end{pmatrix}\begin{pmatrix}x_1\\x_2\\x_3\end{pmatrix}.$$

解
$$\begin{aligned}f(x_1,x_2,x_3)&=(x_1,x_2,x_3)\begin{pmatrix}1&2&3\\4&5&6\\7&8&9\end{pmatrix}\begin{pmatrix}x_1\\x_2\\x_3\end{pmatrix}\\&=(x_1+4x_2+7x_3,2x_1+5x_2+8x_3,3x_1+6x_2+9x_3)\begin{pmatrix}x_1\\x_2\\x_3\end{pmatrix}\\&=x_1^2+5x_2^2+9x_3^2+(2+4)x_1x_2+(3+7)x_1x_3+(6+8)x_2x_3\\&=(x_1,x_2,x_3)\begin{pmatrix}1&3&5\\3&5&7\\5&7&9\end{pmatrix}\begin{pmatrix}x_1\\x_2\\x_3\end{pmatrix},\end{aligned}$$

所求矩阵为

$$\begin{pmatrix}1&3&5\\3&5&7\\5&7&9\end{pmatrix}.$$

一般地, 二次型 $f(x_1,x_2,\cdots,x_n)=\boldsymbol{X}^{\mathrm{T}}\boldsymbol{A}\boldsymbol{X}$($\boldsymbol{A}$ 未必是对称矩阵) 对应的矩阵是

$$\frac{1}{2}(\boldsymbol{A}+\boldsymbol{A}^{\mathrm{T}}).$$

因为

$$\boldsymbol{x}^{\mathrm{T}}\boldsymbol{A}\boldsymbol{x} = (\boldsymbol{x}^{\mathrm{T}}\boldsymbol{A}\boldsymbol{x})^{\mathrm{T}} = \boldsymbol{x}^{\mathrm{T}}\boldsymbol{A}^{\mathrm{T}}\boldsymbol{x},$$

所以

$$f = \boldsymbol{x}^{\mathrm{T}}\boldsymbol{A}\boldsymbol{x} = \frac{1}{2}(\boldsymbol{x}^{\mathrm{T}}\boldsymbol{A}\boldsymbol{x} + \boldsymbol{x}^{\mathrm{T}}\boldsymbol{A}^{\mathrm{T}}\boldsymbol{x}) = \boldsymbol{x}^{\mathrm{T}}\frac{\boldsymbol{A}+\boldsymbol{A}^{\mathrm{T}}}{2}\boldsymbol{x},$$

并且易知 $\dfrac{\boldsymbol{A}+\boldsymbol{A}^{\mathrm{T}}}{2}$ 是对称矩阵.

例 4　写出下面二次型 f 的矩阵表示, 并求 f 的秩 $R(f)$.

$$f = x_1^2 + 5x_2^2 + 9x_3^2 + 6x_1x_2 + 10x_1x_3 + 14x_2x_3.$$

解　由题意得二次型 f 的矩阵表示为

$$f(x_1, x_2, x_3) = (x_1, x_2, x_3)\begin{pmatrix} 1 & 3 & 5 \\ 3 & 5 & 7 \\ 5 & 7 & 9 \end{pmatrix}\begin{pmatrix} x_1 \\ x_2 \\ x_3 \end{pmatrix} = \boldsymbol{x}^{\mathrm{T}}\boldsymbol{A}\boldsymbol{x}.$$

由于 $R(f) = R(\boldsymbol{A})$, 其中矩阵 $\boldsymbol{A}$ 的行阶梯形为

$$\boldsymbol{A} = \begin{pmatrix} 1 & 3 & 5 \\ 3 & 5 & 7 \\ 5 & 7 & 9 \end{pmatrix} \to \begin{pmatrix} 1 & 3 & 5 \\ 0 & -4 & -8 \\ 0 & -8 & -16 \end{pmatrix} \to \begin{pmatrix} 1 & 3 & 5 \\ 0 & -4 & -8 \\ 0 & 0 & 0 \end{pmatrix},$$

故有

$$R(f) = R(\boldsymbol{A}) = 2.$$

有了二次型的矩阵表示, 易知, 在线性代数里面, 就是通过一个对称矩阵, 去研究某个二次型, 如图 5.6 和图 5.7 所示.

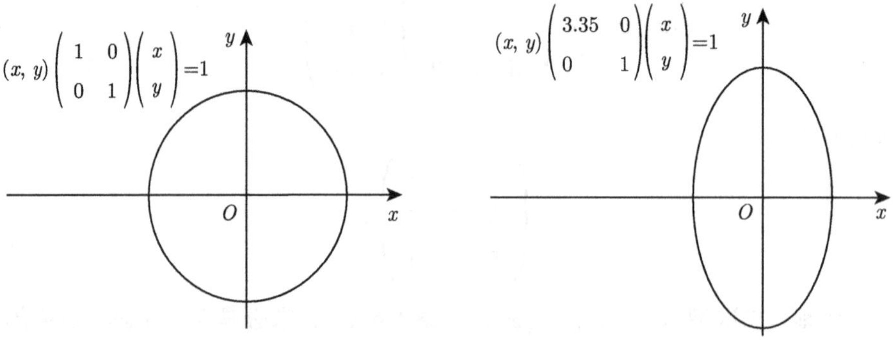

图 5.6　图示圆通过矩阵变换变为椭圆

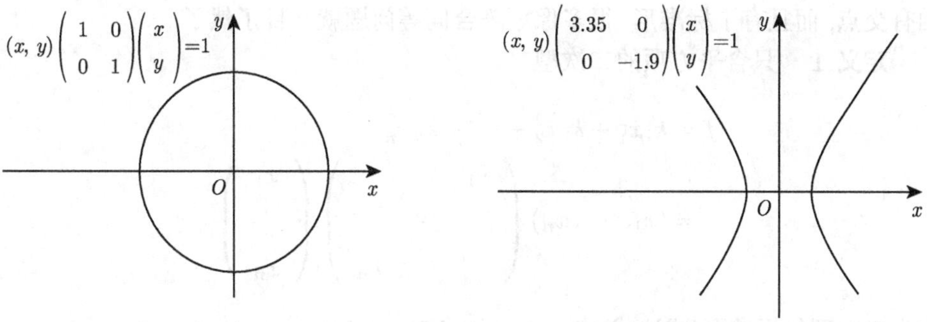

图 5.7 图示圆通过矩阵变换变为双曲线

我们把下面这个矩阵 $\boldsymbol{A}$ 进行特征值分解, 如图 5.8. 于是可知, 矩阵代表了运动, 包含:

(1) 旋转; (2) 拉伸; (3) 投影.

对于方阵, 因为没有维度的改变, 所以就没有投影这个运动了, 只有:

(1) 旋转; (2) 拉伸.

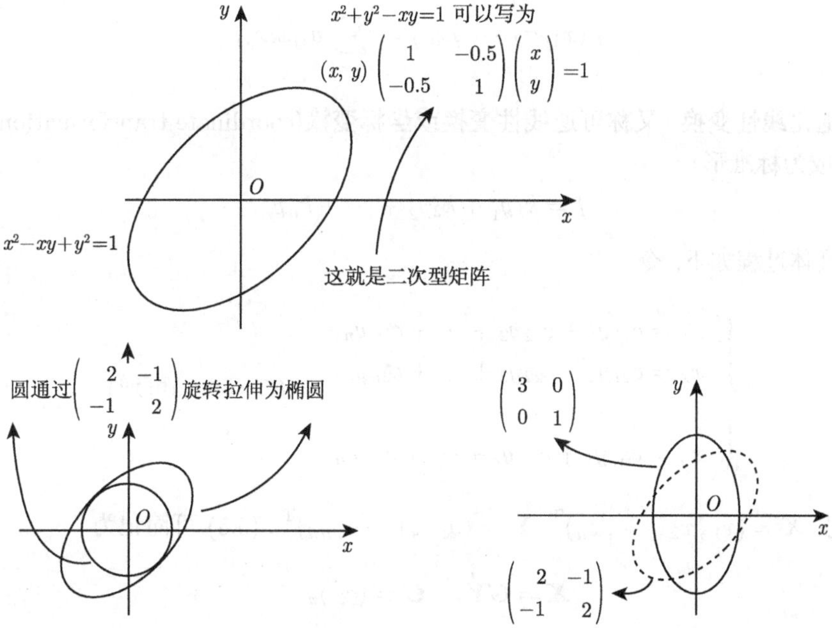

图 5.8 圆通过旋转拉伸为椭圆

5.1.3 二次型的标准形

由前面的讲解可知, 从标准形可以明显地看出二次型的对称轴, 以及是否与 x

轴有交点, 而且有了标准形, 很多像矩阵合同等问题就一目了然了.

定义 1　只含平方项的二次型

$$f = k_1x_1^2 + k_2x_2^2 + \cdots + k_nx_n^2 = (x_1, \cdots, x_n)\begin{pmatrix} k_1 & & \\ & \ddots & \\ & & k_n \end{pmatrix}\begin{pmatrix} x_1 \\ \vdots \\ x_n \end{pmatrix}$$

称为**二次型的标准形**(或法式)(the canonical form of a quadratic form).

定义 2　平方项系数只在 $1, -1, 0$ 中取值的标准形

$$f = x_1^2 + \cdots + x_p^2 - x_{p+1}^2 - \cdots - x_r^2$$

称为二次型的规范形 (这里规范形要求系数为 1 的项排在前面, 其次排系数为 -1 的项).

目的　对给定的二次型

$$f(x_1, x_2, \cdots, x_n) = \sum_{i,j=1}^{n} a_{ij}x_ix_j, \tag{5.4}$$

找非退化线性变换 (又称可逆线性变换或**坐标变换**(coordinate transformation)) 使 (5.4) 成为标准形

$$f = k_1y_1^2 + k_2y_2^2 + \cdots + k_ny_n^2.$$

具体过程如下. 令

$$\begin{cases} x_1 = c_{11}y_1 + c_{12}y_2 + \cdots + c_{1n}y_n, \\ x_2 = c_{21}y_1 + c_{22}y_2 + \cdots + c_{2n}y_n, \\ \quad\cdots\cdots \\ x_n = c_{n1}y_1 + c_{n2}y_2 + \cdots + c_{nn}y_n \end{cases} \quad (\boldsymbol{C} = (c_{ij})\text{可逆}). \tag{5.5}$$

设 $\boldsymbol{X} = (x_1, x_2, \cdots, x_n)^{\mathrm{T}}, \boldsymbol{Y} = (y_1, y_2, \cdots, y_n)^{\mathrm{T}}$. (5.5) 可简记为

$$\boldsymbol{X} = \boldsymbol{CY}, \quad \boldsymbol{C} = (c_{ij})_{n\times n}.$$

当 $\boldsymbol{C}$ 是可逆矩阵时, 称 $\boldsymbol{X} = \boldsymbol{CY}$ 为可逆线性变换. 将 (5.5) 代入 (5.4), 使之成为标准形

$$f = k_1y_1^2 + k_2y_2^2 + \cdots + k_ny_n^2.$$

称上面过程为化二次型为标准形.

于是, 对于二次型, 我们讨论的主要问题是: 寻求可逆的线性变换, 使二次型只含平方项. 简记为

寻求可逆的线性变换$\boldsymbol{X}=\boldsymbol{CY}$, 使得 $f(\boldsymbol{x})=\boldsymbol{X}^{\mathrm{T}}\boldsymbol{AX}=(\boldsymbol{CY})^{\mathrm{T}}\boldsymbol{A}(\boldsymbol{CY})=\boldsymbol{Y}^{\mathrm{T}}(\boldsymbol{C}^{\mathrm{T}}\boldsymbol{AC})\boldsymbol{Y}=g(\boldsymbol{y})$.

$$\Updownarrow$$

寻求可逆矩阵$\boldsymbol{C}$, 使得 $\boldsymbol{C}^{\mathrm{T}}\boldsymbol{AC}=\begin{pmatrix} k_1 & 0 & \cdots & 0 \\ 0 & k_2 & \cdots & 0 \\ \vdots & \vdots & & \vdots \\ 0 & 0 & \cdots & k_n \end{pmatrix}.$

具体地, 二次型

$$f=\boldsymbol{X}^{\mathrm{T}}\boldsymbol{AX}=\sum_{i,j=1}^{n}a_{ij}x_ix_j$$

经过可逆线性变换 $\boldsymbol{X}=\boldsymbol{CY}$ 可化为

$$f(x_1,x_2,\cdots,x_n)=\boldsymbol{X}^{\mathrm{T}}\boldsymbol{AX}\xlongequal{\boldsymbol{X}=\boldsymbol{CY}}(\boldsymbol{CY})^{\mathrm{T}}\boldsymbol{A}(\boldsymbol{CY})=\boldsymbol{Y}^{\mathrm{T}}(\boldsymbol{C}^{\mathrm{T}}\boldsymbol{AC})\boldsymbol{Y}.$$

上式右端是关于变量 $y_1,y_2,\cdots,y_n$ 的二次型. 设其化成了标准形:

$$k_1y_1^2+k_2y_2^2+\cdots+k_ny_n^2=(y_1,\ y_2,\ \cdots,\ y_n)\begin{pmatrix} k_1 & 0 & \cdots & 0 \\ 0 & k_2 & \cdots & 0 \\ \vdots & \vdots & & \vdots \\ 0 & 0 & \cdots & k_n \end{pmatrix}\begin{pmatrix} y_1 \\ y_2 \\ \vdots \\ y_n \end{pmatrix}=\boldsymbol{Y}^{\mathrm{T}}\boldsymbol{\Lambda Y},$$

可得

$$\boldsymbol{C}^{\mathrm{T}}\boldsymbol{AC}=\boldsymbol{\Lambda}=\begin{pmatrix} k_1 & 0 & \cdots & 0 \\ 0 & k_2 & \cdots & 0 \\ \vdots & \vdots & & \vdots \\ 0 & 0 & \cdots & k_n \end{pmatrix}.$$

令 $\boldsymbol{B}=\boldsymbol{C}^{\mathrm{T}}\boldsymbol{AC}$, $\boldsymbol{B}=\mathrm{diag}(k_1,k_2,\cdots,k_n)$. 对于这种矩阵的关系我们来进行如下定义.

定义 3 设有两个方阵 $\boldsymbol{A}$ 与 $\boldsymbol{B}$, 若存在一个可逆阵 $\boldsymbol{C}$, 使

$$\boldsymbol{B}=\boldsymbol{C}^{\mathrm{T}}\boldsymbol{AC},$$

则称 $\boldsymbol{A}$ 合同于 $\boldsymbol{B}$, 记作 $\boldsymbol{A} \approx \boldsymbol{B}$ 或 $\boldsymbol{A} \simeq \boldsymbol{B}$.

注　$\boldsymbol{A}$ 与 $\boldsymbol{B}$ 合同和 $\boldsymbol{A}$ 与 $\boldsymbol{B}$ 相似是两个不同的概念.

定理 1　设 $\boldsymbol{A}$ 为对称矩阵, 且 $\boldsymbol{A}$ 与 $\boldsymbol{B}$ 合同, 则

(1) $\boldsymbol{B} = \boldsymbol{C}^{\mathrm{T}}\boldsymbol{A}\boldsymbol{C}$, 仍是对称矩阵;

(2) $R(\boldsymbol{B}) = R(\boldsymbol{A})$.

证明　(1) $\boldsymbol{B}^{\mathrm{T}} = (\boldsymbol{C}^{\mathrm{T}}\boldsymbol{A}\boldsymbol{C})^{\mathrm{T}} = \boldsymbol{C}^{\mathrm{T}}\boldsymbol{A}^{\mathrm{T}}(\boldsymbol{C}^{\mathrm{T}})^{\mathrm{T}} = \boldsymbol{C}^{\mathrm{T}}\boldsymbol{A}\boldsymbol{C} = \boldsymbol{B}$;

(2) $\boldsymbol{B} = \boldsymbol{C}^{\mathrm{T}}\boldsymbol{A}\boldsymbol{C}$,因为 $\boldsymbol{C}$ 可逆,所以 $R(\boldsymbol{B}) = R(\boldsymbol{A})$.

注　合同仍然是一种等价关系, 即有如下性质:

(1) 反身性; (2) 对称性; (3) 传递性.

比较一下, 矩阵的等价、相似、合同三种关系:

(1) **等价**　$\boldsymbol{B} = \boldsymbol{P}\boldsymbol{A}\boldsymbol{Q}(\boldsymbol{P}, \boldsymbol{Q}$可逆);

(2) **相似**　$\boldsymbol{B} = \boldsymbol{P}^{-1}\boldsymbol{A}\boldsymbol{P}(\boldsymbol{P}$可逆);

(3) **合同**　$\boldsymbol{B} = \boldsymbol{P}^{\mathrm{T}}\boldsymbol{A}\boldsymbol{P}(\boldsymbol{P}$可逆).

显然, 若 $\boldsymbol{A}$ 与 $\boldsymbol{B}$ 相似或合同, 则 $\boldsymbol{A}$ 与 $\boldsymbol{B}$ 一定是等价的, 反之不然. 无论哪一种情况, 都有 $R(\boldsymbol{A}) = R(\boldsymbol{B})$ 成立.

接下来我们学习利用以下方法

(1) 合同变换;　(2) 配方法;　(3) 正交变换

将二次型转化为标准形.

5.2　化二次型为标准形

5.2.1　用合同变换化二次型为标准形

例 1　用合同变换化二次型为标准形

$$f = x_1^2 + 2x_2^2 + 5x_3^2 + 2x_1x_2 + 2x_1x_3 + 6x_2x_3.$$

解　二次型对应的矩阵为

$$\boldsymbol{A} = \begin{pmatrix} 1 & 1 & 1 \\ 1 & 2 & 3 \\ 1 & 3 & 5 \end{pmatrix}.$$

对矩阵 $\boldsymbol{A}$ 进行如下合同变换:

$$(\boldsymbol{A}|\boldsymbol{E})=\left(\begin{array}{ccc|ccc}1&1&1&1&0&0\\1&2&3&0&1&0\\1&3&5&0&0&1\end{array}\right)\xrightarrow{-r_1+r_2}\left(\begin{array}{ccc|ccc}1&1&1&1&0&0\\0&1&2&-1&1&0\\1&3&5&0&0&1\end{array}\right)$$

$$\xrightarrow{-c_1+c_2}\left(\begin{array}{ccc|ccc}1&0&1&1&0&0\\0&1&2&-1&1&0\\1&2&5&0&0&1\end{array}\right)\xrightarrow{-r_1+r_3}\left(\begin{array}{ccc|ccc}1&0&1&1&0&0\\0&1&2&-1&1&0\\0&2&4&-1&0&1\end{array}\right)$$

$$\xrightarrow{-c_1+c_3}\left(\begin{array}{ccc|ccc}1&0&0&1&0&0\\0&1&2&-1&1&0\\0&2&4&-1&0&1\end{array}\right)\xrightarrow{-2r_2+r_3}\left(\begin{array}{ccc|ccc}1&0&0&1&0&0\\0&1&2&-1&1&0\\0&0&0&1&-2&1\end{array}\right)$$

$$\xrightarrow{-2c_2+c_3}\left(\begin{array}{ccc|ccc}1&0&0&1&0&0\\0&1&0&-1&1&0\\0&0&0&1&-2&1\end{array}\right),$$

即 $\boldsymbol{P}=\begin{pmatrix}1&0&0\\-1&1&0\\1&-2&1\end{pmatrix}$. 于是二次型的标准形为 $f=y_1^2+y_2^2$.

思考 合同变换求二次型的标准形时为什么行列变换要一致? 行和列先后变换顺序是随意的吗?

答 合同的定义 $\boldsymbol{B}=\boldsymbol{C}^{\mathrm{T}}\boldsymbol{A}\boldsymbol{C}$ 中, 矩阵乘积 $\boldsymbol{C}^{\mathrm{T}}\boldsymbol{A}$ 解释为对矩阵 $\boldsymbol{A}$ 作一系列行变换, 而矩阵乘积 $\boldsymbol{A}\boldsymbol{C}$ 解释为对 $\boldsymbol{A}$ 作一系列相应的列变换. 合起来 $\boldsymbol{C}^{\mathrm{T}}\boldsymbol{A}\boldsymbol{C}$ 就是对 $\boldsymbol{A}$ 进行一系列的行变换和一系列相应的列变换后可以得到 $\boldsymbol{B}$. 因而, 行和列先后变换顺序不是随意的.

5.2.2 用配方法求二次型的标准形

配方法就是将二次多项式配成完全平方的方法, 这种方法在中学数学大量使用过, 需要记住 $(x_1+x_2+\cdots+x_n)^2=?$

例 2 化二次型 $f=x_1^2+2x_2^2-x_3^2+4x_1x_2-4x_1x_3-4x_2x_3$ 为标准形, 并写出所作的线性变换.

解
$$\begin{aligned}f&=x_1^2+4x_1(x_2-x_3)+2x_2^2-x_3^2-4x_2x_3\\&=x_1^2+4x_1(x_2-x_3)+4(x_2-x_3)^2-4(x_2-x_3)^2+2x_2^2-x_3^2-4x_2x_3\\&=(x_1+2x_2-2x_3)^2-2x_2^2+4x_2x_3-5x_3^2\\&=(x_1+2x_2-2x_3)^2-2(x_2^2-2x_2x_3+x_3^2)-3x_3^2\\&=(x_1+2x_2-2x_3)^2-2(x_2-x_3)^2-3x_3^2.\end{aligned}$$

令 $\begin{cases} y_1 = x_1 + 2x_2 - 2x_3, \\ y_2 = x_2 - x_3, \\ y_3 = x_3, \end{cases}$ 即

$$\begin{pmatrix} y_1 \\ y_2 \\ y_3 \end{pmatrix} = \begin{pmatrix} 1 & 2 & -2 \\ 0 & 1 & -1 \\ 0 & 0 & 1 \end{pmatrix} \begin{pmatrix} x_1 \\ x_2 \\ x_3 \end{pmatrix},$$

则 $f = y_1^2 - 2y_2^2 - 3y_3^2$ 为标准形, 其中, 线性变换为

$$\begin{pmatrix} x_1 \\ x_2 \\ x_3 \end{pmatrix} = \begin{pmatrix} 1 & 2 & -2 \\ 0 & 1 & -1 \\ 0 & 0 & 1 \end{pmatrix}^{-1} \begin{pmatrix} y_1 \\ y_2 \\ y_3 \end{pmatrix},$$

即

$$\begin{cases} x_1 = y_1 - 2y_2, \\ x_2 = y_2 + y_3, \\ x_3 = y_3 \end{cases}$$

是非退化的线性变换.

例 3　化二次型 $f = 2x_1x_2 + 2x_1x_3 - 6x_2x_3$ 为标准形, 并写出所作的线性变换.

解　由于 f 中不含平方项, 故先通过线性变换来构造平方项.

令 $\begin{cases} x_1 = y_1 + y_2, \\ x_2 = y_1 - y_2, \\ x_3 = y_3, \end{cases}$ 即 $\begin{pmatrix} x_1 \\ x_2 \\ x_3 \end{pmatrix} = \begin{pmatrix} 1 & 1 & 0 \\ 1 & -1 & 0 \\ 0 & 0 & 1 \end{pmatrix} \begin{pmatrix} y_1 \\ y_2 \\ y_3 \end{pmatrix}$, 则有

$$\begin{aligned} f &= 2y_1^2 - 2y_2^2 + 2y_1y_3 + 2y_2y_3 - 6y_1y_3 + 6y_2y_3 \\ &= 2y_1^2 - 4y_1y_3 - 2y_2^2 + 8y_2y_3 \\ &= 2(y_1^2 - 2y_1y_3 + y_3^2) - 2y_3^2 - 2y_2^2 + 8y_2y_3 \\ &= 2(y_1 - y_3)^2 - 2(y_2^2 - 4y_2y_3 + 4y_3^2) + 6y_3^2 \\ &= 2(y_1 - y_3)^2 - 2(y_2 - 2y_3)^2 + 6y_3^2. \end{aligned}$$

令 $\begin{cases} z_1 = y_1 - y_3, \\ z_2 = y_2 - 2y_3, \\ z_3 = y_3, \end{cases}$ 即

$$\begin{pmatrix} z_1 \\ z_2 \\ z_3 \end{pmatrix} = \begin{pmatrix} 1 & 0 & -1 \\ 0 & 1 & -2 \\ 0 & 0 & 1 \end{pmatrix} \begin{pmatrix} y_1 \\ y_2 \\ y_3 \end{pmatrix},$$

则 $f=2z_1^2-2z_2^2+6z_3^2$ 为标准形, 其中, 线性变换为

$$\begin{pmatrix} x_1 \\ x_2 \\ x_3 \end{pmatrix}=\begin{pmatrix} 1 & 1 & 0 \\ 0 & -1 & 0 \\ 0 & 0 & 1 \end{pmatrix}\begin{pmatrix} 1 & 0 & -1 \\ 0 & 1 & -2 \\ 0 & 0 & 1 \end{pmatrix}^{-1}\begin{pmatrix} z_1 \\ z_2 \\ z_3 \end{pmatrix}=\begin{pmatrix} 1 & 1 & 3 \\ 1 & -1 & -1 \\ 0 & 0 & 1 \end{pmatrix}.$$

因为 $\begin{vmatrix} 1 & 1 & 3 \\ 1 & -1 & -1 \\ 0 & 0 & 1 \end{vmatrix}=-1\neq 0$, 所以所作的线性变换是非退化的.

定理 1 任意一个二次型都可以用配方法化成标准形.

注 化二次型为标准形时, 所用的非退化的线性变换不同, 标准形的系数不一定相同. 因此, 二次型的标准形不是唯一的.

5.3 欧 氏 空 间

借助于正交变换讨论二次型的标准形, 需要在欧氏空间进行.

首先回顾三维空间中的线性性质和它 "丰富的" 几何性质, 如向量长度以及两向量夹角概念. 详细考察三维空间中的诸多度量概念, 其本质实则归结于 "内积" 这一重要概念. 为了使内积这一概念具有更广泛性, 我们需要抽象出内积的本性. 这是需要高度数学抽象的. 因此, 我们期望能将这些概念 "引进" 到一般的线性空间 (即 n 维实向量) 中来. 进而定义了 n 维实向量内积及长度以及两向量夹角概念的向量空间就是欧氏空间.

5.3.1 向量的内积

在空间解析几何中, 给定两个 $\mathbf{R}^3$ 中 3 维向量 $\boldsymbol{\alpha}=\begin{pmatrix} x_1 \\ x_2 \\ x_3 \end{pmatrix}, \boldsymbol{\beta}=\begin{pmatrix} y_1 \\ y_2 \\ y_3 \end{pmatrix}$, 则

$$\boldsymbol{\alpha}\cdot\boldsymbol{\beta}=x_1y_1+x_2y_2+x_3y_3,$$

$$\boldsymbol{\alpha}\cdot\boldsymbol{\beta}=|\boldsymbol{\alpha}||\boldsymbol{\beta}|\cos\theta \quad (\theta \text{ 为 } \boldsymbol{\alpha} \text{ 和 } \boldsymbol{\beta} \text{ 的夹角}).$$

将其推广到 $\mathbf{R}^n$ 中, 有如下定义.

定义 1 给定两个 n 维实向量 $\boldsymbol{\alpha}=\begin{pmatrix} x_1 \\ x_2 \\ \vdots \\ x_n \end{pmatrix}, \quad \boldsymbol{\beta}=\begin{pmatrix} y_1 \\ y_2 \\ \vdots \\ y_n \end{pmatrix}$, 称

$$(\boldsymbol{\alpha},\boldsymbol{\beta})=x_1y_1+x_2y_2+\cdots+x_ny_n=\boldsymbol{\alpha}^{\mathrm{T}}\boldsymbol{\beta}$$

为向量 $\boldsymbol{\alpha}$ 与 $\boldsymbol{\beta}$ 的内积 (或点积), 记为 $(\boldsymbol{\alpha},\boldsymbol{\beta})$($[\boldsymbol{\alpha},\boldsymbol{\beta}]$ 或 $\boldsymbol{\alpha}\cdot\boldsymbol{\beta}$).

根据内积的定义, 容易验证内积满足下列性质, 其中 $\boldsymbol{\alpha},\boldsymbol{\beta},\boldsymbol{\gamma}$ 是 n 维向量, λ 是实数:

(1) **交换性**　$(\boldsymbol{\alpha},\boldsymbol{\beta})=(\boldsymbol{\beta},\boldsymbol{\alpha})$;

(2) **数乘性**　$(\lambda\boldsymbol{\alpha},\boldsymbol{\beta})=\lambda(\boldsymbol{\beta},\boldsymbol{\alpha})$;

(3) **可加性**　$(\boldsymbol{\alpha}+\boldsymbol{\beta},\gamma)=(\boldsymbol{\alpha},\boldsymbol{\gamma})+(\boldsymbol{\beta},\gamma)$;

(4) **非负性**　$(\boldsymbol{\alpha},\boldsymbol{\alpha})\geqslant 0$且$(\boldsymbol{\alpha},\boldsymbol{\alpha})=0\Leftrightarrow\boldsymbol{\alpha}=\mathbf{0}$.

注　(1) 最前面的 3 条性质在今后计算内积的过程中常用到, 而非负性是定义向量长度的依据.

(2) 有很多的书将数乘性称为齐次性, 实际上, 它是一条关于向量数乘与内积的性质.

(3) 定义了向量内积, 就可以类似于空间解析几何去定义向量长度以及两向量夹角.

定义 2　给定 n 维向量 $\boldsymbol{\alpha}=\begin{pmatrix}x_1\\x_2\\\vdots\\x_n\end{pmatrix}$, 称

$$\sqrt{(\boldsymbol{\alpha},\boldsymbol{\alpha})}=\sqrt{x_1^2+x_2^2+\cdots+x_n^2}$$

为**向量 $\boldsymbol{\alpha}$ 的长度**(length/norm of the vector $\boldsymbol{\alpha}$), 记为 $\|\boldsymbol{\alpha}\|$, 也可以记为 $|\boldsymbol{\alpha}|$.

在 $\mathbf{R}^2$ 及 $\mathbf{R}^3$ 中, $\sqrt{(\boldsymbol{\alpha},\boldsymbol{\alpha})}$ 为向量的长度.

在 $\mathbf{R}^n$ 中, $\sqrt{(\boldsymbol{\alpha},\boldsymbol{\alpha})}$ 是向量的范数. 范数是长度和距离概念的一种推广.

向量的长度满足下面的 3 条性质, 它们是公理化定义向量范数的 3 个条件:

(1) **非负性**　$\|\boldsymbol{\alpha}\|\geqslant 0$ 且 $\|\boldsymbol{\alpha}\|=0\Leftrightarrow\boldsymbol{\alpha}=\mathbf{0}$;

(2) **数乘性**　$\|\lambda\boldsymbol{\alpha}\|=|\lambda|\cdot\|\boldsymbol{\alpha}\|$;

(3) **三角不等式**　$\|\boldsymbol{\alpha}+\boldsymbol{\beta}\|\leqslant\|\boldsymbol{\alpha}\|+\|\boldsymbol{\beta}\|$.

长度为 1 的向量称为单位向量. 给定非零向量, 因为向量的长度为 1, 所以它是一个与向量方向一致的单位向量, 通过这种方式可以将向量**单位化**(normalizing).

对于两个非零向量 $\boldsymbol{\alpha}$ 和 $\boldsymbol{\beta}$, 由于对于任意数 λ, 有

$$(\boldsymbol{\alpha}+\lambda\boldsymbol{\beta},\boldsymbol{\alpha}+\lambda\boldsymbol{\beta})=\lambda^2(\boldsymbol{\beta},\boldsymbol{\beta})+2\lambda(\boldsymbol{\alpha},\boldsymbol{\beta})+(\boldsymbol{\alpha},\boldsymbol{\alpha})\geqslant 0,$$

其关于 λ 的二次代数方程的判别式应小于等于 0, 于是有柯西–施瓦茨不等式 (Cauchy-Schwarz inequality)

$$(\boldsymbol{\alpha},\boldsymbol{\beta})^2\leqslant(\boldsymbol{\alpha},\boldsymbol{\alpha})(\boldsymbol{\beta},\boldsymbol{\beta}).$$

进而

$$\frac{(\boldsymbol{\alpha},\boldsymbol{\beta})}{\|\boldsymbol{\alpha}\|\cdot\|\boldsymbol{\beta}\|}\leqslant 1.$$

定义 3 给定两个 n 维非零向量 $\boldsymbol{\alpha}$ 和 $\boldsymbol{\beta}$, 称

$$\arccos\frac{(\boldsymbol{\alpha},\boldsymbol{\beta})}{\|\boldsymbol{\alpha}\|\cdot\|\boldsymbol{\beta}\|}$$

为向量 $\boldsymbol{\alpha}$ 和 $\boldsymbol{\beta}$ 的**夹角**(angle between $\boldsymbol{\alpha}$ and $\boldsymbol{\beta}$).

这与解析几何中定义 $\boldsymbol{\alpha}\cdot\boldsymbol{\beta}=|\boldsymbol{\alpha}|\cdot|\boldsymbol{\beta}|\cdot\cos\theta$ 时出现的 $\boldsymbol{\alpha}$ 和 $\boldsymbol{\beta}$ 的夹角一致.

$$\arccos\frac{(\boldsymbol{\alpha},\boldsymbol{\beta})}{\|\boldsymbol{\alpha}\|\cdot\|\boldsymbol{\beta}\|}=\frac{\pi}{2}\Leftrightarrow(\boldsymbol{\alpha},\boldsymbol{\beta})=0.$$

当 $(\boldsymbol{\alpha},\boldsymbol{\beta})=\mathbf{0}$ 时, 称 $\boldsymbol{\alpha}$ 和 $\boldsymbol{\beta}$ **正交**(orthogonal), 这时 $\boldsymbol{\alpha}$ 和 $\boldsymbol{\beta}$ 之间的夹角为 $\frac{\pi}{2}$, 因此正交即垂直之意.

例如, $\boldsymbol{\alpha}=(1,2)$, $\boldsymbol{\beta}=(-2,1)$, 如图 5.9.

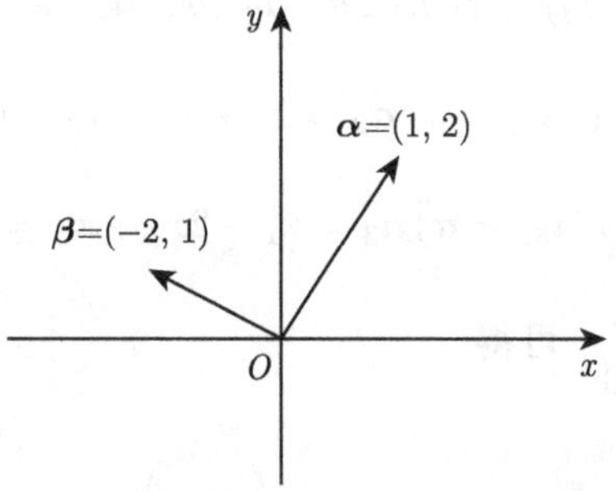

图 5.9 两个正交 (垂直) 的二维向量

零向量与任何向量正交. 若 $(\boldsymbol{\alpha},\boldsymbol{\beta})=0$, 则 $(\lambda\boldsymbol{\alpha},\mu\boldsymbol{\beta})=0$. 特别地, 对于非零向量 $\boldsymbol{\alpha}$ 和 $\boldsymbol{\beta}$, 若 $(\boldsymbol{\alpha},\boldsymbol{\beta})=0$, 则

$$\left(\frac{1}{\|\boldsymbol{\alpha}\|}\boldsymbol{\alpha},\frac{1}{\|\boldsymbol{\beta}\|}\boldsymbol{\beta}\right)=0.$$

两两正交的向量组称为正交向量组, 按这种较自然的一种定义方式, 正交向量组中可以含零向量.

定理 1 不含零向量的正交向量组是线性无关的.

证明 设 $\boldsymbol{\alpha}_1,\boldsymbol{\alpha}_2,\cdots,\boldsymbol{\alpha}_r$ 是正交向量组, 且 $\boldsymbol{\alpha}_i\neq\mathbf{0}(i=1,2,\cdots,r)$, 则有 $(\boldsymbol{\alpha}_i,\boldsymbol{\alpha}_j)=0,i\neq j$.

若存在一组数 $k_1,k_2,\cdots,k_r$ 使得 $k_1\boldsymbol{\alpha}_1+k_2\boldsymbol{\alpha}_2+\cdots+k_r\boldsymbol{\alpha}_r=\mathbf{0}$, 于是

$$(\mathbf{0},\boldsymbol{\alpha}_i)=0=(k_1\boldsymbol{\alpha}_1+k_2\boldsymbol{\alpha}_2+\cdots+k_r\boldsymbol{\alpha}_r,\boldsymbol{\alpha}_i).$$

根据内积的可加性和数乘性, 有

$$\begin{aligned}&k_1(\boldsymbol{\alpha}_1,\boldsymbol{\alpha}_i)+k_2(\boldsymbol{\alpha}_2,\boldsymbol{\alpha}_i)+\cdots+k_{i-1}(\boldsymbol{\alpha}_{i-1},\boldsymbol{\alpha}_i)+k_i(\boldsymbol{\alpha}_i,\boldsymbol{\alpha}_i)\\&+k_{i+1}(\boldsymbol{\alpha}_{i+1},\boldsymbol{\alpha}_i)+\cdots+k_r(\boldsymbol{\alpha}_r,\boldsymbol{\alpha}_r)=0.\end{aligned}$$

由已知条件知, $k_i(\boldsymbol{\alpha}_i,\boldsymbol{\alpha}_i)=0$. 因为 $\boldsymbol{\alpha}_i\neq\mathbf{0}(i=1,2,\cdots,r)$, 所以 $k_i=0(i=1,2,\cdots,r)$. 因此不含零向量的正交向量组是线性无关的.

例 1　已知 3 维向量空间 $\mathbf{R}^3$ 中两个向量

$$\boldsymbol{a}_1=\begin{pmatrix}1\\1\\1\end{pmatrix},\quad \boldsymbol{a}_2=\begin{pmatrix}1\\-2\\1\end{pmatrix}$$

正交, 试求一个非零向量 $\boldsymbol{a}_3$, 使 $\boldsymbol{a}_1,\boldsymbol{a}_2,\boldsymbol{a}_3$ 两两正交.

分析　显然 $\boldsymbol{a}_1\perp\boldsymbol{a}_2$.

解　设 $\boldsymbol{a}_3=(x_1,x_2,x_3)^{\mathrm{T}}$, 若 $\boldsymbol{a}_1\perp\boldsymbol{a}_3,\boldsymbol{a}_2\perp\boldsymbol{a}_3$, 则

$$(\boldsymbol{a}_1,\boldsymbol{a}_3)=\boldsymbol{a}_1^{\mathrm{T}}\boldsymbol{a}_3=x_1+x_2+x_3=0,$$

$$(\boldsymbol{a}_2,\boldsymbol{a}_3)=\boldsymbol{a}_2^{\mathrm{T}}\boldsymbol{a}_3=x_1-2x_2+x_3=0,$$

且由 $\begin{cases}x_1+x_2+x_3=0,\\x_1-2x_2+x_3=0\end{cases}$ 可得

$$\boldsymbol{A}\boldsymbol{x}=\begin{pmatrix}1&1&1\\1&-2&1\end{pmatrix}\begin{pmatrix}x_1\\x_2\\x_3\end{pmatrix}=\begin{pmatrix}0\\0\end{pmatrix}.$$

对矩阵 $\boldsymbol{A}$ 进行初等变换得

$$\begin{pmatrix}1&1&1\\1&-2&1\end{pmatrix}\xrightarrow{-r_1+r_2}\begin{pmatrix}1&1&1\\0&-3&0\end{pmatrix}\xrightarrow{-\frac{1}{3}r_2}\begin{pmatrix}1&1&1\\0&1&0\end{pmatrix}\xrightarrow{-r_2+r_1}\begin{pmatrix}1&0&1\\0&1&0\end{pmatrix},$$

得 $\begin{cases}x_1=-x_3,\\x_2=0,\end{cases}$ 从而有基础解系 $\begin{pmatrix}-1\\0\\1\end{pmatrix}$, 令 $\boldsymbol{a}_3=\begin{pmatrix}-1\\0\\1\end{pmatrix}$.

知识拓展——使用余弦相似度算法计算文本相似度

余弦相似度算法: 一个向量空间中两个向量夹角间的余弦值可作为衡量两个个体之间差异的大小的量, 余弦值越接近 1, 夹角越趋于 0, 表明两个向量越相似, 余弦值越接近 0, 夹角越趋于 90 度, 表明两个向量越不相似.

下面我们介绍使用余弦相似度计算两段文本的相似度的方法. 思路: ① 分词; ② 列出所有词; ③ 分词编码; ④ 词频向量化; ⑤ 套用余弦函数计算两个句子的相似度.

句子 A: 这只皮靴号码大了, 那只号码合适.

句子 B: 这只皮靴号码不小, 那只更合适.

1. 分词

使用结巴分词对上面两个句子分词后, 分别得到两个列表:

listA = [这, 只, 皮靴, 号码, 大, 了, 那, 只, 号码, 合适],

listB = [这, 只, 皮靴, 号码, 不小, 那, 只, 更合, 合适].

2. 列出所有词

将 listA 和 listB 放在一个集合 set 中, 得到

set = {不小, 了, 合适, 那, 只, 皮靴, 更合, 号码, 这, 大}.

将上述集合转换为分词字典, 其中元素为 set 中的词, 数值为 set 中词出现的位置, 即 "不小: 0" 这样的形式.

dict1={不小: 0, 了: 1, 合适: 2, 那: 3, 只: 4, 皮靴: 5, 更合: 6, 号码: 7, 这: 8, 大: 9}.

可以看出 "不小" 这个词在 set 中排第 1, 下标为 0.

3. 分词编码

将 listA 和 listB 进行编码, 将每个字转换为出现在 set 中的位置, 转换后为

$$\text{listAcode} = [8, 4, 5, 7, 9, 1, 3, 4, 7, 2],$$

$$\text{listBcode} = [8, 4, 5, 7, 0, 3, 4, 6, 2].$$

接下来来分析 listAcode, 结合 dict1, 可以看到 8 对应的字是 "这", 4 对应的字是 "只", 9 对应的字是 "大", 就是句子 A 和句子 B 转换为用数字来表示.

4. 词频向量化

对 listAcode 和 listBcode 进行 oneHot 编码就是计算每个分词出现的次数.

oneHot 编号后得到的结果如下:

$$\text{listAcodeOneHot} = [0,1,1,1,2,1,0,2,1,1],$$
$$\text{listBcodeOneHot} = [1,0,1,1,2,1,1,1,1,0].$$

5. 套用余弦函数计量两个句子的相似度

得出两个句子的词频向量之后, 就变成了计算两个向量之间夹角的余弦值, 值越大相似度越高.

$$\text{listAcodeOneHot} = [0,1,1,1,2,1,0,2,1,1],$$
$$\text{listBcodeOneHot} = [1,0,1,1,2,1,1,1,1,0].$$

$$\frac{0*1+1*0+1*1+1*1+2*2+1*1+0*1+2*1+1*1+1*0}{\sqrt{0^2+1^2+1^2+1^2+2^2+1^2+0^2+2^2+1^2+1^2}\sqrt{1^2+0^2+1^2+1^2+2^2+1^2+1^2+1^2+1^2+0^2}}$$
$$=\frac{10}{\sqrt{14}\sqrt{11}}=0.81,$$

根据余弦相似度, 句子 A 和句子 B 相似度很高.

5.3.2 欧氏空间的定义

定义 4　设 V 是向量空间, 若在 V 上定义了两个向量的内积, 则称 V 为**欧氏空间**(Euclidean space).

由于在欧氏空间 V 中定义了两个向量的内积, 进而有向量长度以及两向量夹角概念.

设 $\boldsymbol{\alpha}_1,\boldsymbol{\alpha}_2,\cdots,\boldsymbol{\alpha}_n$ 是欧氏空间 $V\subset\mathbf{R}^n$ 的一个基, 若满足下列两个条件:

(1) $\boldsymbol{\alpha}_1,\boldsymbol{\alpha}_2,\cdots,\boldsymbol{\alpha}_n$ 是正交向量组;

(2) $\boldsymbol{\alpha}_1,\boldsymbol{\alpha}_2,\cdots,\boldsymbol{\alpha}_n$ 均为单位向量,

则 $\boldsymbol{\alpha}_1,\boldsymbol{\alpha}_2,\cdots,\boldsymbol{\alpha}_n$ 称是欧氏空间 V 的一个**单位正交基**(orthonormal basis) 或标准正交基或规范正交基.

例 2　$\boldsymbol{e}_1=\begin{pmatrix}1\\0\\0\\0\end{pmatrix},\boldsymbol{e}_2=\begin{pmatrix}0\\1\\0\\0\end{pmatrix},\boldsymbol{e}_3=\begin{pmatrix}0\\0\\1\\0\end{pmatrix},\boldsymbol{e}_4=\begin{pmatrix}0\\0\\0\\1\end{pmatrix}$ 是 $\mathbf{R}^4$ 的一个规范正交基;

$$\boldsymbol{e}_1=\begin{pmatrix}\frac{1}{\sqrt{2}}\\\frac{1}{\sqrt{2}}\\0\\0\end{pmatrix},\boldsymbol{e}_2=\begin{pmatrix}\frac{1}{\sqrt{2}}\\-\frac{1}{\sqrt{2}}\\0\\0\end{pmatrix},\boldsymbol{e}_3=\begin{pmatrix}0\\0\\\frac{1}{\sqrt{2}}\\\frac{1}{\sqrt{2}}\end{pmatrix},\boldsymbol{e}_4=\begin{pmatrix}0\\0\\\frac{1}{\sqrt{2}}\\-\frac{1}{\sqrt{2}}\end{pmatrix}$$ 也是 $\mathbf{R}^4$

的一个规范正交基.

$$e_1=\begin{pmatrix}1\\0\\0\\0\end{pmatrix},e_2=\begin{pmatrix}1\\1\\0\\0\end{pmatrix},e_3=\begin{pmatrix}1\\1\\1\\0\end{pmatrix},e_4=\begin{pmatrix}1\\1\\1\\1\end{pmatrix}$$ 是 $\mathbf{R}^4$ 的一个基, 但不是规范正交基.

为何要考虑欧氏空间 V 的单位正交基? 假设 $\boldsymbol{\alpha}_1,\boldsymbol{\alpha}_2,\cdots,\boldsymbol{\alpha}_n$ 是欧氏空间 V 的一个单位正交基, 对于任意向量 $\boldsymbol{\beta}$ 有 $\boldsymbol{\beta}=k_1\boldsymbol{\alpha}_1+k_2\boldsymbol{\alpha}_2+\cdots+k_n\boldsymbol{\alpha}_n$, 对于任意 $i(i=1,2,\cdots,r)$, 因为

$$(\boldsymbol{\beta},\boldsymbol{\alpha}_i)=(k_1\boldsymbol{\alpha}_1+k_2\boldsymbol{\alpha}_2+\cdots+k_n\boldsymbol{\alpha}_n,\boldsymbol{\alpha}_i)=k_i,$$

所以 $k_1,k_2,\cdots,k_n$ 的计算较简单. 若 $\boldsymbol{\alpha}_1,\boldsymbol{\alpha}_2,\cdots,\boldsymbol{\alpha}_n$ 是 V 的基而不是 V 的单位正交基, 要得出 $k_1,k_2,\cdots,k_n$ 需要求解线性方程组.

设 $\boldsymbol{\alpha}_1,\boldsymbol{\alpha}_2,\cdots,\boldsymbol{\alpha}_r$ 是线性无关的向量组, 则由 $\boldsymbol{\alpha}_1,\boldsymbol{\alpha}_2,\cdots,\boldsymbol{\alpha}_r$ 生成一个向量空间 V, 假定在 V 上定义了两个向量的内积, 显然 $\boldsymbol{\alpha}_1,\boldsymbol{\alpha}_2,\cdots,\boldsymbol{\alpha}_r$ 是 V 的基. 如何根据 $\boldsymbol{\alpha}_1,\boldsymbol{\alpha}_2,\cdots,\boldsymbol{\alpha}_r$ 得出 V 的单位正交基?

简言之, 就是要根据线性无关的向量组 $\boldsymbol{\alpha}_1,\boldsymbol{\alpha}_2,\cdots,\boldsymbol{\alpha}_r$, 得出一个单位正交向量组 $\boldsymbol{e}_1,\boldsymbol{e}_2,\cdots,\boldsymbol{e}_r$, 使其与 $\boldsymbol{\alpha}_1,\boldsymbol{\alpha}_2,\cdots,\boldsymbol{\alpha}_r$ 等价.

现对 $\mathbf{R}^2$ 中两个线性无关的向量组 $\boldsymbol{\alpha}_1,\boldsymbol{\alpha}_2$ 做一个简单的分析如下:

关键是找出与 $\boldsymbol{\alpha}_1,\boldsymbol{\alpha}_2$ 等价的正交向量组 $\boldsymbol{\beta}_1,\boldsymbol{\beta}_2$. 再分别将 $\boldsymbol{\beta}_1,\boldsymbol{\beta}_2$ 单位化得 $\boldsymbol{e}_1,\boldsymbol{e}_2$. 由于 $\boldsymbol{\alpha}_1,\boldsymbol{\alpha}_2$ 与 $\boldsymbol{\beta}_1,\boldsymbol{\beta}_2$ 等价, 容易知道 $\boldsymbol{e}_1,\boldsymbol{e}_2$ 与 $\boldsymbol{\alpha}_1,\boldsymbol{\alpha}_2$ 等价.

不妨取 $\boldsymbol{\beta}_1=\boldsymbol{\alpha}_1$. 由于 $\boldsymbol{\alpha}_1,\boldsymbol{\alpha}_2$ 线性无关, $\boldsymbol{\beta}_1$ 和 $\boldsymbol{\alpha}_2$ 确定一个平面, 与 $\boldsymbol{\beta}_1$ 正交的向量可在该平面内与 $\boldsymbol{\beta}_1$ 垂直的方向上找. 为了保证 $\boldsymbol{\alpha}_2$ 可由 $\boldsymbol{\beta}_1,\boldsymbol{\beta}_2$ 线性表示, 将 $\boldsymbol{\alpha}_2$ 往 $\boldsymbol{\beta}_1,\boldsymbol{\beta}_2$ 这两个互相垂直的方向上分解 (图 5.10).

$$\boldsymbol{\alpha}_2=k\boldsymbol{\beta}_1+\boldsymbol{\beta}_2\Rightarrow\boldsymbol{\beta}_2=\boldsymbol{\alpha}_2-k\boldsymbol{\beta}_1,$$

$$\begin{aligned}(\boldsymbol{\beta}_2,\boldsymbol{\beta}_1)=0\Rightarrow 0&=(\boldsymbol{\alpha}_2,\boldsymbol{\beta}_1)-k(\boldsymbol{\beta}_1,\boldsymbol{\beta}_1)\\&\Rightarrow k=\frac{(\boldsymbol{\alpha}_2,\boldsymbol{\beta}_1)}{(\boldsymbol{\beta}_1,\boldsymbol{\beta}_1)},\end{aligned}$$

$$\boldsymbol{\beta}_1=\boldsymbol{\alpha}_1\Rightarrow\boldsymbol{e}_1,$$

$$\boldsymbol{\beta}_2=\boldsymbol{\alpha}_2-\frac{(\boldsymbol{\alpha}_2,\boldsymbol{\beta}_1)}{(\boldsymbol{\beta}_1,\boldsymbol{\beta}_1)}\boldsymbol{\beta}_1\Rightarrow\boldsymbol{e}_2.$$

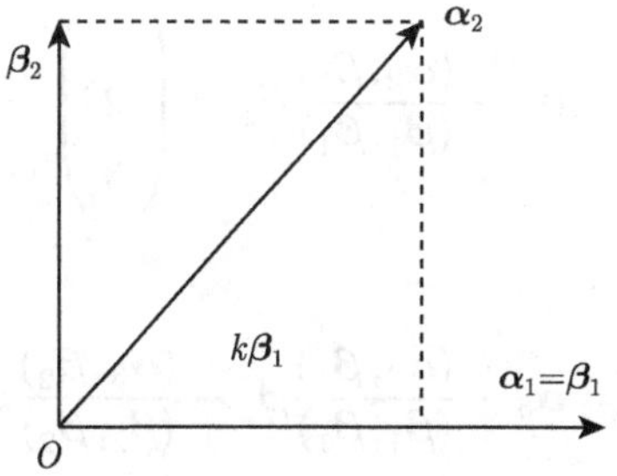

图 5.10 垂直分解

对于线性无关的向量组 $\boldsymbol{\alpha}_1,\boldsymbol{\alpha}_2,\cdots,\boldsymbol{\alpha}_r$, 得出一个单位正交向量组 $\boldsymbol{e}_1,\boldsymbol{e}_2,\cdots,$

$\boldsymbol{e}_r$, 使其与 $\boldsymbol{\alpha}_1,\boldsymbol{\alpha}_2,\cdots,\boldsymbol{\alpha}_r$ 等价的步骤如下.

第一步　正交化.

$$\begin{aligned}
&\boldsymbol{\beta}_1=\boldsymbol{\alpha}_1,\\
&\boldsymbol{\beta}_2=\boldsymbol{\alpha}_2-\frac{(\boldsymbol{\alpha}_2,\boldsymbol{\beta}_1)}{(\boldsymbol{\beta}_1,\boldsymbol{\beta}_1)}\boldsymbol{\beta}_1,\\
&\cdots\cdots\\
&\boldsymbol{\beta}_r=\boldsymbol{\alpha}_r-\frac{(\boldsymbol{\alpha}_r,\boldsymbol{\beta}_1)}{(\boldsymbol{\beta}_1,\boldsymbol{\beta}_1)}\boldsymbol{\beta}_1-\frac{(\boldsymbol{\alpha}_r,\boldsymbol{\beta}_2)}{(\boldsymbol{\beta}_2,\boldsymbol{\beta}_2)}\boldsymbol{\beta}_2-\cdots-\frac{(\boldsymbol{\alpha}_r,\boldsymbol{\beta}_{r-1})}{(\boldsymbol{\beta}_{r-1},\boldsymbol{\beta}_{r-1})}\boldsymbol{\beta}_{r-1}.
\end{aligned}$$

第二步　单位化. 将 $\boldsymbol{\beta}_1,\boldsymbol{\beta}_2,\cdots,\boldsymbol{\beta}_r$ 单位化, 得

$$\boldsymbol{e}_1=\frac{\boldsymbol{\beta}_1}{\|\boldsymbol{\beta}_1\|},\boldsymbol{e}_2=\frac{\boldsymbol{\beta}_2}{\|\boldsymbol{\beta}_2\|},\cdots,\boldsymbol{e}_r=\frac{\boldsymbol{\beta}_r}{\|\boldsymbol{\beta}_r\|}.$$

上述方法称为**格拉姆–施密特方法**(Gram-Schmidt method), 简称为施密特方法, 包括了**正交化**(orthogonalizing) 和**单位化**(normalizing) 两个步骤.

说明　求标准正交组的过程为先正交化, 再单位化.

例 3　已知线性无关的向量组

$$\boldsymbol{\alpha}_1=\begin{pmatrix}1\\1\\1\end{pmatrix},\quad \boldsymbol{\alpha}_2=\begin{pmatrix}1\\2\\3\end{pmatrix},\quad \boldsymbol{\alpha}_3=\begin{pmatrix}1\\4\\9\end{pmatrix},$$

用施密特方法将其单位正交化.

解　先正交化. 取

$$\boldsymbol{\beta}_1=\boldsymbol{\alpha}_1=\begin{pmatrix}1\\1\\1\end{pmatrix},$$

$$\boldsymbol{\beta}_2=\boldsymbol{\alpha}_2-\frac{(\boldsymbol{\alpha}_2,\boldsymbol{\beta}_1)}{(\boldsymbol{\beta}_1,\boldsymbol{\beta}_1)}\boldsymbol{\beta}_1=\begin{pmatrix}1\\2\\3\end{pmatrix}-\frac{6}{3}\begin{pmatrix}1\\1\\1\end{pmatrix}=\begin{pmatrix}-1\\0\\1\end{pmatrix},$$

$$\boldsymbol{\beta}_3=\boldsymbol{\alpha}_3-\frac{(\boldsymbol{\alpha}_3,\boldsymbol{\beta}_1)}{(\boldsymbol{\beta}_1,\boldsymbol{\beta}_1)}\boldsymbol{\beta}_1-\frac{(\boldsymbol{\alpha}_3,\boldsymbol{\beta}_2)}{(\boldsymbol{\beta}_2,\boldsymbol{\beta}_2)}\boldsymbol{\beta}_2=\begin{pmatrix}1\\4\\9\end{pmatrix}-\frac{14}{3}\begin{pmatrix}1\\1\\1\end{pmatrix}-\frac{8}{2}\begin{pmatrix}-1\\0\\1\end{pmatrix}=\begin{pmatrix}\frac{1}{3}\\-\frac{2}{3}\\\frac{1}{3}\end{pmatrix}.$$

再单位化, 得

$$e_1=\frac{1}{\|\beta_1\|}\beta_1=\frac{1}{\sqrt{3}}\begin{pmatrix}1\\1\\1\end{pmatrix}=\begin{pmatrix}\frac{1}{\sqrt{3}}\\\frac{1}{\sqrt{3}}\\\frac{1}{\sqrt{3}}\end{pmatrix},$$

$$e_2=\frac{1}{\|\beta_2\|}\beta_2=\frac{1}{\sqrt{2}}\begin{pmatrix}-1\\0\\1\end{pmatrix}=\begin{pmatrix}-\frac{1}{\sqrt{2}}\\0\\\frac{1}{\sqrt{2}}\end{pmatrix},$$

$$e_3=\frac{1}{\|\beta_3\|}\beta_3=\begin{pmatrix}\frac{\sqrt{6}}{6}\\-\frac{\sqrt{6}}{3}\\\frac{\sqrt{6}}{6}\end{pmatrix}.$$

例 4 已知向量 $\alpha_1=\begin{pmatrix}1\\-1\\-1\end{pmatrix}$, 求非零向量 α_2,α_3, 使 $\alpha_1,\alpha_2,\alpha_3$ 是正交向量组.

解 由题意 $\alpha_1,\alpha_2,\alpha_3$ 是正交向量组可知, 向量 α_2,α_3 的分量 x_1,x_2,x_3 应满足 $x_1-x_2-x_3=0$, 其基础解系为

$$\xi_2=\begin{pmatrix}1\\1\\0\end{pmatrix},\quad \xi_3=\begin{pmatrix}1\\0\\1\end{pmatrix}.$$

将 ξ_2,ξ_3 正交化, 得

$$\alpha_2=\xi_2=\begin{pmatrix}1\\1\\0\end{pmatrix},$$

$$\alpha_3=\xi_3-\frac{(\xi_3,\alpha_2)}{(\alpha_2,\alpha_2)}\alpha_2=\begin{pmatrix}1\\0\\1\end{pmatrix}-\frac{1}{2}\begin{pmatrix}1\\1\\0\end{pmatrix}=\begin{pmatrix}\frac{1}{2}\\-\frac{1}{2}\\1\end{pmatrix}.$$

数学家介绍

图5.11　施瓦茨

施瓦茨 (H. A. Schwarz, 1843~1921), 法国数学家, 生于西里西亚的赫姆斯多夫, 卒于柏林 (图 5.11). 1860 年进入柏林工业学院学习化学, 后来受库默尔和魏尔斯特拉斯影响转而攻读数学.

施瓦茨的数学成就, 主要涉及分析学、微分方程、几何学等领域. 在《纪念文集》① 中论证了所谓范数的 "施瓦茨不等式", 该式已成为函数论的重要工具.

施瓦茨是继克罗内克、库默尔和魏尔斯特拉斯等之后德国数学界的领导人之一, 对 20 世纪初期的数学发展做出了重要贡献.

5.3.3　正交矩阵

与单位正交向量组密切相关的概念是正交矩阵.

定义 5　设 $\boldsymbol{A}$ 是 n 阶方阵, 若

$$\boldsymbol{A}^{\mathrm{T}}\boldsymbol{A} = \boldsymbol{E},$$

则称 $\boldsymbol{A}$ 是**正交矩阵**(orthogonal matrix).

例如, 单位矩阵 $\boldsymbol{E}$ 为正交矩阵.

再如, 矩阵 $\boldsymbol{Q} = \begin{pmatrix} \cos\theta & -\sin\theta \\ \sin\theta & \cos\theta \end{pmatrix}$ 也为正交矩阵.

$$\boldsymbol{Q}^{\mathrm{T}}\boldsymbol{Q} = \begin{pmatrix} \cos\theta & \sin\theta \\ -\sin\theta & \cos\theta \end{pmatrix}\begin{pmatrix} \cos\theta & -\sin\theta \\ \sin\theta & \cos\theta \end{pmatrix} = \begin{pmatrix} 1 & 0 \\ 0 & 1 \end{pmatrix} = \boldsymbol{E}.$$

由定义 5, 可以很容易地得出一些关于正交矩阵的如下结论:

(1) $\boldsymbol{A}$ 为正交矩阵的充要条件是 $\boldsymbol{A}^{-1} = \boldsymbol{A}^{\mathrm{T}}$;

(2) 正交矩阵的逆矩阵是正交矩阵;

(3) 两个正交矩阵的乘积是正交矩阵;

(4) 正交矩阵是满秩的且 $|\boldsymbol{A}| = 1$ 或 -1.

① Schwarz, Hermann Amandus. Über ein die Flächen kleinsten Flächeninhalts betreffendes Problem der Variationsrechnung: Festschrift zum Jubelgeburtstage des Herrn Karl Weierstrass. Druckerei der Finnischen Literatur-Gesellschaft, 1885.

性质 1 设 $\boldsymbol{A}$ 为 n 阶实矩阵, 则 $\boldsymbol{A}$ 为正交矩阵的充分必要条件是其列 (行) 向量组是标准正交向量组.

证明 设 $\boldsymbol{A}=(\boldsymbol{\alpha}_1,\boldsymbol{\alpha}_2,\cdots,\boldsymbol{\alpha}_n)$, 其中 $\boldsymbol{\alpha}_1,\boldsymbol{\alpha}_2,\cdots,\boldsymbol{\alpha}_n$ 为 $\boldsymbol{A}$ 的列向量组, 则 $\boldsymbol{A}^{\mathrm{T}}$ 的行向量组为 $\boldsymbol{\alpha}_1^{\mathrm{T}},\boldsymbol{\alpha}_2^{\mathrm{T}},\cdots,\boldsymbol{\alpha}_n^{\mathrm{T}}$, 于是

$$\begin{pmatrix} 1 & & & \\ & 1 & & \\ & & \ddots & \\ & & & 1 \end{pmatrix} = \boldsymbol{A}^{\mathrm{T}}\boldsymbol{A} = \begin{pmatrix} \boldsymbol{\alpha}_1^{\mathrm{T}} \\ \boldsymbol{\alpha}_2^{\mathrm{T}} \\ \vdots \\ \boldsymbol{\alpha}_n^{\mathrm{T}} \end{pmatrix} (\boldsymbol{\alpha}_1,\boldsymbol{\alpha}_2,\cdots,\boldsymbol{\alpha}_n)$$

$$= \begin{pmatrix} \boldsymbol{\alpha}_1^{\mathrm{T}}\boldsymbol{\alpha}_1 & \boldsymbol{\alpha}_1^{\mathrm{T}}\boldsymbol{\alpha}_2 & \cdots & \boldsymbol{\alpha}_1^{\mathrm{T}}\boldsymbol{\alpha}_n \\ \boldsymbol{\alpha}_2^{\mathrm{T}}\boldsymbol{\alpha}_1 & \boldsymbol{\alpha}_2^{\mathrm{T}}\boldsymbol{\alpha}_2 & \cdots & \boldsymbol{\alpha}_2^{\mathrm{T}}\boldsymbol{\alpha}_n \\ \vdots & \vdots & & \vdots \\ \boldsymbol{\alpha}_n^{\mathrm{T}}\boldsymbol{\alpha}_1 & \boldsymbol{\alpha}_n^{\mathrm{T}}\boldsymbol{\alpha}_2 & \cdots & \boldsymbol{\alpha}_n^{\mathrm{T}}\boldsymbol{\alpha}_n \end{pmatrix}.$$

显然, 若 $\boldsymbol{A}$ 为正交矩阵, 则 $\boldsymbol{\alpha}_1,\boldsymbol{\alpha}_2,\cdots,\boldsymbol{\alpha}_n$ 为标准正交向量组; 若 $\boldsymbol{\alpha}_1,\boldsymbol{\alpha}_2,\cdots,\boldsymbol{\alpha}_n$ 为标准正交向量组, 则 $\boldsymbol{A}$ 为正交矩阵. $\boldsymbol{A}$ 的行向量组的证明类似, 故略.

$\boldsymbol{A}$ 是正交矩阵的充要条件是 $\boldsymbol{A}$ 的列 (或行) 向量组是单位正交向量组.

例 5 判断矩阵 $\boldsymbol{A}=\begin{pmatrix} -\frac{1}{2} & \frac{1}{2} & \frac{1}{2} & -\frac{1}{2} \\ -\frac{1}{2} & -\frac{1}{2} & \frac{1}{2} & \frac{1}{2} \\ \frac{1}{\sqrt{2}} & 0 & \frac{1}{\sqrt{2}} & 0 \\ 0 & \frac{1}{\sqrt{2}} & 0 & \frac{1}{\sqrt{2}} \end{pmatrix}$ 是否是正交矩阵?

解 显然 $\boldsymbol{A}$ 的列 (或行) 向量组是单位正交向量组, 故 $\boldsymbol{A}$ 是正交矩阵.

结合内积的知识, 若 $\boldsymbol{A}$ 是正交矩阵, 则有

(1) $(\boldsymbol{Ax},\boldsymbol{Ay})=(\boldsymbol{x},\boldsymbol{y})$;

(2) $||\boldsymbol{Ax}||=||\boldsymbol{x}||$;

(3) $(\boldsymbol{Ax},\boldsymbol{Ay})=0 \Leftrightarrow (\boldsymbol{x},\boldsymbol{y})=0$.

5.4　实对称矩阵的对角化与二次型的标准形

5.4.1　化二次型为标准形

在 5.1.3 小节我们已学过由变量 $y_1, y_2, \cdots, y_n$ 到 $x_1, x_2, \cdots, x_n$ 的线性变换

$$\begin{cases} x_1 = p_{11}y_1 + p_{12}y_2 + \cdots + p_{1n}y_n \\ x_2 = p_{21}y_1 + p_{22}y_2 + \cdots + p_{2n}y_n \\ \qquad\cdots\cdots \\ x_n = p_{n1}y_1 + p_{n2}y_2 + \cdots + p_{nn}y_n \end{cases}$$

$$\Leftrightarrow \begin{pmatrix} x_1 \\ x_2 \\ \vdots \\ x_n \end{pmatrix} = \begin{pmatrix} p_{11} & p_{12} & \cdots & p_{1n} \\ p_{21} & p_{22} & \cdots & p_{2n} \\ \vdots & \vdots & & \vdots \\ p_{n1} & p_{n2} & \cdots & p_{nn} \end{pmatrix} \begin{pmatrix} y_1 \\ y_2 \\ \vdots \\ y_n \end{pmatrix},$$

记作 $\boldsymbol{X} = \boldsymbol{PY}$, 若 $|\boldsymbol{P}| \neq 0$, 则上述线性变换称为可逆 (满秩) 线性变换.

问题　如何找一个可逆线性变换 $\boldsymbol{X} = \boldsymbol{PY}$, 使得将其代入二次型后, 得到新的二次型只含变量的平方项的形式 (标准形).

现将 $\boldsymbol{X} = \boldsymbol{PY}$ 代入二次型, 得

$$f(x_1, x_2, \cdots, x_n) = \boldsymbol{X}^{\mathrm{T}}\boldsymbol{AX} \xlongequal{\boldsymbol{X}=\boldsymbol{PY}} (\boldsymbol{PY})^{\mathrm{T}}\boldsymbol{A}(\boldsymbol{PY}) = \boldsymbol{Y}^{\mathrm{T}}(\boldsymbol{P}^{\mathrm{T}}\boldsymbol{AP})\boldsymbol{Y}.$$

上式右端是关于变量 $y_1, y_2, \cdots, y_n$ 的二次型. 设其化成了标准形:

$$\begin{aligned} & d_1y_1^2 + d_2y_2^2 + \cdots + d_ny_n^2 \\ = & (y_1, y_2, \cdots, y_n) \begin{pmatrix} d_1 & 0 & \cdots & 0 \\ 0 & d_2 & \cdots & 0 \\ \vdots & \vdots & & \vdots \\ 0 & 0 & \cdots & d_n \end{pmatrix} \begin{pmatrix} y_1 \\ y_2 \\ \vdots \\ y_n \end{pmatrix} = \boldsymbol{Y}^{\mathrm{T}}\boldsymbol{\Lambda Y}, \end{aligned}$$

比较两端得 $\boldsymbol{P}^{\mathrm{T}}\boldsymbol{AP} = \boldsymbol{\Lambda}$·

那么, 这个 $\boldsymbol{P}$ 存在吗?

分析　(1) 若 $\boldsymbol{A}$ 有 n 个线性无关的特征向量 $\boldsymbol{x}_1, \boldsymbol{x}_2, \cdots, \boldsymbol{x}_n$, 令

$$\boldsymbol{P} = (\boldsymbol{x}_1, \boldsymbol{x}_2, \cdots, \boldsymbol{x}_n),$$

则有 $\boldsymbol{P}^{-1}\boldsymbol{AP} = \boldsymbol{\Lambda}$.

(2) 若 $\boldsymbol{x}_1, \boldsymbol{x}_2, \cdots, \boldsymbol{x}_n$ 已是标准正交向量组, 则 $\boldsymbol{P}$ 为正交矩阵, 于是

$$\boldsymbol{P}^{-1}\boldsymbol{A}\boldsymbol{P} = \boldsymbol{P}^{\mathrm{T}}\boldsymbol{A}\boldsymbol{P} = \boldsymbol{\Lambda}.$$

问题最终归结为: 方阵 $\boldsymbol{A}$ 是否有 n 个标准正交的特征向量?

定理 1 实对称矩阵的特征值是实数；实对称矩阵 $\boldsymbol{A}$ 的 k 重特征值 λ_i 对应 k 个线性无关的特征向量.

实对称矩阵一定有 n 个线性无关的特征向量, 即一定可以对角化.

实二次型与实对称矩阵相对应. 任何实对称矩阵均可对角化.

5.4.2 实对称矩阵的对角化

不仅实对称矩阵的特征值是实数, 而且有如下定理.

定理 2 实对称矩阵对应于不同特征值的特征向量是正交的.

证明 设 $\boldsymbol{A}$ 是实对称矩阵, λ_1 和 λ_2 是 $\boldsymbol{A}$ 的两个不同特征值, $\boldsymbol{p}_1$ 和 $\boldsymbol{p}_2$ 是对应的特征向量, 这时 $\boldsymbol{A}\boldsymbol{p}_1 = \lambda_1\boldsymbol{p}_1, \boldsymbol{A}\boldsymbol{p}_2 = \lambda_2\boldsymbol{p}_2$.

由于 $\boldsymbol{A}$ 对称, 所以 $\lambda_1\boldsymbol{p}_1^{\mathrm{T}} = (\lambda_1\boldsymbol{p}_1)^{\mathrm{T}} = (\boldsymbol{A}\boldsymbol{p}_1)^{\mathrm{T}} = \boldsymbol{p}_1^{\mathrm{T}}\boldsymbol{A}$. 于是

$$\lambda_1\boldsymbol{p}_1^{\mathrm{T}}\boldsymbol{p}_2 = \boldsymbol{p}_1^{\mathrm{T}}\boldsymbol{A}\boldsymbol{p}_2 = \boldsymbol{p}_1^{\mathrm{T}}(\lambda_2\boldsymbol{p}_2) = \lambda_2\boldsymbol{p}_1^{\mathrm{T}}\boldsymbol{p}_2,$$

$$(\lambda_1 - \lambda_2)\boldsymbol{p}_1^{\mathrm{T}}\boldsymbol{p}_2 = 0 \Rightarrow \boldsymbol{p}_1^{\mathrm{T}}\boldsymbol{p}_2 = 0,$$

所以, $\boldsymbol{p}_1$ 和 $\boldsymbol{p}_2$ 正交.

例 1 设三阶实对称矩阵 $\boldsymbol{A}$ 的特征值为 $\lambda_1 = 6, \lambda_2 = \lambda_3 = 3$, 与特征值 λ_1 对应的特征向量为 $\boldsymbol{p}_1 = \begin{pmatrix} 1 \\ 1 \\ 1 \end{pmatrix}$, 求与特征值 $\lambda_2 = \lambda_3 = 3$ 对应的特征向量.

解 设与特征值 $\lambda_2 = \lambda_3 = 3$ 对应的线性无关的特征向量为 $\boldsymbol{p}_2$ 和 $\boldsymbol{p}_3$, 则 $(\boldsymbol{p}_1, \boldsymbol{p}_2) = 0, (\boldsymbol{p}_1, \boldsymbol{p}_3) = 0$, 于是 $\boldsymbol{p}_2$ 和 $\boldsymbol{p}_3$ 是 $x_1 + x_2 + x_3 = 0$ 的基础解系

$$\boldsymbol{p}_2 = \begin{pmatrix} 1 \\ 0 \\ -1 \end{pmatrix}, \quad \boldsymbol{p}_3 = \begin{pmatrix} 0 \\ 1 \\ -1 \end{pmatrix}.$$

因此, 与特征值 $\lambda_2 = \lambda_3 = 3$ 对应的特征向量为

$$k_2\boldsymbol{p}_2 + k_3\boldsymbol{p}_3 = k_2\begin{pmatrix} 1 \\ 0 \\ -1 \end{pmatrix} + k_3\begin{pmatrix} 0 \\ 1 \\ -1 \end{pmatrix},$$

其中 k_2, k_3 不全为 0.

对于实对称矩阵 $\boldsymbol{A}$ 的对应于重数为 d 的特征值, 必存在 d 个线性无关的特征向量, 它们就是齐次线性方程组 $(\boldsymbol{A}-\lambda\boldsymbol{E})\boldsymbol{x}=\boldsymbol{0}$ 的基础解系. 将其单位正交化, 就得到 $\boldsymbol{A}$ 的对应于特征值的两两正交的单位特征向量. 再由定理 1 知, n 阶实对称矩阵 $\boldsymbol{A}$ 必存在 n 个两两正交的单位特征向量, 以它们为列向量构成矩阵 $\boldsymbol{P}$, 则 $\boldsymbol{P}$ 是正交矩阵. 以 $\boldsymbol{P}$ 的列向量作为坐标轴, 称为主轴, 二次型有最简单的形式, 于是有下面的主轴定理.

定理 3 (主轴定理) 设$\boldsymbol{A}$是 n 阶实对称矩阵, 则存在正交矩阵$\boldsymbol{P}$使得 $\boldsymbol{P}^{-1}\boldsymbol{AP}=\boldsymbol{P}^{\mathrm{T}}\boldsymbol{AP}=\operatorname{diag}(\lambda_1,\lambda_2,\cdots,\lambda_n)$, 其中 $(\lambda_1,\lambda_2,\cdots,\lambda_n)$ 是 $\boldsymbol{A}$ 的全部特征值.

之所以称为主轴定理, 是因为只要将正交矩阵 $\boldsymbol{P}$ 的 n 个列向量作为 “轴”, 则二次型在新坐标系下就只含有平方项, 而不含有交叉项.

显然, 任何实对称矩阵, 既相似于一个对角矩阵, 又合同于一个对角矩阵.

由上述定理知, 任何 n 阶实对称矩阵 $\boldsymbol{A}$ 均可对角化, 其步骤如下:

(1) 求实对称矩阵 $\boldsymbol{A}$ 的全部特征值, 即求解特征方程 $|\boldsymbol{A}-\lambda\boldsymbol{E}|=0$ 的全部根;

(2) 将每一个特征值分别代入 $(\boldsymbol{A}-\lambda\boldsymbol{E})\boldsymbol{x}=\boldsymbol{0}$, 将基础解系正交单位化;

(3) 以这 n 个两两正交的单位特征向量为列向量构成正交矩阵 $\boldsymbol{P}$, 这时 $\boldsymbol{P}^{-1}\boldsymbol{AP}=\boldsymbol{P}^{\mathrm{T}}\boldsymbol{AP}=\boldsymbol{\Lambda}$, 其中对角方阵 $\boldsymbol{\Lambda}$ 的元素排列顺序依次与 $\boldsymbol{P}$ 的列向量的排列一致.

例 2 设 $\boldsymbol{A}=\begin{pmatrix}1&-2&2\\-2&4&-4\\2&-4&4\end{pmatrix}$, 求一个正交矩阵 $\boldsymbol{P}$ 将其对角化.

解 由 $|\boldsymbol{A}-\lambda\boldsymbol{E}|=\det\begin{pmatrix}1-\lambda&-2&2\\-2&4-\lambda&-4\\2&-4&4-\lambda\end{pmatrix}=\lambda^2(9-\lambda)$, 得 $\boldsymbol{A}$ 的特征值为 0, 0, 9.

当 $\lambda=0$ 时, 齐次线性方程组 $(\boldsymbol{A}-0\boldsymbol{E})\boldsymbol{x}=\boldsymbol{0}$ 的基础解系为

$$\boldsymbol{\xi}_1=\begin{pmatrix}2\\1\\0\end{pmatrix},\quad \boldsymbol{\xi}_2=\begin{pmatrix}-2\\0\\1\end{pmatrix}.$$

将其正交化, 得

$$\boldsymbol{\beta}_1=\boldsymbol{\xi}_1=\begin{pmatrix}2\\1\\0\end{pmatrix},$$

$$\boldsymbol{\beta}_2=\boldsymbol{\xi}_2-\frac{(\boldsymbol{\xi}_2,\boldsymbol{\beta}_1)}{(\boldsymbol{\beta}_1,\boldsymbol{\beta}_1)}\boldsymbol{\beta}_1=\begin{pmatrix}-\frac{2}{5}\\ \frac{4}{5}\\ 1\end{pmatrix}.$$

再单位化, 得

$$\boldsymbol{e}_1=\frac{\boldsymbol{\beta}_1}{\|\boldsymbol{\beta}_1\|}=\begin{pmatrix}\frac{2}{\sqrt{5}}\\ \frac{1}{\sqrt{5}}\\ 0\end{pmatrix},\quad \boldsymbol{e}_2=\frac{\boldsymbol{\beta}_2}{\|\boldsymbol{\beta}_2\|}=\begin{pmatrix}\frac{-2}{3\sqrt{5}}\\ \frac{4}{3\sqrt{5}}\\ \frac{5}{3\sqrt{5}}\end{pmatrix}.$$

当 $\lambda=9$ 时, 齐次线性方程组 $(\boldsymbol{A}-9\boldsymbol{E})\boldsymbol{x}=\boldsymbol{0}$ 的基础解系为

$$\boldsymbol{\xi}_3=\begin{pmatrix}1\\ -2\\ 2\end{pmatrix}.$$

单位化, 得

$$\boldsymbol{e}_3=\frac{\boldsymbol{\xi}_3}{\|\boldsymbol{\xi}_3\|}=\begin{pmatrix}\frac{1}{3}\\ \frac{-2}{3}\\ \frac{2}{3}\end{pmatrix}.$$

取

$$\boldsymbol{P}=\begin{pmatrix}\frac{2}{\sqrt{5}} & \frac{-2}{3\sqrt{5}} & \frac{1}{3}\\ \frac{1}{\sqrt{5}} & \frac{4}{3\sqrt{5}} & \frac{-2}{3}\\ 0 & \frac{5}{3\sqrt{5}} & \frac{2}{3}\end{pmatrix},$$

则

$$\boldsymbol{P}^{-1}\boldsymbol{A}\boldsymbol{P}=\boldsymbol{P}^{\mathrm{T}}\boldsymbol{A}\boldsymbol{P}=\begin{pmatrix}0 & & \\ & 0 & \\ & & 9\end{pmatrix}.$$

5.4.3 正交变换与二次型的标准形

定义 1 对于线性变换

$$\boldsymbol{x}=\boldsymbol{P}\boldsymbol{y},$$

若 $\boldsymbol{P}$ 是正交矩阵, 则称 $\boldsymbol{x}=\boldsymbol{P}\boldsymbol{y}$ 是**正交变换**(orthogonal transformation).

正交变换的一条重要性质是: 正交变换保持向量的长度不变, 是因为

$$\|\boldsymbol{x}\|=\sqrt{\boldsymbol{x}^{\mathrm{T}}\boldsymbol{x}}=\sqrt{(\boldsymbol{P}\boldsymbol{y})^{\mathrm{T}}(\boldsymbol{P}\boldsymbol{y})}=\sqrt{\boldsymbol{y}^{\mathrm{T}}(\boldsymbol{P}^{\mathrm{T}}\boldsymbol{P})\boldsymbol{y}}=\sqrt{\boldsymbol{y}^{\mathrm{T}}\boldsymbol{y}}=\|\boldsymbol{y}\|.$$

由于正交变换保持向量的长度不变, 进而正交变换保持图形的形状也不变, 这是正交变换的优良特性, 也是它与一般的可逆线性变换的不同之处. 根据定理 1 知, 对于任意二次型 f, 必存在一个正交变换, 将 f 标准化 (图 5.12 和图 5.13), 且标准形中平方项的系数为二次型 f 的矩阵的特征值.

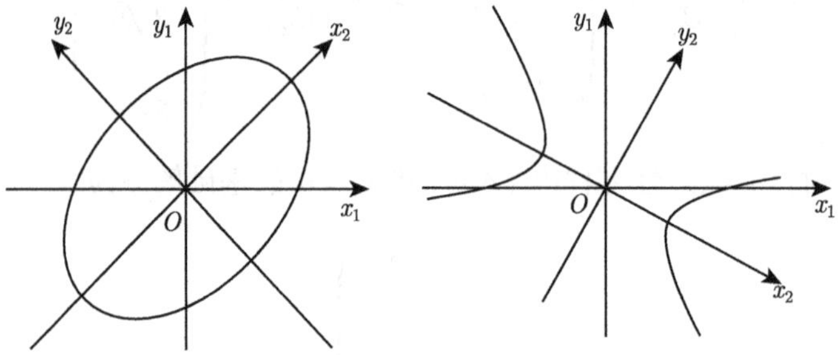

(a) $5x_1^2-4x_1y_1+5y_1^2=48$ (b) $x_1^2-8x_1y_1-5y_1^2=16$

图 5.12 不在标准位置上的椭圆和双曲线

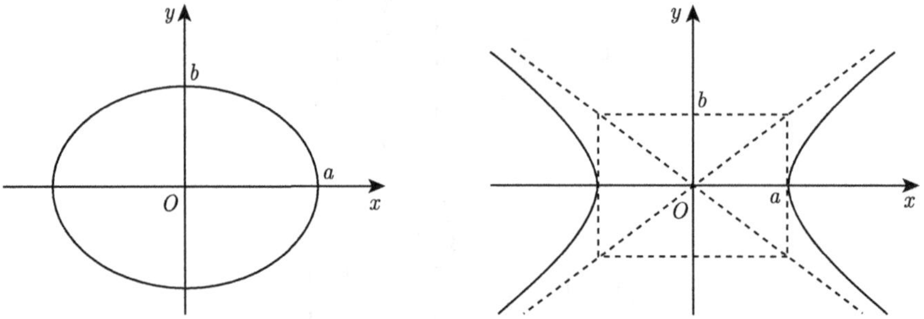

$\frac{x^2}{a^2}+\frac{y^2}{b^2}=1,\ a>b>0$ $\frac{x^2}{a^2}-\frac{y^2}{b^2}=1,\ a>b>0$

椭圆 双曲线

图 5.13 在标准位置上的椭圆和双曲线

例 3 求一个正交变换, 将二次曲面

$$3x^2+5y^2+5z^2+4xy-4xz-10yz=1$$

化成标准方程.

解 方程左边是一个二次型, 其对应的矩阵为

$$\begin{pmatrix} 3 & 2 & -2 \\ 2 & 5 & -5 \\ -2 & -5 & 5 \end{pmatrix}.$$

由

$$|\boldsymbol{A}-\lambda\boldsymbol{E}| = \det\begin{pmatrix} 3-\lambda & 2 & -2 \\ 2 & 5-\lambda & -5 \\ -2 & -5 & 5-\lambda \end{pmatrix} = \lambda(\lambda-2)(\lambda-11)$$

得 $\boldsymbol{A}$ 的特征值为 2, 11, 0.

当 $\lambda=2$ 时, 齐次线性方程组 $(\boldsymbol{A}-2\boldsymbol{E})\boldsymbol{x}=\boldsymbol{0}$ 的基础解系为

$$\boldsymbol{\alpha}_1 = \begin{pmatrix} 4 \\ -1 \\ 1 \end{pmatrix}.$$

当 $\lambda=11$ 时, 齐次线性方程组 $(\boldsymbol{A}-11\boldsymbol{E})\boldsymbol{x}=\boldsymbol{0}$ 的基础解系为

$$\boldsymbol{\alpha}_2 = \begin{pmatrix} 1 \\ 2 \\ -2 \end{pmatrix}.$$

当 $\lambda=0$ 时, 齐次线性方程组 $(\boldsymbol{A}-0\boldsymbol{E})\boldsymbol{x}=\boldsymbol{0}$ 的基础解系为

$$\boldsymbol{\alpha}_3 = \begin{pmatrix} 0 \\ 1 \\ 1 \end{pmatrix}.$$

再单位化, 得

$$\boldsymbol{e}_1 = \begin{pmatrix} \dfrac{4}{3\sqrt{2}} \\ -\dfrac{1}{3\sqrt{2}} \\ \dfrac{1}{3\sqrt{2}} \end{pmatrix}, \quad \boldsymbol{e}_2 = \begin{pmatrix} \dfrac{1}{3} \\ \dfrac{2}{3} \\ -\dfrac{2}{3} \end{pmatrix}, \quad \boldsymbol{e}_3 = \begin{pmatrix} 0 \\ \dfrac{1}{\sqrt{2}} \\ \dfrac{1}{\sqrt{2}} \end{pmatrix}.$$

于是, 所求的正交变换为

$$\begin{pmatrix} x \\ y \\ z \end{pmatrix} = \begin{pmatrix} \frac{4}{3\sqrt{2}} & \frac{1}{3} & 0 \\ -\frac{1}{3\sqrt{2}} & \frac{2}{3} & \frac{1}{\sqrt{2}} \\ \frac{1}{3\sqrt{2}} & -\frac{2}{3} & \frac{1}{\sqrt{2}} \end{pmatrix} \begin{pmatrix} x' \\ y' \\ z' \end{pmatrix},$$

且标准方程为 $2x'^2 + 11y'^2 = 1$, 它是椭圆柱面.

利用这些方法, 可以进一步讨论二次曲线和二次曲面的分类.

例 4 判断二次曲面 $2x^2 + y^2 - 4xy - 4yz + 4x + 4y = 2$ 的形状.

解 令 $f = 2x^2 + y^2 - 4xy - 4yz + 4x + 4y$, 先只考虑含二次项的二次曲面 $f' = 2x^2 + y^2 - 4xy - 4yz$, 并写出其对应的矩阵

$$\boldsymbol{A} = \begin{pmatrix} 2 & -2 & 0 \\ -2 & 1 & -2 \\ 0 & -2 & 0 \end{pmatrix},$$

然后计算

$$|\boldsymbol{A} - \lambda \boldsymbol{E}| = \begin{vmatrix} 2-\lambda & -2 & 0 \\ -2 & 1-\lambda & -2 \\ 0 & -2 & -\lambda \end{vmatrix} = -(\lambda - 1)(\lambda - 4)(\lambda + 2),$$

得 $\boldsymbol{A}$ 的特征值为 $1, 4, -2$.

当 $\lambda = 1$ 时, 齐次线性方程组 $(\boldsymbol{A} - 1\boldsymbol{E})\boldsymbol{x} = \boldsymbol{0}$ 的基础解系为

$$\boldsymbol{\alpha}_1 = \begin{pmatrix} 2 \\ 1 \\ -2 \end{pmatrix} \Rightarrow \boldsymbol{p}_1 = \begin{pmatrix} \frac{2}{3} \\ \frac{1}{3} \\ -\frac{2}{3} \end{pmatrix}.$$

当 $\lambda = 4$ 时, 齐次线性方程组 $(\boldsymbol{A} - 4\boldsymbol{E})\boldsymbol{x} = \boldsymbol{0}$ 的基础解系为

$$\boldsymbol{\alpha}_2 = \begin{pmatrix} -2 \\ 2 \\ -1 \end{pmatrix} \Rightarrow \boldsymbol{p}_2 = \begin{pmatrix} -\frac{2}{3} \\ \frac{2}{3} \\ -\frac{1}{3} \end{pmatrix}.$$

当 $\lambda=-2$ 时, 齐次线性方程组 $(\boldsymbol{A}-(-2)\boldsymbol{E})\boldsymbol{x}=\boldsymbol{0}$ 的基础解系为

$$\boldsymbol{\alpha}_3=\begin{pmatrix}1\\2\\2\end{pmatrix}\Rightarrow \boldsymbol{p}_3=\begin{pmatrix}\frac{1}{3}\\ \frac{2}{3}\\ \frac{2}{3}\end{pmatrix}.$$

于是

$$\begin{pmatrix}x\\y\\z\end{pmatrix}=\begin{pmatrix}\frac{2}{3}&-\frac{2}{3}&\frac{1}{3}\\ \frac{1}{3}&\frac{2}{3}&\frac{2}{3}\\ -\frac{2}{3}&-\frac{1}{3}&\frac{2}{3}\end{pmatrix}\begin{pmatrix}x'\\y'\\z'\end{pmatrix}\Leftrightarrow\begin{cases}x=\frac{2}{3}x'-\frac{2}{3}y'+'\frac{1}{3}z',\\ y=\frac{1}{3}x'+\frac{2}{3}y'+'\frac{2}{3}z',\\ z=-\frac{2}{3}x'-\frac{1}{3}y'+'\frac{2}{3}z'.\end{cases}$$

进而将 x, y, z 代入二次曲面 $2x^2+y^2-4xy-4yz+4x+4y=2$ 化成

$$x'^2+4y'^2-2z'^2+4x'+4z'=2,$$

$$(x'+2)'^2+4y'^2-2(z'-1)'^2=4,$$

再配方得

$$x''^2+4y''^2-2z''^2=4,$$

$$\frac{x''^2}{4}+y''^2-\frac{z''^2}{2}=1,$$

它是单叶双曲面的标准方程.

例 5 已知二次型 $f=5x_1^2+5x_2^2+cx_3^2-2x_1x_2+6x_1x_3-6x_2x_3$ 的秩为 2.

(1) 求参数 c;

(2) 将 f 标准化, 并指出 $f=1$ 表示何种二次曲面.

解 二次型 f 的矩阵为 $\boldsymbol{A}=\begin{pmatrix}5&-1&3\\-1&5&-3\\3&-3&c\end{pmatrix}$, 则

$$R(\boldsymbol{A})=2\Rightarrow|\boldsymbol{A}|=0\Rightarrow c=3.$$

由

$$|\boldsymbol{A}-\lambda\boldsymbol{E}|=\det\begin{pmatrix}5-\lambda&-1&3\\-1&5-\lambda&-3\\3&-3&3-\lambda\end{pmatrix}=-\lambda(\lambda-4)(\lambda-9)$$

得 $\boldsymbol{A}$ 的特征值为 0, 4, 9.

因此, f 经过正交变换化为 $4y_2^2+9y_3^2$, 进而 $f=1$ 即表示椭圆柱面.

例 6　已知二次型 $f=2x_1^2+3x_2^2+3x_3^2+2ax_2x_3(a>0)$ 经过正交变换化成的标准形为 $f=y_1^2+2y_2^2+5y_3^2$, 求参数 a 及所用的正交变换.

解　二次型 f 的矩阵为

$$\boldsymbol{A}=\begin{pmatrix}2&0&0\\0&3&a\\0&a&3\end{pmatrix}.$$

一方面, 由标准形为 $f=y_1^2+2y_2^2+5y_3^2$ 知 $\boldsymbol{A}$ 的特征值为 1, 2, 5.

另一方面, 由 $|\boldsymbol{A}-\lambda\boldsymbol{E}|=\begin{vmatrix}2-\lambda&0&0\\0&3-\lambda&a\\0&a&3-\lambda\end{vmatrix}=-(\lambda-2)(\lambda^2-6\lambda+9-a^2)$

可知 1 和 5 是 $\lambda^2-6\lambda+9-a^2=0$ 的根, 得 $a=2$, $a=-2$(舍去). 因而

$$\boldsymbol{A}=\begin{pmatrix}2&0&0\\0&3&2\\0&2&3\end{pmatrix}.$$

对 $\lambda=1,(\boldsymbol{A}-1\boldsymbol{E})\boldsymbol{x}=\boldsymbol{0}$, 解 $\begin{pmatrix}1&0&0\\0&2&2\\0&2&2\end{pmatrix}\begin{pmatrix}x_1\\x_2\\x_3\end{pmatrix}=\begin{pmatrix}0\\0\\0\end{pmatrix}$, 得 $\begin{pmatrix}x_1\\x_2\\x_3\end{pmatrix}=$

$k\begin{pmatrix}0\\1\\-1\end{pmatrix}$, 取 $\boldsymbol{T}_1=\begin{pmatrix}0\\1\\-1\end{pmatrix}$, 单位化得

$$\boldsymbol{p}_1=\begin{pmatrix}0\\\dfrac{\sqrt{2}}{2}\\-\dfrac{\sqrt{2}}{2}\end{pmatrix}.$$

对 $\lambda=2,(\boldsymbol{A}-2\boldsymbol{E})\boldsymbol{x}=\boldsymbol{0}$, 解 $\begin{pmatrix}0&0&0\\0&1&2\\0&2&1\end{pmatrix}\begin{pmatrix}x_1\\x_2\\x_3\end{pmatrix}=\begin{pmatrix}0\\0\\0\end{pmatrix}$, 得 $\begin{pmatrix}x_1\\x_2\\x_3\end{pmatrix}=k\begin{pmatrix}1\\0\\0\end{pmatrix}$, 取 $\boldsymbol{p}_2=\begin{pmatrix}1\\0\\0\end{pmatrix}$.

对 $\lambda=5,(\boldsymbol{A}-5\boldsymbol{E})\boldsymbol{x}=\boldsymbol{0}$, 解 $\begin{pmatrix}-3&0&0\\0&-2&2\\0&2&-2\end{pmatrix}\begin{pmatrix}x_1\\x_2\\x_3\end{pmatrix}=\begin{pmatrix}0\\0\\0\end{pmatrix}$, 得 $\begin{pmatrix}x_1\\x_2\\x_3\end{pmatrix}=k\begin{pmatrix}0\\1\\1\end{pmatrix}$, 取 $\boldsymbol{T}_3=\begin{pmatrix}0\\1\\1\end{pmatrix}$, 单位化得

$$\boldsymbol{p}_3=\begin{pmatrix}0\\\frac{\sqrt{2}}{2}\\\frac{\sqrt{2}}{2}\end{pmatrix}.$$

于是正交变换矩阵 $\boldsymbol{P}=\begin{pmatrix}0&1&0\\\frac{\sqrt{2}}{2}&0&\frac{\sqrt{2}}{2}\\-\frac{\sqrt{2}}{2}&0&\frac{\sqrt{2}}{2}\end{pmatrix}$.

注 如果矩阵特征值不同, 不需要正交化; 特征值有重根, 看解向量是不是正交, 若不是, 还需要正交化.

由 5.2 节及前面的讨论可知, 二次型的标准形是不唯一的, 但有下述惯性定理 (inertial theorem), 它是西尔维斯特在 1852 年得出的, 其证明略.

定理 4 (惯性定理) 设 $f=\boldsymbol{x}^{\mathrm{T}}\boldsymbol{A}\boldsymbol{x}$ 是二次型, 则 f 的任何标准化二次型中, 正系数的个数和负系数的个数是不变的, 且其和等于 f 的秩.

正系数的个数称为**正惯性指数**(positive inertia index), 负系数的个数称为**负惯性指数**(negative inertia index).

知识拓展——二次曲面的标准方程及其图形表示

1. 圆柱面 (图 5.14)

$$x^2+y^2=a^2 \quad (a>0)$$

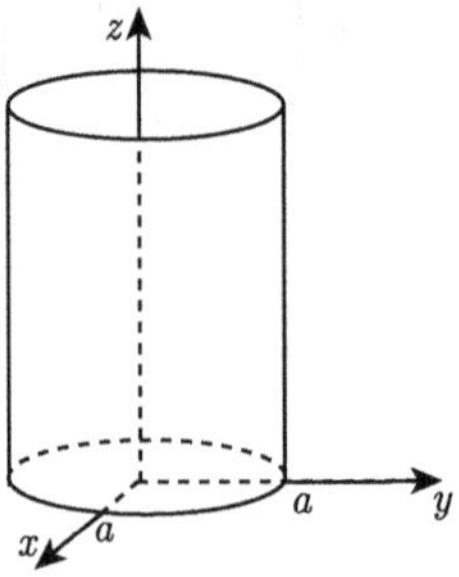

图 5.14　圆柱面

2. 椭圆柱面 (图 5.15)

$$\frac{x^2}{a^2}+\frac{y^2}{b^2}=1 \quad (a>0,b>0)$$

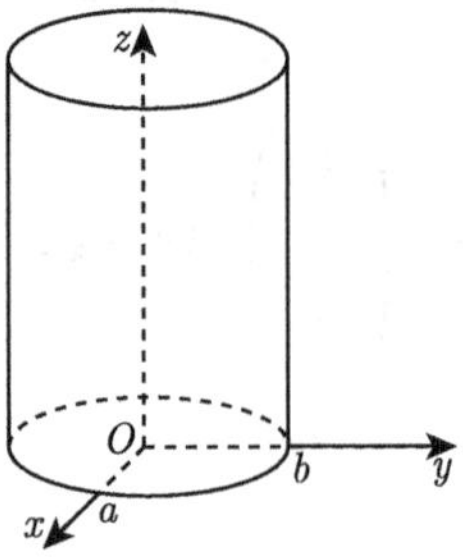

图 5.15　椭圆柱面

3. 单叶双曲面 (图 5.16)

$$\frac{x^2}{a^2}+\frac{y^2}{b^2}-\frac{z^2}{c^2}=1 \quad (a>0,b>0,c>0)$$

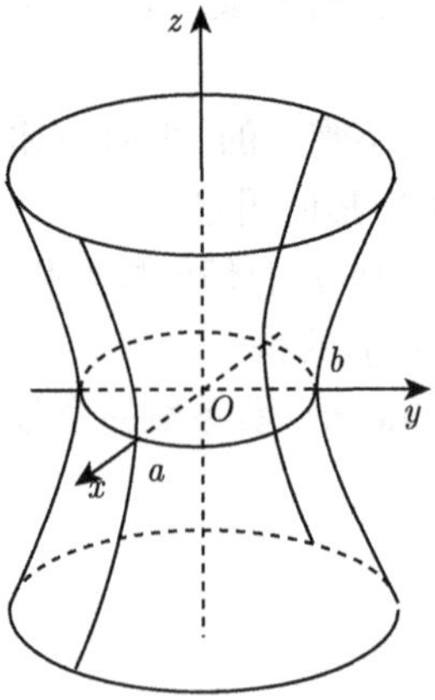

图 5.16　单叶双曲面

4. 双叶双曲面 (图 5.17)

$$\frac{x^2}{a^2}+\frac{y^2}{b^2}-\frac{z^2}{c^2}=-1 \quad (a>0,b>0,c>0)$$

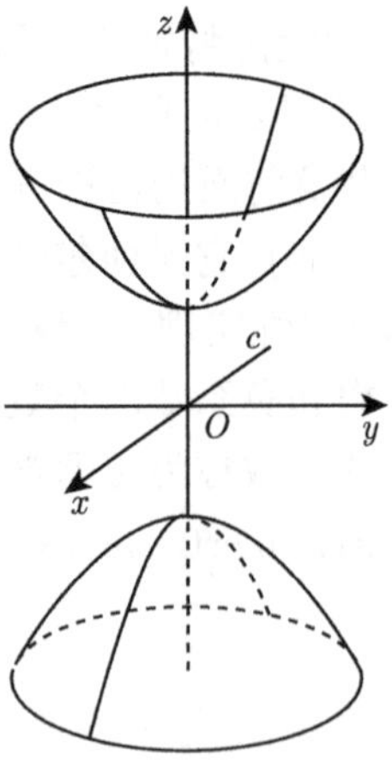

图 5.17　双叶双曲面

5. 椭球面 (图 5.18)

$$\frac{x^2}{a^2}+\frac{y^2}{b^2}+\frac{z^2}{c^2}=1 \quad (a>0,b>0,c>0)$$

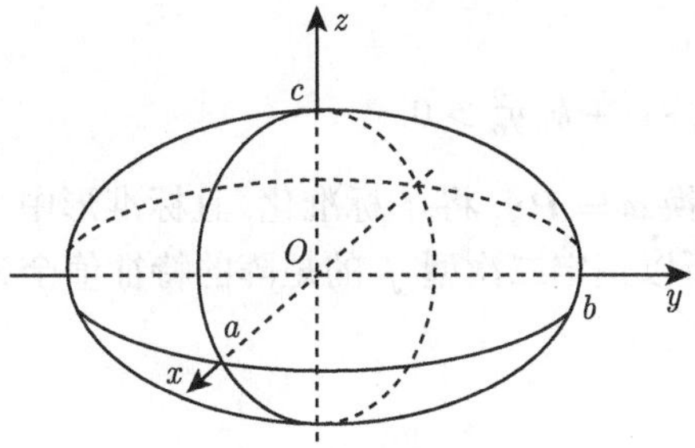

图 5.18 椭球面

6. 椭圆抛物面 (图 5.19)

$$\frac{x^2}{a^2}+\frac{y^2}{b^2}=2z \quad (a>0,b>0)$$

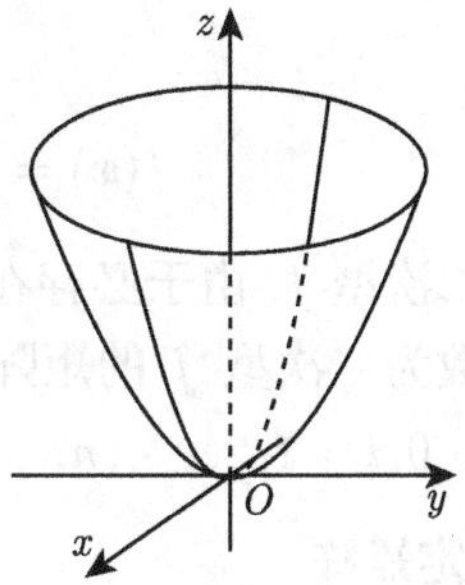

图 5.19 椭圆抛物面

5.5 正定二次型与正定矩阵

设 f 是 n 元二次型, 由惯性定理知, f 的任何标准化二次型中, 正惯性指数是不变的. 有些 n 元二次型的正惯性指数为未知量的个数 n, 这样的二次型就是下面定义的正定二次型.

5.5.1 正定二次型

定义 1 设 $f(x_1,x_2,\cdots,x_n)=\boldsymbol{x}^{\mathrm{T}}\boldsymbol{A}\boldsymbol{x}$ 是二次型, 对于任意 $\boldsymbol{x}\neq\boldsymbol{0}$, 有

$$f(\boldsymbol{x})>0,$$

则称 f 为**正定二次型**(positive definite quadratic form).

根据定义容易知道, 二次型 $f(x_1,x_2)=2x_1^2+x_2^2$ 是正定的, 而二次型 $f(x_1,x_2)=2x_1^2+4x_1x_2+x_2^2$ 不正定, 因为 $f(1-1)=-1<0$.

若 $f(x_1,x_2,\cdots,x_n)$ 是正定二次型, 则对于任意 $i(i=1,2,\cdots,n)$, 取 $x=(0,\cdots,0,1,0,\cdots,0)^{\mathrm{T}}$, 其中第 i 分量为 1, 其余分量均为 0. 由于 $f(x_1,x_2,\cdots,x_n)>0$ 知, $a_{ii}>0(i=1,2,\cdots,n)$.

定理 1 n 元二次型正定的充要条件是 f 的正惯性指数为 n.

证明 设二次型 f 在可逆线性变换 $\boldsymbol{x}=\boldsymbol{P}\boldsymbol{y}$ 下的标准形为

$$f=k_1y_1^2+k_2y_2^2+\cdots+k_ny_n^2.$$

必要性. 若存在某 $k_i\leqslant 0$, 取 $y=(0,\cdots,0,1,0,\cdots,0)^{\mathrm{T}}$, 其中第 i 分量为 1, 其余分量均为 0.

由于 $\boldsymbol{P}$ 可逆, $\boldsymbol{x}=\boldsymbol{P}\boldsymbol{y}\neq\boldsymbol{0}$, 这时 $f(\boldsymbol{x})=k_i\leqslant 0$ 与 f 正定条件矛盾. 因此, $k_i>0(i=1,2,\cdots,n)$. 所以二次型正定时, 其正惯性指数为 n.

充分性. 假设 $k_i>0$, 则对于任意 $\boldsymbol{x}\neq\boldsymbol{0}$, 有

$$\boldsymbol{y}=\boldsymbol{P}^{-1}\boldsymbol{x}.$$

进而

$$f(\boldsymbol{x})=k_1y_1^2+k_2y_2^2+\cdots+k_ny_n^2>0.$$

对于任意二次型 f, 由于必存在一个正交变换 $\boldsymbol{x}=\boldsymbol{P}\boldsymbol{y}$, 将 f 标准化, 且标准形中平方项的系数为二次型 f 的矩阵的特征值, 所以正定二次型 f 的矩阵的特征值全为正, 即 $\lambda_i>0, i=1,2,\cdots,n$.

5.5.2　正定矩阵

定义 2　正定二次型的矩阵称为**正定矩阵**(positive definite matrix).

由于二次型的矩阵是实对称矩阵, 因此正定矩阵仅对实对称阵而言. 经过前面的分析, 有定理 2.

定理 2　n 阶实对称矩阵 $\boldsymbol{A}$ 正定的充要条件是 $\boldsymbol{A}$ 的特征值全为正.

根据上述定理 2, 容易得出: 若实对称矩阵 $\boldsymbol{A}$ 正定, 则 $k\boldsymbol{A}$, $\boldsymbol{A}^{-1}$, $\boldsymbol{A}^*$, $\boldsymbol{A}^2$ 正定.

例 1　设 n 阶实对称矩阵 $\boldsymbol{A}$ 和 $\boldsymbol{B}$ 是正定矩阵, 则 $\boldsymbol{A}+\boldsymbol{B}$ 正定.

证明　因为 $\boldsymbol{A}$ 和 $\boldsymbol{B}$ 是正定矩阵, 所以 $\boldsymbol{A}^{\mathrm{T}}=\boldsymbol{A}$, 且 $\boldsymbol{B}^{\mathrm{T}}=\boldsymbol{B}$. 对于任意 $\boldsymbol{x}\neq\boldsymbol{0}$, 都有 $\boldsymbol{x}^{\mathrm{T}}\boldsymbol{A}\boldsymbol{x}>0,\boldsymbol{x}^{\mathrm{T}}\boldsymbol{B}\boldsymbol{x}>0$, 于是 $(\boldsymbol{A}+\boldsymbol{B})^{\mathrm{T}}=\boldsymbol{A}+\boldsymbol{B}$ 且 $\boldsymbol{x}^{\mathrm{T}}(\boldsymbol{A}+\boldsymbol{B})\boldsymbol{x}=\boldsymbol{x}^{\mathrm{T}}\boldsymbol{A}\boldsymbol{x}+\boldsymbol{x}^{\mathrm{T}}\boldsymbol{B}\boldsymbol{x}>0$, 因此 $\boldsymbol{A}+\boldsymbol{B}$ 正定.

定理 3 (赫尔维茨定理 (Hurwitz theorem))　n 阶实对称矩阵正定的充要条件是 $\boldsymbol{A}$ 的各阶顺序主子式都为正, 即

$$a_{11}>0,\quad \begin{vmatrix} a_{11} & a_{12}\\ a_{21} & a_{22}\end{vmatrix}>0,\quad \cdots,\quad \begin{vmatrix} a_{11} & a_{12} & \cdots & a_{1n}\\ a_{21} & a_{22} & \cdots & a_{2n}\\ \vdots & \vdots & & \vdots\\ a_{n1} & a_{n2} & \cdots & a_{nn}\end{vmatrix}>0.$$

比之前繁琐地计算出所有特征值, 再把实对称矩阵正交对角化, 进而得出矩阵的定性, 定理 3 要显得更加 “诱人”, 更具 “古典美”. 但是, 高阶行列式难以计算, 更何况要计算出所有阶主子式. 因此定理 3 作为判定矩阵正定的方法, 对低阶尚可考虑, 至于高阶, 显然仅具理论价值. 这样一来, 判定高阶矩阵是否正定, 还是需要从标准形或特征值入手, 而要得到高阶矩阵的标准形或特征值, 变换是首选方法, 这更加凸显出矩阵计算中变换的 “现代性” 与行列式的 “古典性”.

例 2 判定实对称矩阵

$$A=\begin{pmatrix}5&2&3\\2&4&-1\\3&-1&1\end{pmatrix}$$

是否正定.

解 $5>0$, $\begin{vmatrix}5&2\\2&4\end{vmatrix}=16>0$, $\begin{vmatrix}5&2&3\\2&4&-1\\3&-1&1\end{vmatrix}=-37<0$, 故 $A=\begin{pmatrix}5&2&3\\2&4&-1\\3&-1&1\end{pmatrix}$ 不是正定矩阵.

例 3 t 满足何条件时, 二次型

$$f(\boldsymbol{x})=x_1^2+2x_2^2+x_3^2+2x_1x_2+2tx_1x_3>0$$

正定.

解 二次型 f 的矩阵为 $A=\begin{pmatrix}1&1&t\\1&2&0\\t&0&1\end{pmatrix}$, 由定理 3 可得

$$1>0,\quad \begin{vmatrix}1&1\\1&2\end{vmatrix}=1>0,\quad \begin{vmatrix}1&1&t\\1&2&0\\t&0&1\end{vmatrix}=1-2t^2>0,$$

$$1-2t^2>0\Rightarrow -\frac{1}{\sqrt{2}}<t<\frac{1}{\sqrt{2}}.$$

故当 $-\frac{1}{\sqrt{2}}<t<\frac{1}{\sqrt{2}}$ 时, 二次型 $f(x)=x_1^2+2x_2^2+x_3^2+2x_1x_2+2tx_1x_3>0$ 正定.

例 4 设 A 是秩为 2 的三阶实对称矩阵且 $A^2+2A=O$, 当 k 取何值时, $A+kE$ 正定.

解 设 λ 是 A 的特征值, 则 A^2+2A 的特征值为 $\lambda^2+2\lambda$, 于是 $\lambda^2+2\lambda=0$, 进而 $\lambda=0$, $\lambda=-2$.

因为实对称矩阵均可对角化, 根据 $R(A)=2$ 知, 齐次线性方程组 $(A-\lambda E)\boldsymbol{x}=\boldsymbol{0}$ 的基础解系中仅有一个解向量, 进而 $\lambda=-2$ 是 A 的二重特征值. 因此 $A+kE$ 的特征值为 $-2+k,-2+k,k$. 由于正定的充要条件是 A 的特征值全为正, 所以 $k>2$.

例 5 设 A 是实对称矩阵, 则 A 正定的充要条件是 A 与 E 合同, 即存在可逆矩阵 U, 使得 $A=U^{\mathrm{T}}U$.

证明　因为 A 是实对称矩阵, 存在正交矩阵 P, 使得

$$\boldsymbol{P}^{-1}\boldsymbol{A}\boldsymbol{P} = \boldsymbol{P}^{\mathrm{T}}\boldsymbol{A}\boldsymbol{P} = \mathrm{diag}(\lambda_1, \lambda_2, \cdots, \lambda_n).$$

必要性. 若 A 正定, 则令

$$\boldsymbol{A} = \boldsymbol{P}\mathrm{diag}(\lambda_1, \lambda_2, \cdots, \lambda_n)\boldsymbol{P}^{-1}, \quad \lambda_i > 0, \quad i = 1, 2, \cdots, n.$$

$$\begin{aligned}\boldsymbol{A} &= \boldsymbol{P}\mathrm{diag}(\lambda_1, \lambda_2, \cdots, \lambda_n)\boldsymbol{P}^{-1} \\ &= \boldsymbol{P}\mathrm{diag}(\sqrt{\lambda_1}, \sqrt{\lambda_2}, \cdots, \sqrt{\lambda_n})\mathrm{diag}(\sqrt{\lambda_1}, \sqrt{\lambda_2}, \cdots, \sqrt{\lambda_n})\boldsymbol{P}^{-1}.\end{aligned} \tag{5.6}$$

因为 P 是正交矩阵, 所以 $\boldsymbol{P}^{-1} = \boldsymbol{P}^{\mathrm{T}}$, 且可令

$$\boldsymbol{U} = \mathrm{diag}(\sqrt{\lambda_1}, \sqrt{\lambda_2}, \cdots, \sqrt{\lambda_n})\boldsymbol{P}^{\mathrm{T}},$$

显然 U 可逆. 于是就有

$$\boldsymbol{U}^{\mathrm{T}}\boldsymbol{U} = \boldsymbol{P}\mathrm{diag}(\sqrt{\lambda_1}, \sqrt{\lambda_2}, \cdots, \sqrt{\lambda_n})^{\mathrm{T}} \cdot \mathrm{diag}(\sqrt{\lambda_1}, \sqrt{\lambda_2}, \cdots, \sqrt{\lambda_n})\boldsymbol{P}^{\mathrm{T}}.$$

充分性. 若 $\boldsymbol{A} = \boldsymbol{U}^{\mathrm{T}}\boldsymbol{U}$, 则对于任意 $\boldsymbol{x} \neq \boldsymbol{0}$, 由于 U 可逆, $\boldsymbol{U}\boldsymbol{x} \neq \boldsymbol{0}$. 这时

$$\boldsymbol{x}^{\mathrm{T}}\boldsymbol{A}\boldsymbol{x} = \boldsymbol{x}^{\mathrm{T}}(\boldsymbol{U}^{\mathrm{T}}\boldsymbol{U})\boldsymbol{x} = (\boldsymbol{U}\boldsymbol{x})^{\mathrm{T}}(\boldsymbol{U}\boldsymbol{x}) = (\boldsymbol{U}\boldsymbol{x}, \boldsymbol{U}\boldsymbol{x}) > 0,$$

所以 A 正定.

例 6　设 n 阶实对称矩阵 A 和 B 是正定矩阵, 若 $\boldsymbol{AB} = \boldsymbol{BA}$, 则 $\boldsymbol{AB}$ 正定.

证明　因为 A 和 B 是对称矩阵且 $\boldsymbol{AB} = \boldsymbol{BA}$, 于是 $(\boldsymbol{AB})^{\mathrm{T}} = \boldsymbol{AB}$, 所以 $\boldsymbol{AB}$ 是对称矩阵.

由于 A 和 B 是正定矩阵, 存在可逆矩阵 U 和 V, 使得 $\boldsymbol{A} = \boldsymbol{U}^{\mathrm{T}}\boldsymbol{U}$ 且 $\boldsymbol{B} = \boldsymbol{V}^{\mathrm{T}}\boldsymbol{V}$, 则

$$\boldsymbol{AB} = \boldsymbol{U}^{\mathrm{T}}\boldsymbol{U}\boldsymbol{V}^{\mathrm{T}}\boldsymbol{V} = (\boldsymbol{V}^{-1}\boldsymbol{V})\boldsymbol{U}^{\mathrm{T}}\boldsymbol{U}\boldsymbol{V}^{\mathrm{T}}\boldsymbol{V} = \boldsymbol{V}^{-1}(\boldsymbol{V}\boldsymbol{U}^{\mathrm{T}}\boldsymbol{U}\boldsymbol{V}^{\mathrm{T}})\boldsymbol{V}.$$

取 $\boldsymbol{R} = \boldsymbol{V}\boldsymbol{U}^{\mathrm{T}}$, 则 R 可逆且这里 $\boldsymbol{C} = \boldsymbol{R}^{\mathrm{T}}\boldsymbol{R}$ 正定 (由上面例 6 知), 进而 C 的特征值均为正. 由于 $\boldsymbol{AB}$ 与 C 相似, 所以 $\boldsymbol{AB}$ 的特征值与 C 相同, 即 $\boldsymbol{AB}$ 的特征值均为正, 故 $\boldsymbol{AB}$ 正定.

接下来介绍几个关于正定性的其他概念.

设 $f(x_1, x_2, \cdots, x_n) = \boldsymbol{x}^{\mathrm{T}}\boldsymbol{A}\boldsymbol{x}$ 是二次型, 若对于任意 $\boldsymbol{x} \neq \boldsymbol{0}$, 都有 $f(\boldsymbol{x}) \geqslant 0$, 则称 f 为半正定二次型.

若对于任意 $\boldsymbol{x} \neq \boldsymbol{0}$, 都有 $f(\boldsymbol{x}) < 0$, 则称 f 为负定二次型.

若对于任意 $\boldsymbol{x} \neq \mathbf{0}$, 都有 $f(\boldsymbol{x}) \leqslant 0$, 则称 f 为半负定二次型.

二次型 f 负定的充要条件是 $-f$ 正定. 实对称矩阵 $\boldsymbol{A}$ 负定的充要条件是 $-\boldsymbol{A}$ 正定.

习 题 5

习 题 A

1. 用矩阵记号表示下列二次型.

(1) $f = x^2 + 4xy + 4y^2 + 2xz + z^2 + 4yz$;

(2) $f = x^2 + y^2 - 7z^2 - 2xy - 4xz - 4yz$;

(3) $f = x_1^2 + x_2^2 + x_3^2 + x_4^2 - 2x_1x_2 + 4x_1x_3 - 2x_1x_4 + 6x_2x_3 - 4x_2x_4$.

2. 写出下列二次型的矩阵.

(1) $f(\boldsymbol{x}) = \boldsymbol{x}^{\mathrm{T}}\begin{pmatrix} 2 & 1 \\ 3 & 1 \end{pmatrix}\boldsymbol{x}$; (2) $f(\boldsymbol{x}) = \boldsymbol{x}^{\mathrm{T}}\begin{pmatrix} 1 & 2 & 3 \\ 4 & 5 & 6 \\ 7 & 8 & 9 \end{pmatrix}\boldsymbol{x}$.

3. 用配方法化下列二次型成规范形, 并写出所用变换的矩阵.

(1) $f(x_1, x_2, x_3) = x_1^2 + 3x_2^2 + 5x_3^2 + 2x_1x_2 - 4x_1x_3$;

(2) $f(x_1, x_2, x_3) = x_1^2 + 2x_3^2 + 2x_1x_3 + 2x_2x_3$;

(3) $f(x_1, x_2, x_3) = 2x_1^2 + x_2^2 + 4x_3^2 + 2x_1x_2 - 2x_2x_3$.

4. 若二次型 $f(x_1, x_2, \cdots, x_n) = \boldsymbol{x}^{\mathrm{T}}\boldsymbol{A}\boldsymbol{x}$ 对一切 $\boldsymbol{x} = (x_1, x_2, \cdots, x_n)^{\mathrm{T}}$ 恒有 $f(x_1, x_2, \cdots, x_n) = 0$, 证明 $\boldsymbol{A}$ 为 n 阶零矩阵.

5. 设 $\boldsymbol{A}, \boldsymbol{B}$ 均为 n 阶对称矩阵, 且对一切 $\boldsymbol{x}$ 有 $\boldsymbol{x}^{\mathrm{T}}\boldsymbol{A}\boldsymbol{x} = \boldsymbol{x}^{\mathrm{T}}\boldsymbol{B}\boldsymbol{x}$, 证明 $\boldsymbol{A} = \boldsymbol{B}$.

6. 设 $\boldsymbol{A} \approx \boldsymbol{B}, \boldsymbol{C} \approx \boldsymbol{D}$, 且它们都是 n 阶实对称矩阵, 下列结论成立吗?

(1) $(\boldsymbol{A} + \boldsymbol{C}) \approx (\boldsymbol{B} + \boldsymbol{D})$; (2) $\begin{pmatrix} \boldsymbol{A} & \boldsymbol{O} \\ \boldsymbol{O} & \boldsymbol{C} \end{pmatrix} \approx \begin{pmatrix} \boldsymbol{B} & \boldsymbol{O} \\ \boldsymbol{O} & \boldsymbol{D} \end{pmatrix}$.

7. 给定两个向量 $\boldsymbol{\alpha}_1 = \begin{pmatrix} 1 \\ 2 \\ -a \\ -3 \end{pmatrix}$, $\boldsymbol{\alpha}_2 = \begin{pmatrix} -3 \\ 2 \\ 4 \\ 1 \end{pmatrix}$, 且内积 $(\boldsymbol{\alpha}_1, \boldsymbol{\alpha}_2) = -1$, 求 a.

8. 在欧氏空间 $\mathbf{R}^4$ 中, 求 $\boldsymbol{\alpha} = (1, 2, 2, 3)$, $\boldsymbol{\beta} = (3, 1, 5, 1)$ 的夹角.

9. 已知 $\boldsymbol{\alpha} = \begin{pmatrix} 2 \\ 3 \\ 1 \\ 2 \end{pmatrix}$, $\boldsymbol{\beta} = \begin{pmatrix} 1 \\ -2 \\ 2 \\ 1 \end{pmatrix}$, 求 $(\boldsymbol{\alpha}, \boldsymbol{\beta})$, $\|\boldsymbol{\alpha}\|$, $\|\boldsymbol{\beta}\|$, $\|\boldsymbol{\alpha} - \boldsymbol{\beta}\|$, $\|\boldsymbol{\alpha} + \boldsymbol{\beta}\|$.

10. 试用施密特法把下列向量组正交化:

(1) $(\boldsymbol{a}_1,\boldsymbol{a}_2,\boldsymbol{a}_3)=\begin{pmatrix}1&1&1\\1&2&4\\1&3&9\end{pmatrix}$;　(2) $(\boldsymbol{a}_1,\boldsymbol{a}_2,\boldsymbol{a}_3)=\begin{pmatrix}1&1&-1\\0&-1&1\\-1&0&1\\1&1&0\end{pmatrix}$.

11. 下列矩阵是不是正交矩阵? 并说明理由:

(1) $\begin{pmatrix}1&-\frac{1}{2}&\frac{1}{3}\\-\frac{1}{2}&1&\frac{1}{2}\\\frac{1}{3}&\frac{1}{2}&-1\end{pmatrix}$;　(2) $\begin{pmatrix}\frac{1}{9}&-\frac{8}{9}&-\frac{4}{9}\\-\frac{8}{9}&\frac{1}{9}&-\frac{4}{9}\\-\frac{4}{9}&-\frac{4}{9}&\frac{7}{9}\end{pmatrix}$.

12. 设 $\boldsymbol{x}$ 为 n 维列向量, $\boldsymbol{x}^{\mathrm{T}}\boldsymbol{x}=1$, 令 $\boldsymbol{H}=\boldsymbol{E}-2\boldsymbol{x}\boldsymbol{x}^{\mathrm{T}}$, 证明 $\boldsymbol{H}$ 是对称的正交阵.

13. 设 $\boldsymbol{A}$ 与 $\boldsymbol{B}$ 都是 n 阶正交阵, 证明 $\boldsymbol{AB}$ 也是正交阵.

14. 设 $\boldsymbol{A}$ 为正交阵, 且 $|\boldsymbol{A}|=-1$, 证明 $\lambda=-1$ 是 $\boldsymbol{A}$ 的特征值.

15. 试求一个正交变换矩阵, 将下列对称矩阵化为对角矩阵:

(1) $\begin{pmatrix}2&-2&0\\-2&1&-2\\0&-2&0\end{pmatrix}$;　(2) $\begin{pmatrix}2&2&-2\\2&5&-4\\-2&-4&5\end{pmatrix}$.

16. 用正交变换 $\boldsymbol{x}=\boldsymbol{Q}\boldsymbol{y}$, 将下列二次型化为标准形, 并求正交矩阵 $\boldsymbol{Q}$:

(1) $f=2x_1^2+3x_2^2+3x_3^2+4x_2x_3$;

(2) $f=x_1^2+x_2^2+x_3^2+x_4^2+2x_1x_2-2x_1x_4-2x_2x_3-2x_3x_4$.

17. 设矩阵 $\boldsymbol{A}=\begin{pmatrix}1&-2&-4\\-2&x&-2\\-4&-2&1\end{pmatrix}$ 与 $\boldsymbol{\Lambda}=\begin{pmatrix}5&0&0\\0&-4&0\\0&0&y\end{pmatrix}$ 相似, 求 x,y; 并求一个正交阵 $\boldsymbol{P}$, 使 $\boldsymbol{P}^{-1}\boldsymbol{AP}=\boldsymbol{\Lambda}$.

18. 求一个正交变换把二次曲面的方程

$$3x^2+5y^2+5z^2+4xy-4xz-10yz=1$$

化成标准方程.

19. 判别下列二次型的正定性:

(1) $f=-2x_1^2-6x_2^2-4x_3^2+2x_1x_2+2x_1x_3$;

(2) $f=x_1^2+3x_2^2+9x_3^2+19x_4^2-2x_1x_2+4x_1x_3+2x_1x_4-6x_2x_4-12x_3x_4$.

20. 求下列二次型中的参数 t, 使得二次型正定:

(1) $5x_1^2+x_2^2+tx_3^2+4x_1x_2-2x_1x_3-2x_2x_3$;

(2) $2x_1^2+x_2^2+3x_3^2+2tx_1x_2+2x_1x_3$.

21. 设

$$f=x_1^2+x_2^2+5x_3^2+2ax_1x_2-2x_1x_3+4x_2x_3$$

为正定二次型, 求 a.

22. 设 $\boldsymbol{A}$ 是正定矩阵, 证明 $\boldsymbol{A}$ 的伴随矩阵 $\boldsymbol{A}^*$ 也是正定矩阵.

23. 设 $\boldsymbol{A},\boldsymbol{B}$ 均是 n 阶正定矩阵, k,l 都是正数, 证明 $k\boldsymbol{A}+l\boldsymbol{B}$ 也是正定矩阵.

24. 已知 $\boldsymbol{A}$ 正定, 证明 $|\boldsymbol{A}+\boldsymbol{E}|>1$.

25. 已知二次型 $f(x_1,x_2,x_3)=2x_1^2+3x_2^2+3x_3^2+2ax_2x_3(a>0)$, 通过正交变换化成标准形:$f=y_1^2+2y_2^2+5y_3^2$, 求参数 a 及所用的正交变换矩阵.

26. 设 n 阶方阵 $\boldsymbol{A}$ 有 n 个特征值 $0,1,2,\cdots,n-1$, 且方阵 $\boldsymbol{B}$ 与 $\boldsymbol{A}$ 相似. 求 $|\boldsymbol{B}+\boldsymbol{E}|$, 这里 $\boldsymbol{E}$ 为 n 阶单位矩阵.

习　题　B

1. (向量在基因的 “距离” 中的应用) 在 A, B, O 血型的人群中, 对各种群体的基因频率 (gene frequency, 是指在一个种群基因库中, 某个基因占全部等位基因数的比率) 进行研究. 如果把四种等位基因 A1, A2, B, O 区别开, 有人报告了如表 5.1 的相对频率 (群体中某个基因的具体样本数被所观察到的总数相除即可得到相对频率).

表 5.1　四种群体的基因频率

	因纽特人 f1k	班图人 f2k	英国人 f3k	朝鲜人 f4k
A1	0. 2914	0. 1034	0. 2090	0. 2208
A2	0. 0000	0. 0866	0. 0696	0. 0000
B	0. 0316	0. 1200	0. 0612	0. 2069
O	0. 6770	0. 6900	0. 6602	0. 5723
合计	1	1	1	1

现在的问题是: 一个群体与另一个群体的接近程度如何? 换句话说, 就是要找到一个表示基因距离的合适的度量.

2. 在下一年度, 某县政府计划用一笔资金修 x 公里的公路, 修整 y 平方公里的公园, 政府部门必须确定在两个项目上如何分配它的资金, 如果可能的话, 可以同时开始两个项目, 而不是仅开始一个项目. 假设 x 和 y 必须满足下面限制条件 $16x^2+25y^2\leqslant 40000$, 见图 5.20. 每个阴影可行集合的点 (x,y) 表示一个可能的年度工作计划, 求在限制曲线

$$16x^2+25y^2\leqslant 40000$$

上的点, 使资金利用达到最大.

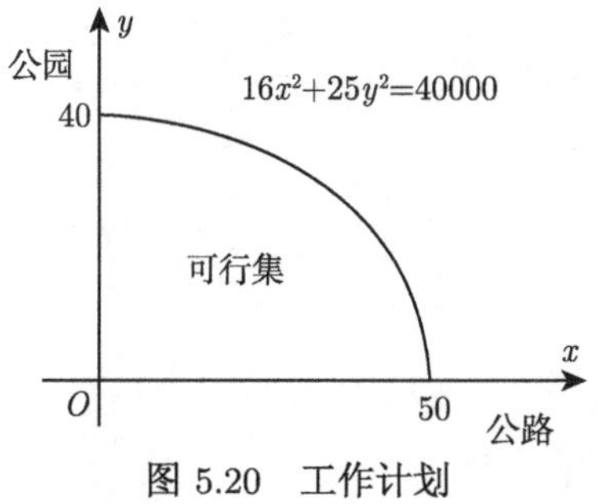

图 5.20　工作计划

同时为了制订工作计划, 县政府需要考虑居民的意见, 为度量居民分配各类工作计划 (x, y) 的值或效用, 经济学家常利用下面的函数 $q(x,y)=xy$, 称之为效用函数, 曲线 $xy=c$(c 为常数) 称之为无差异曲线, 因为在该曲线上的任意点的效用值相等. 现制订一个工作计划, 使得效用函数达到最大.

参考文献

Axler S. 2016. 线性代数应该这样学 [M]. 3 版. 杜现昆, 等译. 北京: 人民邮电出版社.

David C. Lay. 2007. 线性代数及其应用 [M]. 第 3 版修订版. 沈复兴, 等译. 北京: 人民邮电出版社.

陈怀琛, 高淑萍, 杨威. 2007. 工程线性代数 (MATLAB 版)[M]. 北京: 电子工业出版社.

戴维 C. 雷, 史蒂文 R. 雷. 2018. 线性代数及其应用 [M]. 原书第 5 版. 刘深泉, 等译. 北京: 机械工业出版社.

邓辉文. 2008. 线性代数 [M]. 北京: 清华大学出版社.

杜红, 张向华, 姜文彪. 2018. 线性代数 [M]. 北京: 机械工业出版社.

法林 · 杰拉德, 汉斯福德 · 戴安娜. 2018. 实用线性代数 [M]. 原书第 3 版. 董晓波, 等译. 北京: 机械工业出版社.

赖红, 熊海灵, 肖富元. 2017. 中外合作办学形势下线性代数的教学实践 [J]. 西南师范大学学报 (自然科学版), 42(8): 134-140.

李尚志. 2006. 线性代数 [M]. 北京: 高等教育出版社.

李文林. 2011. 数学史概论 [M]. 3 版. 北京: 高等教育出版社.

李小刚, 刘吉定, 罗进. 2017. 线性代数及其应用 [M]. 4 版. 北京: 科学出版社.

刘华珂. 2018. 线性代数及其应用 [M]. 北京: 科学出版社.

同济大学数学系. 2007. 工程数学: 线性代数 [M]. 5 版. 北京: 高等教育出版社.

阎慧臻. 2012. 线性代数及其应用 [M]. 北京: 科学出版社.

杨威, 高淑萍. 2009. 线性代数机算与应用指导 [M]. 西安: 西安电子科技大学出版社.

叶建军, 宋军智, 苗成双. 2018. 线性代数及其应用 [M]. 成都: 西南交通大学出版社.

袁明生. 2017. 线性代数 [M]. 北京: 清华大学出版社.

张万琴, 陈荣江, 陈付贵. 2003. 线性代数 [M]. 北京: 机械工业出版社.

朱金寿. 2003. 线性代数 [M]. 武汉: 武汉理工大学出版社.

邹庭荣, 胡动刚, 李燕. 2018. 线性代数及其应用 [M]. 北京: 科学出版社.

附录　中英文专业词汇

序号	中文	英文	页数
1	线性方程组	system of linear equations	2
2	矩阵	matrix	2
3	行	row	3
4	列	column	3
5	零矩阵	zero matrix	4
6	对角矩阵	diagonal matrix	4
7	数量矩阵	scalar matrix	4
8	单位矩阵	identity matrix	4
9	上三角矩阵	upper triangular matrix	5
10	下三角矩阵	lower triangular matrix	5
11	转置矩阵	transposed matrix	7
12	对称矩阵	symmetric matrix	7
13	系数矩阵	coefficient matrix	8
14	增广矩阵	augmented matrix	8
15	恰定线性方程组	properly determined systems of linear equations	8
16	超定线性方程组	overdetermined systems of linear equations	8
17	欠定线性方程组	underdetermined systems of linear equations	8
18	非齐次线性方程组	non-homogeneous linear equations	10
19	齐次线性方程组	homogeneous linear equations	10
20	初等行变换	row elementary transformation of a matrix	13
21	行阶梯阵	row echelon matrix	14
22	梯阵	echelon matrix	14
23	矩阵 $\boldsymbol{A}$ 的秩	rank of the matrix $\boldsymbol{A}$	15
24	行最简形矩阵	reduced row echelon form of a matrix	18
25	先导未知量	leading unknown	18
26	自由未知量	free unknown	18
27	反对称阵	anti-symmetric matrix	35
28	行列式	determinant	44
29	全排列	permutations	49
30	逆序数	inversion number	50
31	奇排列	odd permutation	50
32	偶排列	even permutation	50
33	主对角行列式	principal diagonal determinant	53
34	对换	exchange	55
35	余子式	cofactor	63

续表

序号	中文	英文	页数
36	代数余子式	algebra cofactor	63
37	伴随矩阵	adjoint matrix	64
38	范德蒙德行列式	Vandermonde determinant	69
39	奇异矩阵	singular matrix	80
40	非奇异矩阵	nonsingular matrix	80
41	克拉默法则	Cramer's rule	81
42	逆矩阵	inverse matrix	93
43	初等矩阵	elementary matrix	100
44	向量空间	vector space	112
45	线性空间	linear space	112
46	向量	vector	113
47	分量	component	113
48	零向量	null vector	113
49	单位向量	identity vector	114
50	线性组合	linearly combination	116
51	线性表示	linearly representation	116
52	线性相关	linearly dependent	120
53	线性无关	linearly independent	120
54	极大线性无关组	the maximal linearly independent subsystem	127
55	坐标	coordinate	134
56	过渡矩阵	transformation matrix	136
57	特征值	eigenvalue	154
58	特征向量	eigenvector	154
59	协方差矩阵	covariance matrix	155
60	特征多项式	characteristic polynomial	158
61	特征方程	characteristic equation	158
62	相似变换矩阵	similar transformation matrix	166
63	对角矩阵	diagonal matrix	168
64	二次型	quadratic form	182
65	二次型的标准形	the canonical form of a quadratic form	188
66	坐标变换	coordinate transformation	188
67	向量 $\boldsymbol{\alpha}$ 的长度	length/norm of the vector $\boldsymbol{\alpha}$	194
68	单位化	normalizing	194
69	柯西–施瓦茨不等式	Cauchy-Schwarz inequality	194
70	$\boldsymbol{\alpha}$ 和 $\boldsymbol{\beta}$ 的夹角	angle between $\boldsymbol{\alpha}$ and $\boldsymbol{\beta}$	195
71	正交	orthogonal	195
72	欧氏空间	Euclidean space	198
73	单位正交基	orthonormal basis	198
74	格拉姆–施密特方法	Gram-Schmidt method	200
75	正交化	orthogonalizing	200
76	单位化	normalizing	200

续表

序号	中文	英文	页数
77	正交矩阵	orthogonal matrix	202
78	正交变换	orthogonal transformation	208
79	正惯性指数	positive inertia index	213
80	负惯性指数	negative inertia index	213
81	正定二次型	positive definite quadratic form	215
82	正定矩阵	positive definite matrix	216
83	赫尔维茨定理	Hurwitz theorem	216